普通高等教育“十二五”规划教材

冶金工程数学模型及应用基础

张延玲　编著

北　京
冶 金 工 业 出 版 社
2014

内 容 提 要

本书在简要、系统地叙述冶金学原理的基础上，分析讨论了如何结合数学、热力学、反应动力学、凝固理论、流体力学等知识建立数学模型，如何利用数学模型解决实际问题。书中还引用了包括作者自身研究成果在内的、大量国内外公开发表的关于冶金工程数学模型的研究和应用实例。本书基础知识体系系统、理论联系实践密切，同时具有一定的前沿性。

本书可作为冶金类高等院校冶金工程学科高年级本科生、研究生的选修教材，也可作为冶金企业从事技术研发人员的参考资料。

图书在版编目(CIP)数据

冶金工程数学模型及应用基础/张延玲编著. —北京：冶金工业出版社, 2013.5（2014.7 重印）
普通高等教育“十二五”规划教材
ISBN 978-7-5024-6244-4

I. ①冶… II. ①张… III. ①冶金工业—数学模型—高等学校—教材 IV. ①TF02

中国版本图书馆 CIP 数据核字 (2013) 第 081498 号

出 版 人　谭学余
地　　址　北京市东城区嵩祝院北巷 39 号　邮编　100009　电话　(010)64027926
网　　址　www.cnmip.com.cn　电子信箱　yjcbs@cnmip.com.cn
责任编辑　常国平　美术编辑　李　新　版式设计　孙跃红
责任校对　王永欣　责任印制　牛晓波
ISBN 978-7-5024-6244-4
冶金工业出版社出版发行；各地新华书店经销；　北京百善印刷厂印刷
2013 年 5 月第 1 版，2014 年 7 月第 2 次印刷
787mm×1092mm　1/16；13.75 印张；332 千字；210 页
28.00 元

冶金工业出版社　投稿电话　(010)64027932　投稿信箱　tougao@cnmip.com.cn
冶金工业出版社营销中心　电话　(010)64044283　传真　(010)64027893
冶金书店　地址　北京市东四西大街 46 号(100010)　电话　(010)65289081(兼传真)
冶金工业出版社天猫旗舰店　yjgy.tmall.com

前　言

近几十年来，世界冶金工业获得了空前大发展，这无疑得益于冶金学科基础理论的深入发展和基础知识的不断更新。同时，在各国冶金工作者的努力下，当代科学技术如近代数学的成就、计算机的发展和应用、材料科学的长足进步等逐渐渗透到冶金学科，使冶金学科的基础理论获得了更为系统、深入的发展和更新。马克思曾经说过："当数学还未进入一门学科，那么这门学科还不是真正意义上的科学"。从另一个角度可理解为，数学在一门学科中的应用程度基本上可以代表该学科的发展程度。冶金生产过程中近年来越来越多的领域能够借助于数学语言进行描述、模拟、仿真和优化，也充分证明了冶金学科的高度发展。

数值模拟与仿真的本质可理解为利用数学模型进行实验研究，其"工具"是各种数学公式，"材料"是各种信息，而其"核心"为合理的数学模型。本书重点介绍了冶金过程中各种常见的数学模型，并附有近十年来公开发表的应用实例，以便读者理解的同时掌握本领域的前沿发展状况。第 1 章作为全书导言，首先介绍了模型的概念、与原型的区别及其在工程开发中的地位和作用，在此基础上引出数学模型的定义和特点；第 2 章首先介绍了冶金工业的发展历史及当前钢铁工业的现状和特点，在此基础上重点描述了冶金学科各分支理论的发展历史及研究领域；第 3 章简单叙述了冶金生产过程中几种常见的数学模型；第 4~7 章分别详细叙述了冶金热力学模型、冶金动力学模型、凝固过程相关数学模型、冶金过程湍流模型的模型结构、建立思路、相关基础理论及最新应用实例等。本书可作为冶金类高等院校高年级本科生、研究生的选修教材，也可以作为与冶金相关的科技工作者的参考资料。

本书在撰写过程中重点参阅了李士琦教授等著的《冶金系统工程》、郭汉杰教授编著的《冶金物理化学教程》、李文超教授主编的《冶金与材料物理化学》、萧泽强教授等著的《冶金过程单元过程和现象的研究》、干勇教授等著的《连续铸钢过程数学物理模拟》及胡汉起教授主编的《金属凝固原理》等参考书与教材。应用实例重点参阅了近十年来公开发表在《Metallurgical and Materials Transaction B》、《ISIJ International》、《Steel Research International》及《北京科技大学学报》等冶金领域高水平期刊的文献。其中，第 4 章冶金热力学模型基础及应用实例部分，应用实例一、二、三分别参考了以下文献：(1) Metallurgical and Materials Transactions B, 2003, 34: 853~859; (2) ISIJ International, 2003, 43: 1301~1308; (3) ISIJ International, 2004, 44: 1006~1015。第 5 章冶金动力学模型基础及应用实例部分，应用实例一、二、三分别参考了以下文献：(1) 钢冶金过程动力学. 北京：冶金工业出版社,2001; (2) ISIJ International, 1996, 36: 1229~1236; (3) ISIJ International, 2002, 42: 809~815。第 6 章凝固过程相关数学模型基础应用实例部分，应用实例一、二分别参考了以下文献：(1) 连续铸钢过程数学物理模拟. 北京：冶金工业出版社, 2001; (2) 北京科技大学学报, 2011, 33: 1091~1098。第 7 章冶金过程湍流模型基础及应用实例部分，应用实例一、二、三分别参考了以下文献：(1) ISIJ International, 2010, 50: 331~348; (2) 北京科技大学学报, 2014, 36: 366~372; (3) Metallurgical and Materials Transactions B, 2010, 41: 636~644。在此一并向上述作者及期刊编委、出版社等致以诚挚的谢意。

本书在编写过程中得到所在课题组的研究生魏文洁、刘洋、田冬东、郭文明、安卓卿、朱伶枫等的大力帮助和支持，在此一并表示感谢。

由于作者水平所限，书中难免不足之处，敬请广大读者批评指正。

编著者

2013 年 1 月于北京科技大学

目　录

1 数学模型的基本概念和定义

本章概要： 本章首先介绍了模型的概念、与原型的区别及其在工程开发中的地位和作用。在此基础上引出数学模型的定义和特点。最后分析了工程实践中经常用到的模拟与仿真的研究方法与建立和使用数学模型的区别与联系。

数学模型是模型的一种，与其他模型相比，其特殊之处在于所使用的工具是各种数学公式和符号，“制作材料”是各种信息。因此，数学模型使用起来更为灵活方便、成本低、风险小。

随着科学技术的迅速发展，数学模型越来越多地出现在现代人的生产、工作和社会活动中。电气工程师利用数学模型实现生产过程的有效控制，气象工作者根据气象站、气象卫星汇集的气压、雨量、风速等资料建立数学模型，进而得到准确的天气预报。对于广大科学技术人员和应用数学工作者来说，建立数学模型是沟通摆在面前的实际问题与他们掌握的数学工具之间的一座必不可少的桥梁。尤其是对于某些难以实施的实际问题，如重大自然灾害、产品的生产和销售的预测等，以及现实中无法观测、不易观测或实验成本过高的问题，数学模型的建立和使用显得尤为重要。

1.1 模型的基本概念

模型是人类描述和认识世界广泛应用的工具，实际上每一个人都在利用模型帮助自己理解世界和描述世界，在工程技术中尤为如此。模型通常和模型工程联系在一起。“工程”一词的直接含义是“造物”，故“模型工程”是指讨论如何构造模型的一般原理，目前还隶属于“系统工程”的范畴。

简单来讲，模型是现实或想象中原型的一个表示，若模型建立的过程复杂，甚至与原型一样，就失去了利用模型的意义，故模型往往比原型简单得多，但又要求在使用其预测和解释时有足够的精确度。原型往往要涉及非常多的因素 (变量)，但是确定现象的本质的因素是非常有限的，故有人认为工程模型应有 3 个主要特征：

(1) 工程模型是原型的抽象或模仿。

(2) 工程模型由分析问题有关的因素所构成。

(3) 工程模型能表明这些有关因素之间的关系。

有许多人对模型有误解，认为越复杂越好，实际上模型应该简单、简明，因为越简明的模型使用起来越方便。必须指出，构造模型是一项科学、是一项工程、是一项技巧，同时也是一门艺术，应用时应恰到好处。

1.2 各类模型在工程开发中的应用

1.2.1 模型的分类

不同的作者依照不同的角度将模型加以分类，下面是几种常见的分类形式。

如 A：

(1) 基本的分类：1) 实际模型；2) 思考模型。

(2) 根据再现性和精度的不同，可分为：1) 完全模型；2) 不完全模型；3) 近似模型。

(3) 根据模型结构分类：1) 启发式模型；2) 模拟模型；3) 图形模型；4) 逻辑模型；5) 数学模型。

(4) 根据变量特征分类：1) 确定型模型；2) 概率型模型。

(5) 按分析对象分类：1) 过程模型；2) 状态变量模型；3) 性能模型；4) 可靠性模型；5) 时间模型；6) 费用模型；7) 人的行为模型；8) 生态模型。

(6) 一般的分类：1) 描述模型；2) 图形模型；3) 数学模型；4) 电子计算机模型；5) 物理模型；6) 硬件模型；7) 软件模型。

如 B：

(1) 按模型的形式分：1) 图像模型；2) 模拟模型；3) 数学模型；4) 概念模型。

(2) 按变量性质分：1) 确定型模型；2) 随机型模型。

(3) 按学科分类，如图 1-1 所示。

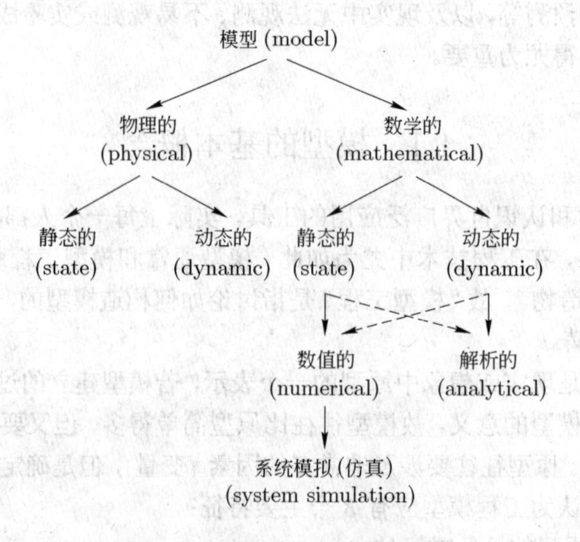

图 1-1 按学科分类的模型分布

如 C：

(1) 原样模型 (样机)；

(2) 相似模型；

(3) 图形模型：

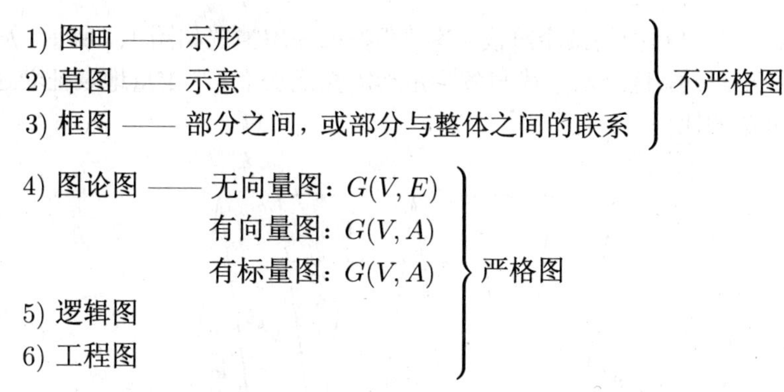

(4) 用数学符号和数学公式来表达系统的结构或过程，以往常把数学化与科学化的概念看做是等同的。其实，由于工程开发问题的复杂性、模糊性、无样本性和信息的不充分性，因此在系统开发中，数学形式不是追求的目标，而是具体化过程中的一个手段。

1.2.2　模型在系统开发中的作用

模型并无真假之分。一般来讲，模型都是假的、伪造的。模型的价值在于其适用性和有效性。工程实体与各类模型的关系如图 1-2 所示。

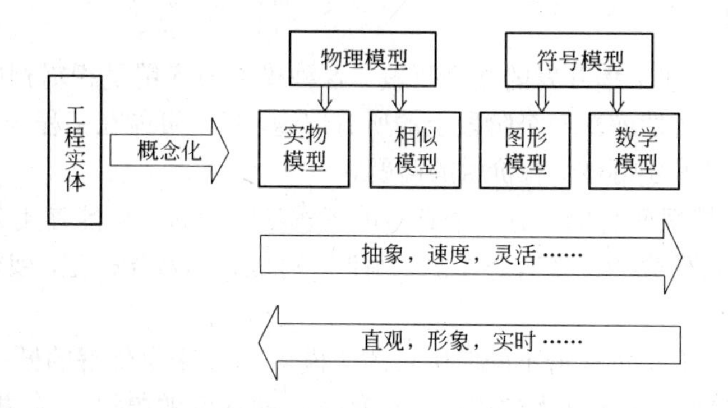

图 1-2　工程实体与各类模型的关系

在工程开发的循环过程中，各类模型的地位如图 1-3 所示。

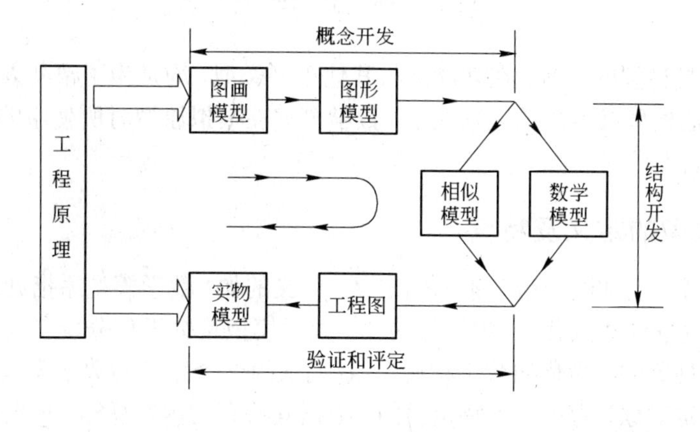

图 1-3　各类模型在工程开发循环过程中的地位

对于一个一般的工程开发过程中的某个阶段，各类模型的使用情况如图 1-4 所示。从工程开发的相应位置上引一小段线，这个水平线与各三角形的交线长度，半定量地表征着这个阶段上使用各种模型的分量的比例。

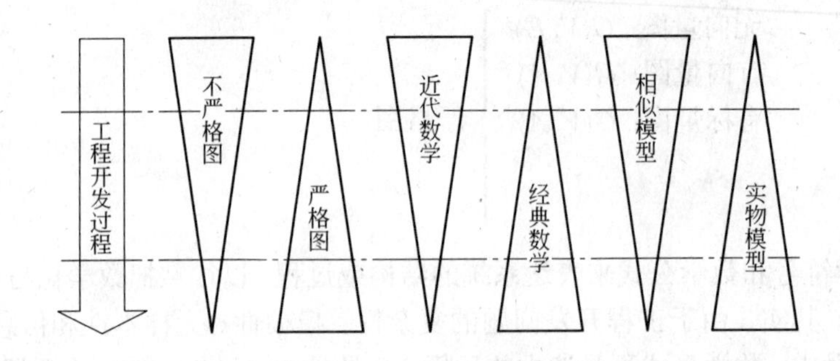

图 1-4　各类模型在工程开发的不同阶段的使用情况

由图 1-4 可以看出，在工程开发的初始阶段，以不严格图、近代数学、相似模型为主，它表明在工程的展开阶段，特别需要新的思想和概念，需要一种开拓性的精神。而在工程开发的收尾阶段，严格图、经典数学、实物模型是工具，这时特别强调降低不确定性和各种工程技术手段的相互联系。

图 1-4 还反映出在工程开发的某个阶段，各种模型的应用是相辅相成的，只有主次之分，某一种模型既不可能解决一个阶段上的所有问题，也不可能在工程开展的始终只使用一种模型，这是一个非常实际的、有价值的问题。

以上是就一般情况而言的，对一个具体的工程活动而言，可能使用某几种或只用一种模型，特别是在对可研究的系统有透彻的了解时，可能只用数学模型，或数学模型加上工程图。

按系统的目标不同，可构造不同应用目的的模型：(1) 求最优解的模型；(2) 分析系统行为的模型；(3) 检定系统未来状态的模型。或为：(1) 描述性的模型 —— 机理模型；(2) 控制模型。

1.3　数学模型

数学模型也是模型的一种，在功能上与其他模型类似，均是为了帮助人们更好地理解和认识原型。与其他模型最本质的区别在于，数学模型在模拟原型时所使用的材料不同，它所用的是“数学语言”。

1.3.1　数学模型的定义及特点

对于数学模型，不同的人给了不同的定义，广义的如“数学模型系指利用数学语言来构造的模型”或“现象的数式化”。较具体的如“数学模型是关于部分现实世界和为某种特殊目的而作的一个抽象的、简化的数学结构”。我们认为一个完整的数学模型可描述为：对于现实中的一个特定对象，为了一个特定目的，根据其特有的内在规律，根据需要做出必要的简化假设，运用适当的数学工具，得到的一个数学结构。

简而言之，数学模型的实质主要包括以下 3 个方面：

(1) 有一个原型；

(2) 为了某种目的；

(3) 用数学语言来构造。

科学发展史表明，没有哪一门学科的历史发展是从它的逻辑基础上建立起来的。相反地，一门学科的逻辑基础，往往是在它的发展后期才能完成。

人们致力于研究模型的主要原因是可以避免或减少对现实世界做昂贵的、不希望的或不可能的实验。当前数学模型的应用非常广泛，几乎没有一个领域中见不到它的身影，其原因是明显的：

(1) 高度的抽象性。包含了更多的理解和经验，可用精练的语言来处理问题。

(2) 明确性。可以精确地用公式来表达人们的想法，从而减少了某些暗含的假定。

(3) 适应性。有大量的定理可供选用，可用于多种用途，甚至不同的实际问题。

(4) 可以处理变量众多、关系复杂的问题。

(5) 高精度。在有意义的范围内。

(6) 灵活性。易于修改参数或计算关系。

(7) 可通过计算求解，获得直观上难以得到的认识。

(8) 速度快。

(9) 成本低。

(10) 可使用高速电子计算机。

所以，尽管数学模型往往缺乏直观性、形象性和实时感，但由于其优点很多，因此是人们普遍应用的有效手段。常说的模型化指的就是建立数学模型。

应该强调的是，不要把数学模型和电子计算机等同起来，虽然许多数学模型要用到电子计算机，甚至有不少模型没有电子计算机就无法实现。

另一点要强调的是，并非越复杂的数学模型越好，我们的工作仍是在简单明了的精度之间寻求最佳的决策。

1.3.2 数学模型的分类

数学模型种类繁多，从事不同工作的人习惯于从不同的角度、概念来加以分类。表 1-1 和表 1-2 分别描述了两种数学模型的综合分类系统，图 1-5 也显示了这种数学现象的分类。

表 1-1 数学模型综合分类系统 I

分类方法	分 类
数学结构	图的；非分析的；分析的
问题的性质	确定的；不确定的
	静态的；动态的
	连续的；离散的
	分明的；不分明的
解的形式	解析的；数值的
算法应用	第一类工程数学
	第二类工程数学
应用	系统的描述和理解
	控制

表 1-2 数学模型综合分类系统Ⅱ

分类方法	分 类
按变量形式	确定型模型；随机型模型
	连续型模型；离散型模型
	分明型模型；模糊型模型
按变量之间的关系	代数模型
	微分方程模型；积分方程模型
	概率统计模型
	逻辑关系模型
按解法	解析解法模型
	数值法模型
按用途	科学研究用模型
	工程技术用模型
	管理用模型

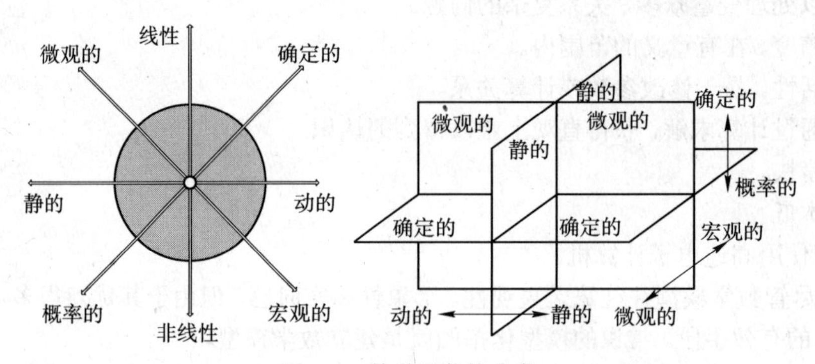

图 1-5 数学现象的分类

所谓的分析的数学模型，是指用无穷小量来研究函数的方法，即大家都熟悉的微分方程、积分方程、偏微分方程、积分变换和级数等。

非分析的数学模型包括代数的和几何的形式。代数的最初含义是变换表达式和解代数方程，用符号来表示变量和常量及对他们进行运算，而近来代数不仅扩大到矢量，以至到集合、群等极为广泛的、有价值的领域。而几何所研究的各种量的空间关系，也远远扩大到广泛的、抽象的空间。由于代数模型计算上的成熟和方便，其使用是十分广泛的。

图的模型，在工程开发中也为一类广泛应用的形式，如框图、树图、信号流图、网络等。在数学分支上，图论也为一个古老而又十分年轻的领域。

近年来，在工程开发中常把来自物理对象的经典工程数学称为第一类工程数学，它主要指常微分方程、积分方程、积分变换方程、变分、偏微分方程、矩阵等数学分支；而将运筹、统计数理逻辑、集合、图论等近代数学所组成的离散数学称为第二类工程数学。冶金工程专业的学生、研究生和科技工作者，大都对第二类工程数学较为陌生。

问题的确定性和不确定性、连续性和离散性、分明性和不分明性、静态和动态的区别要从问题的本质、变量的本身特征来区分，要把问题的性质和求解方法区分开来。例如，连续性的问题可用离散的差分方法求解，确定性的问题可用不确定的蒙特卡洛法求解，反之的例子也有不少。

对问题的不确定性还要进一步区分：统计不确定性和现实不确定性，对统计不确定性只能认识而不能改变；对现实不确定性虽然也是用统计不确定性来计量，但是通过多测取数据，或控制某些变量可以限制其不确定性。

解的形式由其特征而决定，特别是某种情况下有些问题的解析解根本不存在。

模型的使用目的对模型的构造有决定性的影响。当科学研究中重点是针对现象的理解时，多用描述型模型；工程开发过程中多为描述型和控制型模型两者结合使用；管理科学中则更多地使用控制模型或优化模型。

1.3.3 数学模型的建立和使用

在试图解释世界或控制一个系统目标时，建立模型是必要的，可以认为任何科学理解都是模型。所以从最纯粹的理论到最实用的科学工作都应懂得怎样建立和使用数学模型。问题的难点在于了解和学会如何往来于现实世界和数学世界之间。

通常一个完整的数学模型的建立主要包括以下几个步骤：

(1) 形成问题：了解实际背景，明确建模目的，搜集有关信息，掌握对象特征，最终要形成一个比较清晰的“问题”。

(2) 假设与简化：针对问题特点和建模目的，作出合理的、简化的假设。“合理”要求模型必须能够反映现实世界中人们最关心的那部分特征，而“简化”又要求所建立的模型应该简明、实用、可操作性强，从而能够满足一定的普适性。这需要研究者在合理与简化之间作出有效折中。

(3) 建立模型：用数学的语言、符号来描述问题，这里需要研究者充分发挥想象力、多使用类比方法，同时尽量使用简单的数学工具，在工程技术学科中尤为如此。这里反映了研究者把一个实际问题转化为数学问题的能力。

(4) 模型的检验与评价：模型建立之后，需要返回到现实世界，利用现实世界的实际现象和数据对模型的合理性和适用性进行检验与评价。例如对结果的误差分析、统计分析、模型对数据的稳定性分析等。

(5) 模型的改进：若模型精度不满足要求，需要对模型结构及参数进行调整，这需要多次往返于现实世界和数学世界之间，直到用数学语言描述的模型能够满足现实世界的需求。

(6) 模型求解：借助于各种数学方法、软件和计算机技术对模型进行求解、分析。由于实际问题的复杂性，多数模型必须借助于电子计算机才能求解，这也是数学模型的发展与计算机技术的发展密不可分的主要原因。

建立数学模型的全过程如图 1-6 所示。

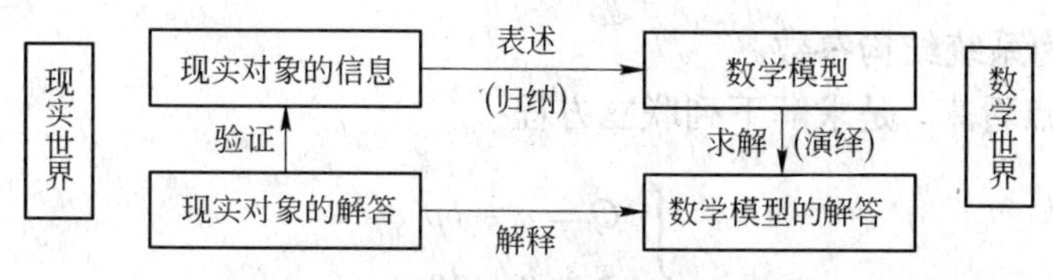

图 1-6 建立数学模型的全过程

图 1-6 中的几个关键词解释如下：

表述：指的是把现实问题根据建模目的和信息“翻译”成数学问题；

求解：选择适当的数学方法求得数学模型的解答；

解释：将数学语言表述的解答“翻译”回现实对象；

验证：用现实对象的信息检验得到的解答。

1.4 模拟和仿真

需要指出的是，模拟 (或仿真) 与数值模拟在本质上是完全不同的。确切地讲，模拟是一种实验，为了弄清实际或设想中的一个系统的性质和各因素之间的关系，必须设计一个模拟系统，在实验中做定量的观察。而数值模拟指的是利用数学模型进行实验，根据数学模型给出的解答或表述去对现实对象进行分析和观察。

模拟是很花时间和很费钱的，而且设计和实现模拟也是很复杂和困难的事。另外，模拟试验的结果可能与实际问题有或大或小的差异，还须做进一步的检验和校正。尽管如此，模拟研究仍是广泛应用的，其原因有：

(1) 实际问题难以实施，如重大自然灾害、产品的生产和销售的预测。

(2) 检查某种方案的结果。

(3) 观察某些不易直观理解的复杂观察。

(4) 有危险的观察。

(5) 无法重复的观察。

(6) 成本过高的工作。

(7) 证明理论。

需要强调的是，模拟是用模型做实验，在实验过程中需要多方位观察和分析。虽然用到的均为一系列数学公式，但模拟不是像公式求解那样致力于直接寻求特定变量之间的关系，而是通过设计实验逻辑程序，用实验来观察，从而导出各变量之间的关系，以达到了解系统。

模拟和数值计算虽然都是在计算机上进行的，但本质和概念均不同。

例 针对某种商品，假定市场条件下商品的需求量 (Q)、供应量 (S) 与商品价格 (p) 均呈线性关系，其价格模型可表示为式 (1-1) 和式 (1-2)。

$$\begin{cases} Q = a - bp & \text{(1-1a)} \\ S = c + dp & \text{(1-1b)} \end{cases}$$

求解条件：

$$Q = S \tag{1-2}$$

其中，a，b，c，d 为系统结构参数。

(1) 从数学观点看来，是求解下列联立方程：

$$\begin{cases} Q = a - bp \\ S = c + dp \\ Q = S \end{cases}$$

求其解析解：

$$p^* = \frac{a - c}{b + d}$$

$$Q = S = a - bp^* = c + dp^*$$

(2) 求数值解如下：

1) 设定解的范围，给出一个数集；

2) 选一 p 值代入式 (1-1)，求出 Q，S 的值；

3) 比较 Q，S 是否满足 $|Q-S|\leqslant\varepsilon$，作为 $Q=S$ 的判别；

4) 当 $|Q-S|\leqslant\varepsilon$ 时，制定选取新的 p 的规则。

这样，在给定一组 a，b，c，d 值下可求出数值解，却无法看到 a，b，c，d 与 Q，S 的表达式对解的影响，即看不到系统结构对解的影响。

(3) 模拟方法：

1) 选初始实验值 p_0；

2) 令 $p=p_0$，代入式 (1-1b) 求出 S_0；

3) 令 $Q=S_0$，代入式 (1-1a)，求出 p_1；

4) 将 p_1 代入式 (1-1b)，求出 S_1；

5) 判别 $|p_1-p_0|\leqslant\varepsilon$。

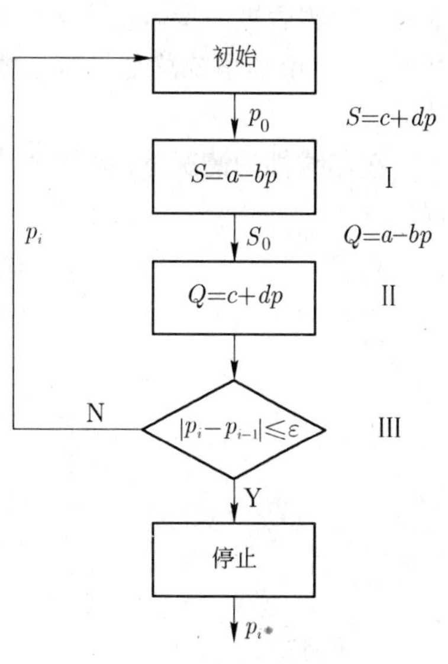

图 1-7 模拟实验过程

模拟实验过程如图 1-7 所示，从而对系统的认识更加丰富。如当 Q 的斜率在数值上大于 S 斜率时，p 值将是发散的，这表明市场价格 p 的摆动越来越大，市场系统不稳定 (价格的微扰将引起市场的混乱)，如图 1-8 所示。

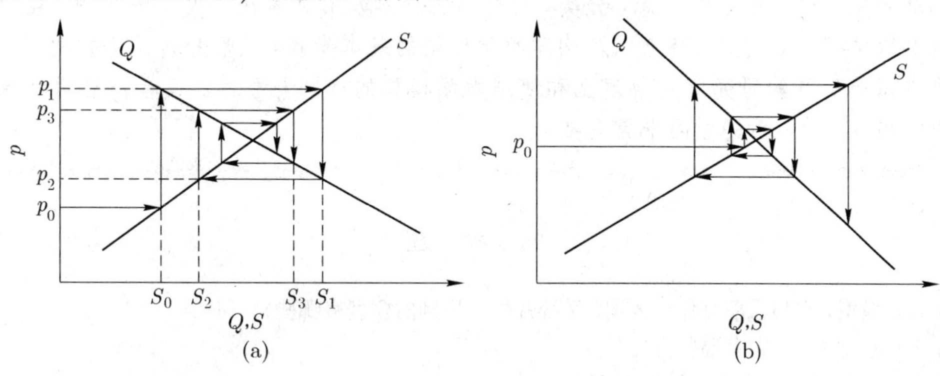

图 1-8 模拟实验进程

(a) 模拟进程稳定的情况；(b) 模拟进程不稳定的情况

从数学求解的观点来看，系统不稳定，并不是说不能求解，如图 1-9 所示，由 p_0' 开始先

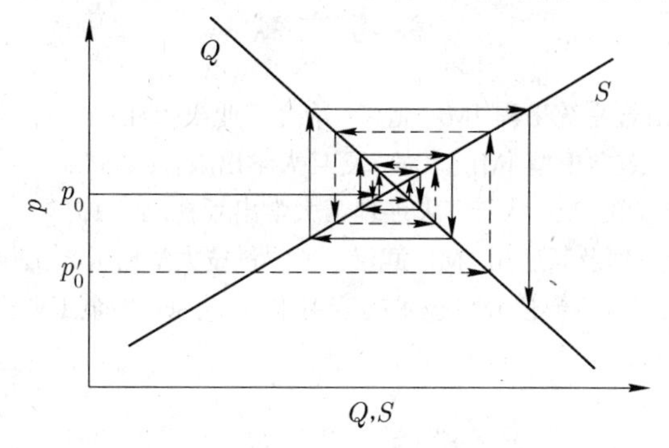

图 1-9 已知 p_0' 的模拟进程

求出 Q，然后再逐步做 (逻辑图中 Ⅰ，Ⅱ倒置)，也能得到解，但这种解的经历不反映系统的性质 —— 市场系统总是先有供才能产生流通，即价格的刺激是先通过供应而引起系统的运动的。

在非线性的情况下，模拟尤为重要 (见图 1-10)，这时不必去求解非线性方程组就能得到解。

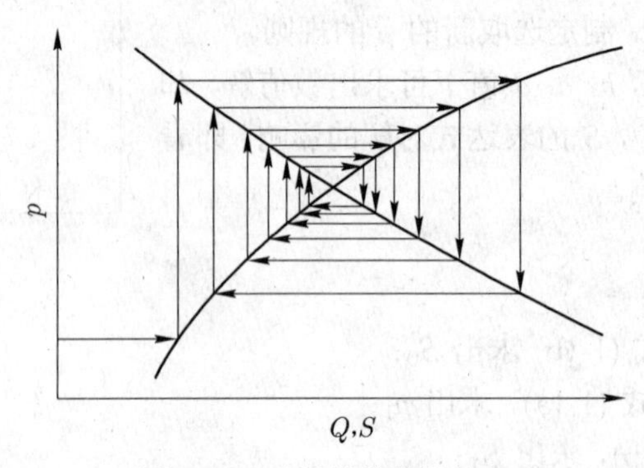

图 1-10　非线性的模拟情况

本章小结

本章首先描述了模型的概念、分类、与原型的区别及其在系统开发中的作用，在此基础上介绍了数学模型的定义、特点以及构建数学模型的基本步骤。最后分析了工程实践中经常用到的模拟与仿真的研究方法与建立和使用数学模型的区别与联系。读者需要明晰模型与模拟的区别，这对以后的学习非常重要。

思　考　题

1-1　什么是模型？它与原型有什么区别？系统开发中用到的模型有哪些？

1-2　什么是数学模型？它有哪些特征？

1-3　建立一个完整的数学模型大概有哪些步骤？

1-4　建立数学模型的过程可理解为往来于“现实世界”和“数学世界”之间，这一过程如何实现？

1-5　试分析模拟与仿真技术与建立和求解数学模型之间有什么区别和联系？

参 考 文 献

[1] 李士琦, 高俊山, 王政. 冶金系统工程 [M]. 北京：冶金工业出版社, 1991.

[2] 谭永基, 蔡志杰, 俞文吡. 数学模型 [M]. 上海：复旦大学出版社, 2005.

[3] 华罗庚, 王元. 数学模型选谈 [M]. 大连：大连理工大学出版社, 2011.

[4] 周明, 胡斌. 计算机仿真原理及其应用 [M]. 武汉：华中科技大学出版社, 2005.

[5] 萧泽强, 朱苗勇. 冶金过程数值模拟分析技术的应用 [M]. 北京：冶金工业出版社, 2006.

2 冶金工业及冶金学科的发展

本章概要：本章首先介绍了冶金工业的发展历史，之后描述了冶金学科各分支理论的发展、研究领域及其相互之间的区别与联系。只有在充分了解冶金生产过程、切实掌握冶金学科基础理论、灵活应用数学工具的基础上，才能开发和建立有效的冶金过程数学模型。

冶金是一项古老的技艺，关于金属材料的使用和金属工艺的应用都可以追溯到人类文明的早期，无论在神话传说中还是在科学的历史发展研究中，都以金属材料或金属工具的使用作为早期人类社会发展的标志，这充分说明了冶金对人类文明的贡献。随着人类历史的发展，冶金技艺也在不断进步。尤其是自 20 世纪 30 年代开始，当人们把化学热力学引入冶金领域，由此开始了冶金学科的发展后，冶金工业也同时获得了大发展。冶金学科和冶金工业的发展相辅相成，互相促进。冶金工程数学模型涉及生产过程的方方面面，与冶金学科的基础理论密不可分。

2.1 冶金发展历史概述

20 世纪 30 年代，德国 Schenck、美国 Chipman 等学者把化学热力学导入冶金领域，并开始用热力学方法研究冶金反应，冶金工业也借此从一项技艺发展成为一门科学，也由此获得了近几十年来包括我国在内的世界范围的大发展。

为了说明冶金学诞生的科学技术的历史根源，下面简单介绍有关物理化学理论基础及钢铁冶金代表性技术产生的年代：

(1) 物理化学理论基础产生的年代。

1) 1789 年，热力学第一定律 (能量守恒定律)；

2) 1824 年，热力学第二定律；

3) 19 世纪下半叶，物理化学的主要定律和原理；

4) 1904 年，热力学第三定律。

(2) 工业生产规模的钢铁冶金代表性技术产生的年代：

1) 18 世纪末至 19 世纪初，高炉炼铁；

2) 1855 年，酸性转炉 (贝塞麦) 炼钢；

3) 1860 年，平炉 (西门子和马丁) 炼钢；

4) 1876 年，碱性转炉 (托马斯) 炼钢；

5) 1899 年，电弧炉 (皮埃尔) 炼钢。

同一切科学技术的发展规律一样，科学的冶金学之诞生和发展也必须具有生产和理论两方面的基础，到了 20 世纪初，这些条件已经具备：(1) 大规模的钢铁冶金工业化生产已经形成，为理论认识提供了必要的实践经验和紧迫的要求；(2) 整个科学理论的发展为冶金工程问题的理解和定量描述提供了可能。这样冶金学科的出现已是历史的必然。

2.2 钢铁工业的大发展

在冶金学诞生的年代里，即 20 世纪 20～30 年代，世界钢铁产量每年为 500～700 万吨，到 70 年代，世界钢铁年产量超过了 7 亿吨，而在 2007 年，该数字已超过了 13 亿吨，增长了近 20 倍，如图 2-1 所示。从图 2-1 中还可以看出，从 1766 年工业革命到 1973 年前后，以英国、法国、联邦德国、美国、日本为代表的发达国家完成工业化，峰值时，耗用了世界 51.5%的粗钢，美国人均使用钢材 45t。我国建国以后共用钢材 40 余亿吨，人均 4t，仅为美国的 1/10。从这个角度来讲，我国正处于工业化进程的中期，未来的发展对钢材应该还存在着一定的需求。图 2-2 显示的是近十年来，中国经济与钢铁工业发展的对应状况。从图 2-2 中可以看出，2009 年中国 GDP 是 2000 年的 3.38 倍，与此同时，2009 年中国粗钢产量是 2000 年的 4.42 倍，说明钢铁工业的发展很好地支撑了中国的经济建设。

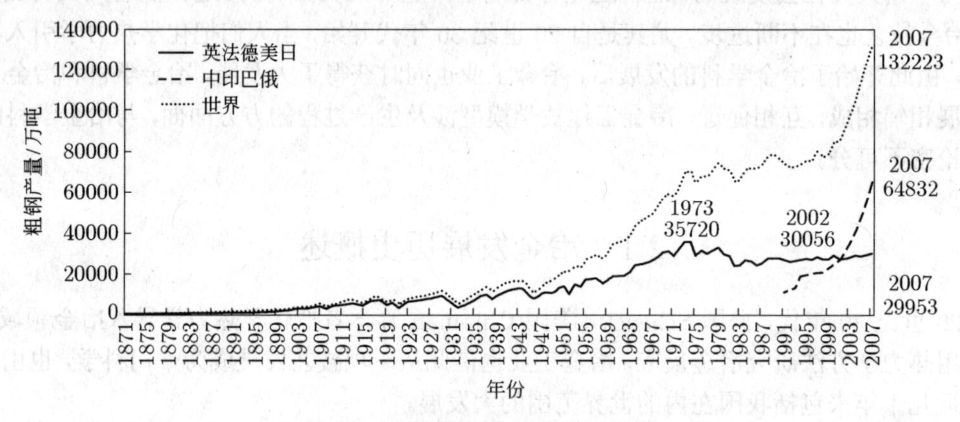

图 2-1 世界粗钢产量的发展概况

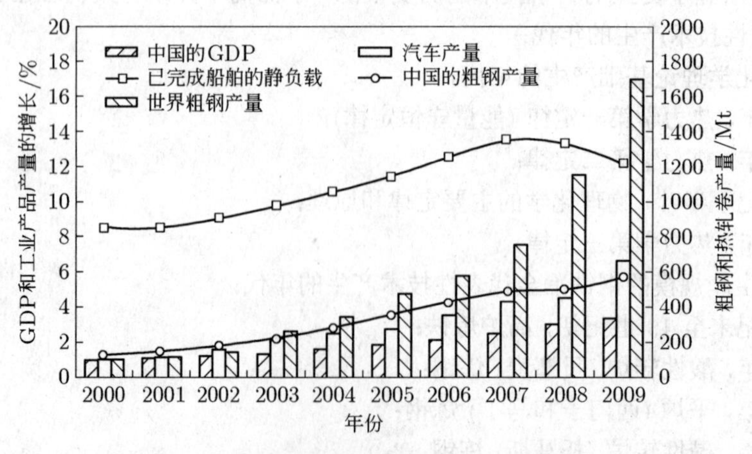

图 2-2 近十年中国经济与钢铁工业发展对应状况

钢铁工业的大发展是冶金学成就的客观例证，说明理论认识的飞跃会对工业生产的发展产生巨大的推动力。同时也应该看到，生产的大发展又会对冶金学的充实、更新和发展提供不尽的源流和推动力。

长久以来钢铁冶金工业的发展可归纳为以下几方面：

(1) 生产规模迅速扩大。

(2) 冶炼设备逐步大型化。

(3) 冶炼过程的高速化、高效率化。

(4) 生产过程的经济化，降耗、节能日益引起人们的关注。

近百年来，世界粗钢产量虽不断增加，但铁水/粗钢却不断下降 (见图 2-3)。中国近二十年来钢铁工业能耗状况如图 2-4 所示，随钢产量急剧增加，总能耗虽然是上升的，但吨钢综合能耗及可比能耗却呈明显下降趋势。这集中体现了新工艺、新技术的巨大推动作用。为了本行业，甚至整个社会、人类的可持续发展，全世界的冶金工作者都在探索各种可以节能，但又不影响产品性能和生产效率的新技术、新工艺乃至新能源。传统的钢铁冶金流程是以“碳”作为核心还原剂的高耗能流程，而目前氢冶金、电解冶金等新的低碳冶金工艺和新技术正在获得大力发展，同时关注 CO_2 等温室气体的封存和收集 (见图 2-5)。

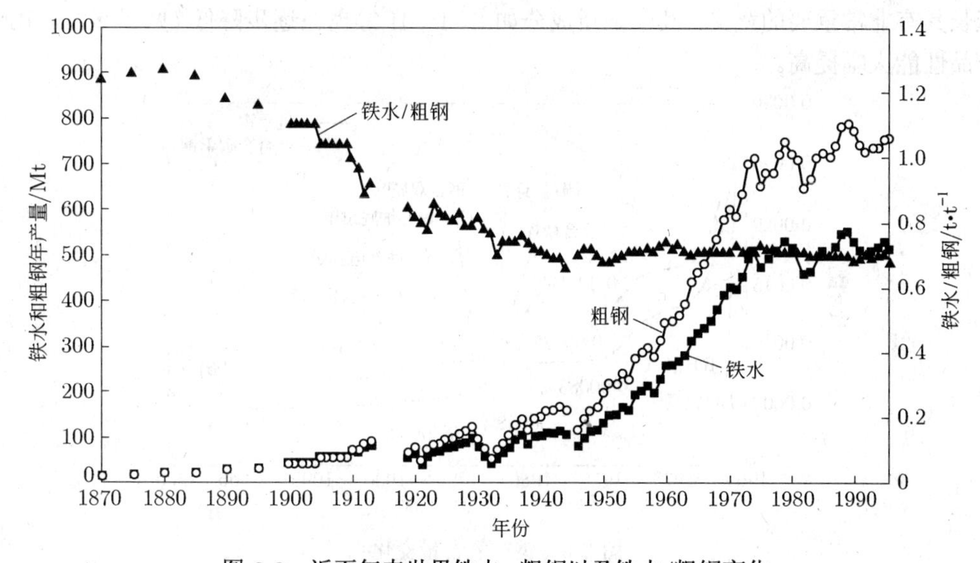

图 2-3　近百年来世界铁水、粗钢以及铁水/粗钢变化

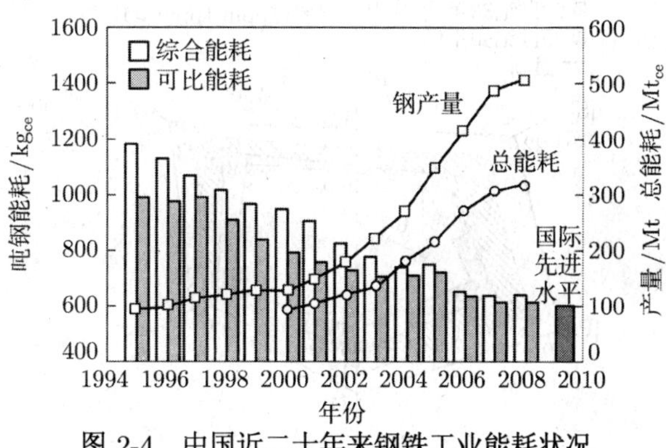

图 2-4　中国近二十年来钢铁工业能耗状况

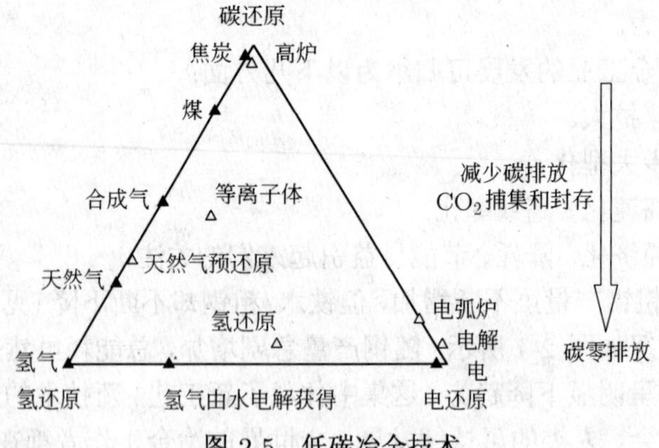

图 2-5 低碳冶金技术

(5) 生产过程的清洁化。为了能够满足社会对钢产品性能的要求，采取各种新技术降低钢中杂质成分的含量。随着各种新技术的发明和使用，轴承钢中的氧含量已由 20 世纪 60 年代 0.0025%左右降低到近年来 0.0005%以下 (见图 2-6)，这对轴承钢性能的提高和使用寿命的延长具有非常重要的意义。其他杂质成分如 S、P、H 等也在逐步降低 (见图 2-7)，由此导致产品性能大幅提高。

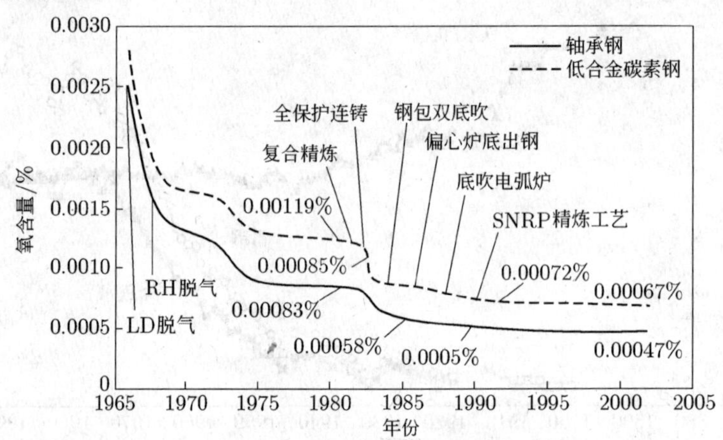

图 2-6 钢中氧含量变化

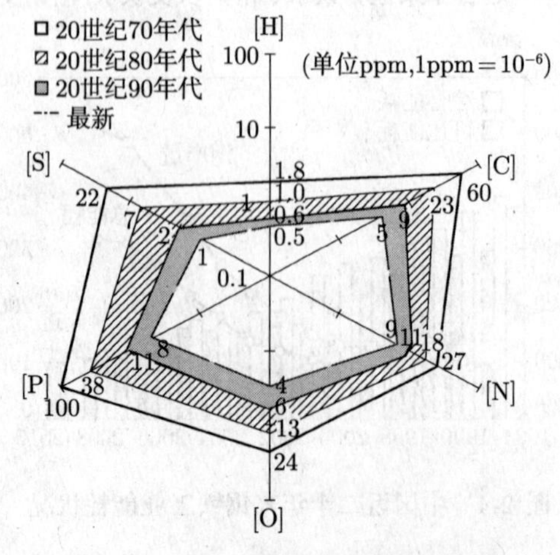

图 2-7 钢中主要杂质元素变化趋势

(6) 产品性能大幅提高。通过使用钢水成分纯净化、细化晶粒、相强化等手段大幅提高钢材强度、韧性、塑性等综合性能 (见图 2-8)。

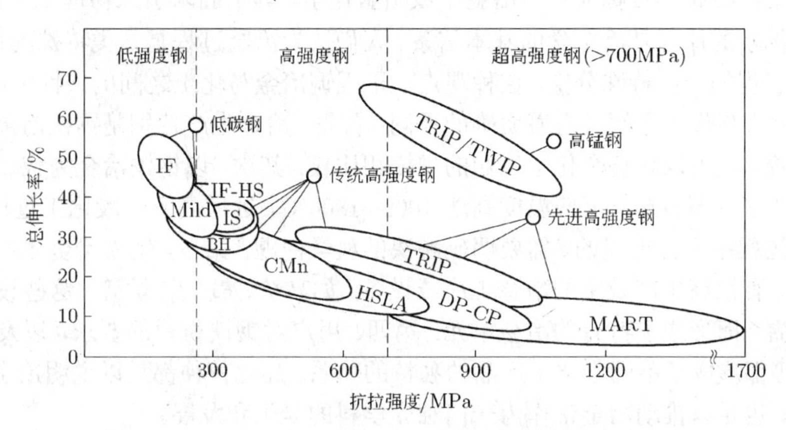

图 2-8　钢产品性能提高途径及技术

(7) 生产过程控制的精确化。包括为满足用户对钢铁产品质量的要求，对产品的化学成分、性能和尺寸控制的精确化等。

2.3　冶金学科发展概况

近百年来冶金生产的飞速发展，当代科学技术的大发展，都使冶金学科获得了不断的充实、发展和更新。当代科学技术中如当代数学的成就，计算机技术的出现、发展和普及，材料科学的长足进步等都极大地推动了冶金学科的进步和发展。当代科学技术发展的另一特色是学科领域之间的相互渗透和融合，学科间的壁垒在淡化甚至消融。例如，计算机技术出现只有短短几十年，但至今它几乎无处不在，渗透到各学科中，并引起了巨大而深刻的变化。不仅仅新兴的学科间在相互渗透和融合，传统的工业和科学之间也在相互渗透和促进，像机械加工、化工和冶金等在工程上、学科领域内都在不断地互相促进和吸收，并推动整个科学技术的进步。

冶金学科观念的变迁以及各分学科的发展简况如图 2-9 所示，现简要说明如下。

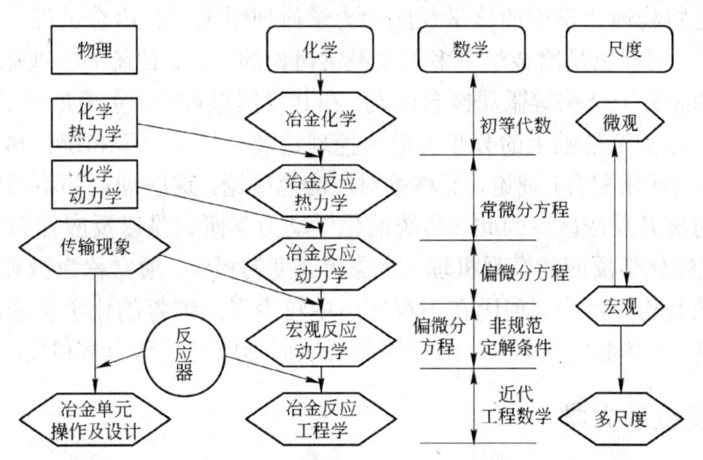

图 2-9　冶金学科观念的变迁以及各分学科的发展简况

2.3.1 化学冶金

申克以前的冶金学可称为化学冶金学或冶金化学，其中尚未引入物理化学原理。

化学所揭示的原理是冶金学的基本信条。人们认为冶金过程是一类特殊的化学工程，冶金学是化学工程的一门特殊分支，这种观点在于强调冶金与化工之间的共性。从特殊性的角度来讨论，冶金与化工之间又有着明确的不同：首先，冶金生产特别是钢铁冶金已形成了巨大的生产规模，足可以和整个化学工业的规模相比较；其次，以钢铁冶金为代表的冶金过程中火法冶金占了主导地位，反应温度高达 1000~1800°C，远远高于一般化工过程，相应出现了一般化工过程中不会出现的、需要明确解决的科学问题；第三，钢铁冶金生产中已形成了一些独特的、有很高生产效率的冶金工序或设备，如高炉、氧气转炉等，这些设备明显地有别于化工装置，而形成了特有的冶金单元；第四，用户对钢铁材料的要求，以及钢铁材料的加工、制品等都形成了不同于化工产品的独特的体系。凡此种种都足以说明冶金与化工之间的巨大差异，也足以推动冶金学作为一门独立学科的诞生和发展。

2.3.2 冶金反应热力学

本书讲的是将物理化学中的化学热力学原理用来讨论冶金过程，也可以说是狭义的冶金过程热力学。通俗地讲，热力学是研究物质的热运动和运动形式相互关系的一门科学，主要适用于宏观体系，它的基础主要是热力学第一定律和热力学第二定律。其中，热力学第一定律用于研究这些变化中的能量转化问题，热力学第二定律用于研究上述变化过程的方向、限度以及化学平衡和相平衡的理论。热力学方法的特点是既不考虑物质内部的微观结构，也不涉及过程的速率和机理；只能指出某一变化在一定条件下能否发生，若能发生，其方向和限度如何，而无法解释其发生机理，也不可能预测实际产量；只预测反应发生的可能性，而不问其现实性；只指出反应的方向，变化前后的状态，而不能得出变化速率。

根据研究方法分，热力学又可以分为经典热力学和统计热力学。这部分内容是冶金学中最成熟的部分，应用也最广泛，这方面也已有许多专著。本书后面章节会重点讲述冶金热力学模型的建立和应用，对于热力学基本理论不再赘述。

2.3.3 冶金反应动力学

这里讲的是将物理化学中的化学反应动力学原理用来讨论冶金过程，也可说是狭义的冶金过程动力学，同样也是冶金学中多年来经常讨论的内容。传统的物理化学中的化学动力学是从分子运动和分子结构等微观概念出发，在其发展过程中，主要形成了两大理论: 体系建立在气体分子运动论基础上的分子有效碰撞理论及在量子力学和统计热力学发展过程中形成的过渡状态 (活化配合) 理论，又称绝对反应速度论。这些理论都不研究反应物如何到达反应区和如何离开反应区。因此，传统的化学动力学研究是以反应体系均匀分散为条件的，即它是研究纯化学反应的微观机理、步骤和速度的科学，通常称为微观动力学。微观动力学主要涉及的是均相反应。但因在工程应用中较少遇到纯粹的化学反应速度占绝对统治地位的冶金问题，故单独应用较少，后来主要发展而形成宏观动力学和反应工程学。

2.3.4 宏观反应动力学

本书讲的是狭义的宏观反应动力学，以便与反应工程学相区别。

若一个化学反应的速度不仅与反应本身有关，还须考虑质量在空间上的传递过程，这就是宏观反应动力学。这里的“宏观”一词仅指问题在空间的展开。狭义的宏观反应动力学一般都认为空间是无限的或半无限的，这样边界的影响较简单而规范。

钢铁冶金过程主要是火法冶金过程，多为高温多相反应，在绝大多数的情况下化学反应速度是很快的，与之相比传质速度较慢，常是限制性的环节。在化工过程中也有许多类似的现象，1957 年提出了这样的概念：将单纯从分子理论微观地研究化学反应速度及其机理的学说称为微观动力学，而将在伴有传质、流动情况下研究化学反应速度及机理的学说称为宏观动力学。

宏观化学反应动力学将化学反应过程看作物质的输运过程和化学反应的整体来讨论，将化学反应本身称为“本征化学反应”，它仍遵循传统的化学反应动力学的原理和规律，不涉及空间 (坐标) 变量，只与时间 (坐标) 变量有关；而物质的输运过程本质上是物理过程，属于传输原理讨论的内容。故从学科的观点来看，传输原理是宏观动力学的理论基础之一，但从科学发展史上看，关于传输现象的理论体系较宏观动力学出现得要晚一些。

提到宏观反应动力学，不得不对传输现象稍做介绍。传输现象是构成宏观反应动力学的重要部分，可以简单地理解为：微观反应动力学 (化学反应动力学)+ 传输现象 = 宏观反应动力学。在构造宏观反应动力学模型的过程中，必须要用到关于传输现象的数学表达。

传输现象指的是动量、能量和质量的传输，又称为“三传”。对传输现象的认识和描述的理论称为传输原理。传输原理可归纳为以下几个基本要点：

(1) 传输原理所讨论的变量是物理量，一般来说是空间和时间上分布的函数。

(2) 描述传输现象的偏微分方程可写成如下的统一形式：

$$\frac{\partial}{\partial t}(\rho\Phi)+\mathrm{div}(\rho\boldsymbol{u}\Phi)=\mathrm{div}(\Gamma_{\Phi}\mathrm{grad}\Phi)+S_{\Phi} \tag{2-1}$$

式中 Φ —— 所讨论的物理量，场函数；

t —— 时间坐标；

ρ —— 质量密度；

$\boldsymbol{u}$ —— 介质流动的速度 (矢量) 场；

Γ_{Φ} —— 广义的 (动量、热量或质量的) 扩散系数，可以是 Φ 的函数或常数；

S_{Φ} —— 广义的 (动量、热量或质量的) 源或耗散，可以是 Φ 的函数或常数或零。

式 (2-1) 从左向右，依次代表：与时间有关的积累项或不稳定项；与流场 ($\boldsymbol{u}$) 有关的平流项；扩散项；源 (或耗散) 项。

(3) 根据传输原理所列出的微分方程，为了得到针对某一特定过程的特解，需对方程附加一些条件，称为单值性条件，包括：

1) 几何条件，微分方程只适用于由边界条件围成的区域内；

2) 物性条件，微分方程所涉及的一些物性参数 (如密度等) 与时间的关系；

3) 初始条件，涉及温度对时间的导数 (如导热方程) 的方程中，应有个与时间有关的温度条件，一般为 $t=0$ 时，$T=f(x,y,z)$。

(4) 大多数问题有解析解，部分问题需数值求解，对于更困难的问题给出工程图表或用相似模拟的方法。

2.3.5　冶金反应工程学

狭义的宏观反应动力学单独存在的时间很长，几乎同时出现了化学反应工程的定义。1957年在荷兰阿姆斯特丹召开了第一届欧洲化学反应工程会议，此后化学反应工程发展迅速、成效卓著，化学反应工程逐渐形成了以“三传一反”为核心的现代格局。化学反应工程与有关学科的关系如图 2-10 所示。

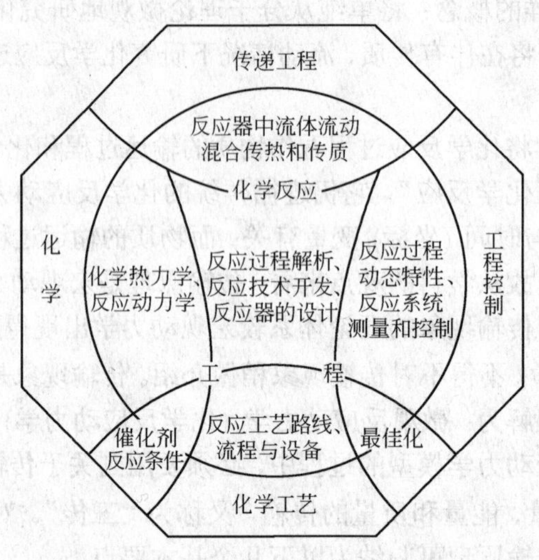

图 2-10　化学反应工程与有关学科的关系

多年来，在学科划分上反应工程学和宏观动力学之间常发生重叠和混淆。本书认为反应工程学与宏观动力学的区别在于是否考虑反应器 (或床层)，以及定解条件的规范与否。应用化学反应工程学的原理和方法研究和处理冶金工程问题，就形成了冶金反应工程学。因此，冶金反应工程学的研究对象可以定义为是伴随各类传递过程的冶金反应的规律，以及实现冶金反应的各类反应器和系统的操作过程特征和规律。

冶金反应是高温、多相的化学反应，综合考察物理条件对化学反应的影响及化学反应的物理效应。正如前文所述，按经典的化学反应动力学，冶金工程中的速率问题仅考察浓度、压力和温度对物质浓度 (随时间) 的变化速率的影响，这是远远不够的。大多数冶金反应特别是火法冶金过程，由于反应温度较高，其本征化学反应的速率较快，整个过程的速率主要取决于传质过程。为此，宏观反应动力学将物质在空间上的分布和传输与化学反应作为一个统一的过程来研究。不仅如此，工程中的实际过程必然在某个具体装置中进行，考虑到反应器特征的冶金反应过程动力学称为冶金反应工程学。

从研究方法来讲，冶金反应工程学借助于数学和物理模拟方法，以研究和解析冶金反应器和系统的操作工程规律为核心，以实现冶金反应器和系统的优化操作、优化设计和放大为目的。冶金反应工程学属于工业装置尺度和工序层次上的学科研究。冶金中的化学反应以及熔化、凝固、加热、蒸发等过程，都是在工业规模的装置中进行的。装置中各类过程的热力学和动力学基本规律和原子–分子尺度层次所研究的理论并无差别。然而，由于装置尺寸的增大，其中物质浓度的分布、温度的分布和介质停留时间的分布与实验室装置有较大差别，这种差别和装置–反应器的几何因素有关。冶金反应的特点是高温下的多相反应，因此利用气泡、液滴、颗粒等弥散分布的系统提高反应速率和过程效率尤为重要。这种弥散相的尺寸大小、数量、所处位置和停留时间的分布，也和反应装置的几何因素密切相关。为了使实验室研究的结果能有效地应用于工业生产，而又不过多地进行耗费人力和物力的中间试验，因而产生了装置及工序层次的动力学研究，也就是反应工程学。在反应工程学中，“三传”(动量、热量、物质的传递)、“一反”(反应器理论) 和解析方法是广泛应用的定量化手段。

一般认为冶金反应工程学正式产生于 1972 年，这是因为第一本直接以“冶金反应工程学”命名的专著出版于该年，此专著由日本鞭岩和森山昭合著。在此前后各国冶金工作者出版了许多类似的冶金反应工程学的专著，例如：J. 舍克里 (J. Szekely) 的《Rate Phenomena in Process Metallurgy》(冶金过程中的速率现象，1971)；G. H. 盖格 (G. H. Geiger) 和 D. R. 波勒尔 (D. R. Poirier) 合著的《Transport Phenomena in Metallurgy》(冶金中的传输现象，1973)；稍后如美籍韩人孙鸿庸 (H. Y. Sohn) 等的《Rate Processes of Extractive Metallurgy》(提取冶金速率过程，1979)。这些专门著作对冶金反应工程学的建立和发展起了促进作用。20 世纪 80 年代以后，人们逐渐认识到冶金反应工程学对于流程设计以及过程控制的重要作用，对这方面的研究也蓬勃展开。从 1980 年开始，美国金属学会每隔一段时间召开一次关于冶金过程控制的学术会议，其出版物为《Proceedings of the Process Technology Conference》。至今美国、日本、中国和欧洲出版的冶金反应工程学专著和教材已数不胜数。我国冶金工作者在冶金反应工程学领域的研究和学术活动也非常活跃。90 年代中期，我国著名冶金学者萧泽强、曲英、蔡志鹏等提议撰写和出版“冶金反应工程学丛书”，在有关学者的参加和支持下，1995~2002 年共出版了 21 种学术专著 (包括一种译著)。这套“冶金反应工程学丛书”在一段时间内代表了国内外相关领域的先进水平，对国内外冶金反应工程学发展起到了极大的作用。

最初，冶金反应工程学的研究主要借鉴化学反应工程学的方法。经过一段时间的研究，人们认识到冶金反应工程学有自己的特殊性：

(1) 冶金反应绝大多数属于非催化型的多相反应。

(2) 冶金原料为天然原料，成分复杂，副反应多。

(3) 冶金过程中不仅依靠化学反应，也依靠熔化、凝固、相变等多种物理过程。

(4) 冶金过程往往利用气泡、液滴、颗粒构成弥散系统，以增加反应效率，从而也增大了研究难度。

(5) 冶金过程在高温进行，对生产系统测量困难大，过程信息少。

(6) 反应介质为高温熔体 (熔渣、熔盐、熔锍、金属液)。

对于高度弥散系统，冶金反应工程学的分析方法具有自身的特点，主要有：

(1) 通过研究测量界面反应，特别是气泡、液滴、颗粒界面处的反应动力学，建立动力学方程。

(2) 描述乳化和弥散现象，包括测定弥散相的微粒尺寸分布和停留时间分布函数。

(3) 通过平面界面或弥散微粒界面上的物质衡算，把微观的反应动力学和提取相的数量相联系；同理，也可以通过界面上的热衡算，分析弥散相状态和传热过程的关系，从而得到部分均匀系统的总物质量传递和总热传递。

(4) 研究和描述总的宏观体积内的混合，以决定整体不均匀系统中的反应工程。

对于连续介质系统，近年来计算流体力学 (CFD) 的发展和通用型工程软件的普及，已经能较方便地求解各种反应器中的流动场；困难在于正确认识和描述边界条件和设定方程中的系数值，而这和冶金熔炼的高温物理性质有密切关系。

随着科学技术和国民经济的不断发展，对冶金产品的品种、质量和性能要求日趋提高，同时对冶金过程的环境友好的要求也越来越高。在冶金新技术、新型反应器及新的生产流程开发的过程中，冶金反应工程学都将起到非常重要的作用。这是因为：

(1) 冶金反应工程学科是在改进和强化反应器操作寻找最优化操作条件，以及在新技术、新流程开发，指导设计，解决比例放大等工作中都能发挥重要作用。

(2) 冶金反应工程学的比例放大方法在于根据过程的实质，可以节省大量资金和时间，而且由于采用“计算机模拟试验”代替了“逐级放大法”中的许多中间试验，能够实现比逐级放大法高得多的放大倍数。

(3) 数值计算方法、计算机技术的进步，各种现代物理化学测试手段和实验技术的提高，为发挥冶金反应工程学的优势提供了日趋稳定的技术保证。

2.3.6　时空多尺度的概念及其在冶金学中的应用

冶金学科涉及从微观到宏观的多种尺度, 小到原子或分子, 大到工艺流程。人们认识和解决冶金问题的视角也不断从微观到宏观的多种尺度。现逐一介绍时空多尺度的基本概念及其在冶金学中的应用。

2.3.6.1　时空多尺度的基本概念

尺度指的是表达数据的空间范围的大小和时间的长短, 是数据的重要特征。不同尺度所表达的信息密度有很大的差异。观测尺度变化得到的结果在某一尺度下会发生实质性的改变。这种特征尺度发生质变的系统可称为多尺度系统。时空多尺度可分为空间多尺度和时间多尺度。

A　空间多尺度

在复杂科学和物质多样性研究中，尺度效应至关重要。尺度不同常常会引起主要相互作用的改变，导致物质性能或运动规律产生质的差别。尺度效应本质上是控制机制的转变。在自然界和工程技术界，空间多尺度结构是客观存在的。法国 Villermaux 将空间尺度大致分为：(1) 纳米尺度 —— 分子过程、活性中心等；(2) 微观尺度 —— 颗粒、液滴、气泡、涡流等；(3) 介观尺度 —— 反应器、换热器、分离装置、泵等；(4) 宏观尺度 —— 生产单位、工厂等；(5) 巨尺度 —— 环境、大气、海洋土壤等。

B　时间多尺度

时间是有方向的。在心理学上，时间指的是从过去到将来方向 (心理学时间箭头)。工程学通常也采用心理学的时间方向。时间可用秒来度量，更大的有分钟、小时、日、月、年，以至年代、世纪、地球冰河出现周期、太阳系绕银河系运动周期、宇宙的生命周期；更小的有毫秒、微秒、纳秒、皮秒、飞秒、渺秒等。

可用两种方法来理解时间多尺度：一是时间尺度针对具体过程，不同的过程有不同的时间尺度，故时间多尺度可理解为多过程，因此，时间多尺度研究方法可理解为过程的分解和综合的方法，每一过程都有不同的时间尺度；二是对于同一过程，在一定的意义上有特定的时间尺度，此时多尺度的研究方法可理解为人为改变过程的时间尺度，用新的时间尺度对过程进行研究。过程工程中常见的两类技术，即强制时变和优化控制，就是时间多尺度方法的典型。

2.3.6.2 物质转化过程的多尺度结构

多数物质的转化过程都具有非均匀结构、多态和突变等复杂系统的特征。物质转化过程中复杂系统的研究成为过程工程科学的重要前沿。在复杂的过程系统中许多现象以不同层次出现，层次可用时间和空间尺度来标定。工艺过程及其设备的设计、操作、控制为宏观尺度，但有关的物理、化学现象为微观尺度。为达到更好地设计、操作、控制工艺过程及其设备的目的，要在宏观与微观之间寻找有关的中间尺度的现象，如此可以分割难题，然后既要按不同尺度的层次分别研究，又要综合层次进行跨尺度研究。在这样的研究中须引进有关的新知识，研究方法和手段也将出现新的变化。许多学者将时空多尺度结构及其效应的认识和研究称为继单元操作和化学反应工程之后的新的里程碑。

物质转化的基本层次是原子和分子，但实现物质转化却要涉及从原子、分子到大规模工业装置乃至整个工厂，甚至涉及大气、河流等环境因素之间不同尺度的化学和物理过程。许多复杂现象发生在若干主要的特征尺度上，对过程控制作用的各种机制也只在某些特征尺度上发挥作用。目前，对于尺度的划分存在着很多差异。根据不同的学科内容，尺度的划分又有很大的差异，如认为在处理物质转化的过程工程中常存在下述尺度结构：

(1) 纳米尺度。发生分子的自组装 (微观结构) 和自复制，形成分子聚集体。在这一尺度上的粒子表现出一些特别的物理化学性质。在此尺度上，分子间的作用力起了重要作用。

(2) 单颗粒、气泡和液滴尺度。单颗粒、气泡和液滴尺度是非均匀相反应的一个重要的基本尺度。在此尺度下，分子扩散、物质对流对反应过程起着决定性的影响。化学反应则发生在颗粒的表面，传递往往会成为控制反应过程的主要因素。

(3) 颗粒聚团。颗粒聚团 (气泡合并、液滴聚集) 这一宏观结构的形成，使系统行为发生质的改变，其传递性能与分散体系中截然不同。一般而言，这一尺度的行为受不同介质或不同过程之间协调机制所控制, 界面现象在这一尺度上发挥了重要作用。

(4) 设备尺度。此尺度的特征为宏观结构因设备边界的影响而发生空间分布，由此导致更大尺度/结构的产生。外部因素对过程行为的影响主要体现在这一尺度上。

(5) 工厂以上尺度。该尺度涉及不同过程之间的继承和优化，过程与资源和环境的协调等。

多尺度特征在物质转化中的重要性主要体现在以下两方面：(1) 任何一个微观反应过程，必须经过各种尺度的调控才能在设备尺度上达到理想的转化率和选择性，才能在工厂尺度输出合格、廉价产品的同时对环境产生最小的负面效应；(2) 对反应过程的任何调控一般都在设备尺度实施，然后通过多尺度过程将这一调控的作用传递到微观尺度水平上，才能对反应过程施加影响。

2.3.6.3 冶金学科中的时空多尺度结构

现以转炉炼钢高效化为例来说明冶金过程中的多尺度结构现象。转炉炼钢的主要任务是将铁水中的碳含量适当减少。通常是用氧气来氧化熔池中的碳，使之形成气体排出。图

2-11 所示为碳氧反应在转炉炼钢过程中不同尺度上的体现。图 2-12 所示为转炉炼钢过程中存在的时空多尺度结构及各尺度范围。

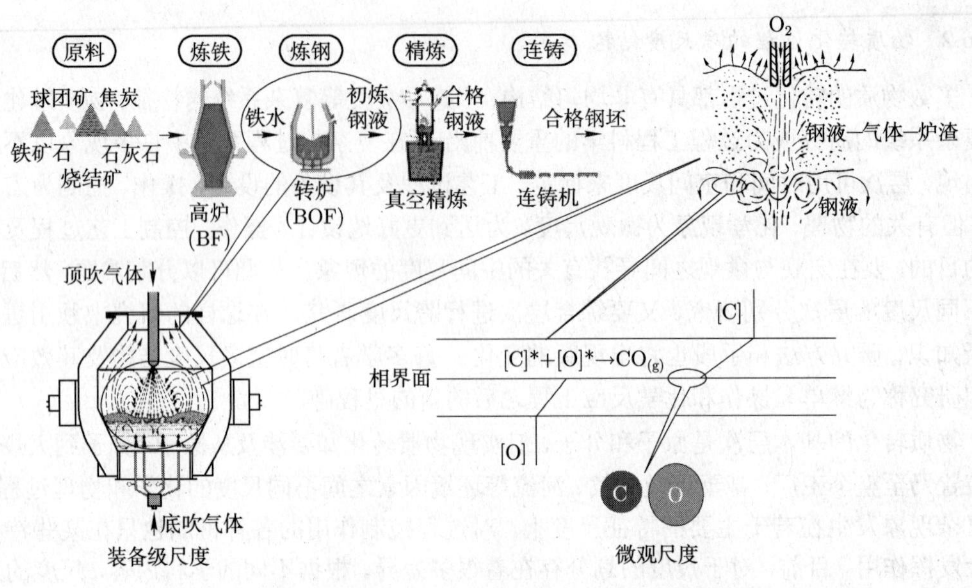

图 2-11　碳氧反应在转炉炼钢过程中不同尺度上的体现

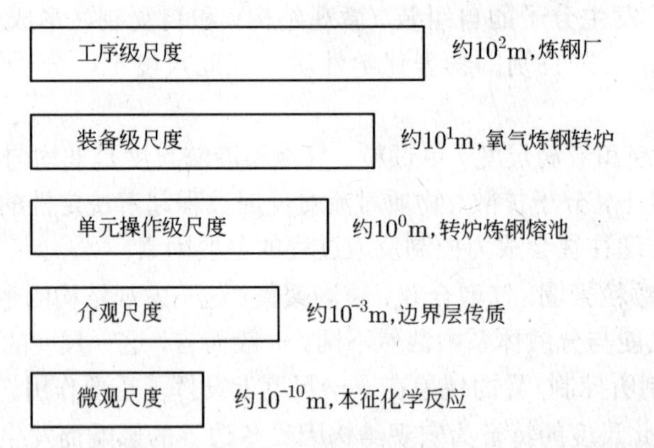

图 2-12　转炉炼钢过程中存在的时空多尺度结构及各尺度范围

A　微观尺度

熔池中的脱碳反应一般为：

$$[C] + [O] \longrightarrow CO_{(g)} \tag{2-2}$$

式 (2-2) 为均匀体系中碳原子与氧原子之间的反应，未考虑传质、边界、操作和工艺等因素，即该式描述的是基于微观尺度的碳氧本征化学反应。

在炼钢温度 (1827K) 下，熔池中碳氧本征化学反应的标准吉布斯自由能变化为 −921317 kJ/mol，反应具有很好的热力学条件。

研究表明：碳氧本征反应为一级反应，反应速率表达式为：

$$\mathrm{d}c_{[C]}/\mathrm{d}S = kc_{[C]} \tag{2-3}$$

式中 $c_{[C]}$ —— 熔池中碳的质量分数，%；

S —— 时间，s；

k —— 本征化学反应的速率常数，遵循阿累尼乌斯方程：

$$k = A\mathrm{e} - E_a/(RT) \tag{2-4}$$

A —— 常数；

E_a —— 活化能，J/mol；

R —— 气体常数，J/(mol·K)；

T —— 熔池温度，K。

由式 (2-4) 可知，在炼钢温度下，反应速率常数很大，碳氧本征反应速率很快。

B 介观尺度

研究表明：氧气转炉炼钢时的脱碳反应速率远大于熔池中的传质速率。在反应区附近，熔体中的传质速率表征着炼钢过程的脱碳速率。根据双膜理论，相应的脱碳速率 (传质) 的积分形式为：

$$\ln \frac{c_{[O]} - c_{[O]}^b}{c_{[O]}^0 - c_{[O]}^b} = -k_m\tau \tag{2-5}$$

式中 $c_{[O]}$，$c_{[O]}^b$，$c_{[O]}^0$ —— 熔池中氧浓度、平衡氧的浓度和初始氧浓度，%；

k_m —— 碳氧在熔池中的表观传质系数。

式 (2-5) 表明：在熔体中氧的浓度是均匀的，在反应界面的附近有一个浓度边界层。由于在相界面上本征化学反应速率极高，处于化学平衡状态，因此边界层内的传质决定着炼钢过程的脱碳速率。边界层的尺度介于微观尺度与宏观尺度之间，称为介观尺度。

C 单元操作级尺度

式 (2-5) 的表观传质系数取决于熔体的传质系数和单位熔体所具有的反应界面积，即：

$$k_m = \beta\frac{F}{V} \tag{2-6}$$

式中 β —— 熔体的传质系数，m/s；

F/V —— 单位熔体所具有的反应界面积，m^{-1}。

由式 (2-6) 可以看出，单位熔池所具有的反应界面积的影响很大，炼钢过程中活跃沸腾熔池中的脱碳速率要比静止熔池中的脱碳速率高出数十倍。在转炉炼钢过程中，用反应产生的气体和底吹气体对熔池进行搅拌可以使钢水–气体–炉渣充分混合达到乳化，大大提高熔池的反应界面积，进一步提高碳氧反应的宏观传质速率。

在现行炼钢生产中，这种熔池中的整体行为涉及的尺度约为 10^0m，是单元操作级尺度。

D 装备级尺度

碳氧反应速率的提高使得转炉炼钢过程中吹氧脱碳时间缩短。实际情况表明：非吹炼操作时间对冶炼周期和生产速率的影响很大。进一步提高炼钢生产速率的主要措施：一是扩大炉容，增加出钢量；二是在提高脱碳速率的基础上，努力缩短非吹炼操作时间，如采用铁水预处理和炉外精炼技术，以及应用先进的控制技术、提高自动化水平、采用先进的机械装备、延长炉龄等。这些操作和措施所涉及的装备级尺度大约是 10^1m 的数量级。

E 工序级尺度

炼钢过程高效化涉及更广泛的尺度范围，如铁水的供应和预处理、钢水的炉外精炼，更涉及钢水的凝固成型。这些前步和后步构成的炼钢工序级尺度大约在 10^2m 的数量级。

综上所述，通过转炉炼钢高效化这一具体问题的讨论，可以看出它具有多尺度结构。在以往的研究中，大多将各种尺度范畴的问题放在同一尺度结构中来研究，往往没有注意到多尺度结构及其效应的存在。

本章小结

本章首先介绍了冶金工业的发展历史及当前钢铁工业的现状和特点，在此基础上重点描述了冶金学科各分支理论的发展历史及研究领域，包括冶金反应热力学、冶金反应动力学、宏观反应动力学、冶金反应工程学、时空多尺度的概念及其在冶金中的应用等。读者借此可了解冶金学各分支之间的相互区别与联系，以及各自可解决的问题及适用范围。

思 考 题

2-1 近年来中国的钢铁工业大发展有哪些特点？

2-2 试简述冶金学科的发展历史。

2-3 冶金反应动力学与化学反应动力学有哪些区别与联系？

2-4 冶金反应工程学与冶金反应动力学有哪些区别与联系？

2-5 冶金反应工程学的主要研究内容是什么？它在生产工业实践中可发挥哪些作用？

参 考 文 献

[1] 李士琦, 高俊山, 王政. 冶金系统工程 [M]. 北京：冶金工业出版社, 1991.

[2] 中国金属学会. 2011—2020 中国钢铁工业发展指南 [M]. 北京：冶金工业出版社, 2012.

[3] 徐匡迪. 关于洁净钢的若干基本问题 [J]. 金属学报, 2009, 45(3): 257~269.

[4] 翁宇庆. 新一代钢铁材料的基础研究进展 [C]//2009 年全国高品质热轧板带材控轧控冷与在线、离线热处理生产技术交流研讨会文集, 2009.

[5] 《中国钢铁工业年鉴》编辑委员会. 中国钢铁工业年鉴, 2007~2008.

[6] 《中国统计年鉴》编辑委员会. 中国统计年鉴, 2009.

[7] 魏一鸣. 中国能源报告 2008：碳排放研究 [M]. 北京：科学出版社, 2008.

[8] 李文超. 冶金与材料物理化学 [M]. 北京：冶金工业出版社, 2000.

[9] 肖兴国, 谢蕴国. 冶金反应工程学基础 [M]. 北京：冶金工业出版社, 1997.

[10] 王训富. 冶金过程中的多尺度现象的观察和研究 [D]. 北京：北京科技大学, 2005.

[11] 刘明忠. 转炉炼钢高效化进程中的时空多尺度结构及其效应研究 [D]. 北京：北京科技大学, 2005.

3 冶金工程常见数学模型简述

本章概要：冶金过程是典型的高温、多元、多相反应系统，对过程的数学解析十分复杂，因此根据使用目的不同所建立的数学模型也是多种多样。本书中，基于作者本人的理解将冶金过程涉及的数学模型大概分为以下几种：衡算模型、热力学模型、动力学模型、传输模型、单元操作模型、冶金反应工程模型、冶金过程系统模型以及基于黑箱理论与数理统计知识的经验模型等。由于热力学模型、动力学模型、传输原理模型等分别在第 4 章、第 5 章、第 6 章及第 7 章均有详细论述，本章只是简单描述了衡算模型、单元操作模型、最优化模型（隶属过程系统模型范畴）及经验模型的基本原理、建立过程及部分应用实例，希望读者借此了解以上模型的特点及其应用范围。

3.1 衡算模型

衡算模型，简单地说就是以守恒定律为基础建立起来的模型，通常包括质量（冶金中通常提到的物料）衡算模型和能量衡算模型。衡算模型是一切过程控制模型的基础。冶金过程中关于物质流及能量流概况，均通过衡算模型来模拟分析和了解。

例如高炉炼铁过程中的物料与能量衡算，把高炉生产过程视为“黑箱”，不考虑其中所发生的各种反应，仅根据输入的物质和能量与输出量之间的关系建立模型，用来模拟分析其中物质流和能量流的概况。

以生产 1000kg 铁水为例：

铁量平衡：

$$Ke_{\mathrm{K}} + Pe_{\mathrm{p}} + G_{熔}e_{熔} + G_{碎}e_{碎} + G_{煤}e_{煤} + G_{油}e_{油} = 1000 \tag{3-1}$$

热量平衡：

$$Kq_{\mathrm{K}} + Pq_{\mathrm{p}} + G_{熔}q_{熔} + G_{碎}q_{碎} + G_{煤}q_{煤} + G_{油}q_{油} = 0 \tag{3-2}$$

碱性氧化物含量平衡：

$$K\overline{RO}_{\mathrm{K}} + P\overline{RO}_{\mathrm{p}} + G_{熔}\overline{RO}_{熔} + G_{碎}\overline{RO}_{碎} + G_{煤}\overline{RO}_{煤} + G_{油}\overline{RO}_{油} = 0 \tag{3-3}$$

式中 K —— 冶炼单位生铁所消耗的焦炭，kg；

P —— 冶炼单位生铁所消耗的混合矿，kg；

$G_{熔}$ —— 冶炼单位生铁所消耗的熔剂，kg；

$G_{煤}$ —— 冶炼单位生铁所消耗的煤粉，kg；

$G_{碎}$ —— 冶炼单位生铁所消耗的碎铁，kg；

$G_{油}$ —— 冶炼单位生铁所消耗的重油量，kg；

e —— 各种原料的理论出铁量，kg/kg 原料：

$$e=\frac{\mathrm{Fe}\eta_{\mathrm{Fe}}+\mathrm{Mn}\eta_{\mathrm{Mn}}+\mathrm{P}\eta_{\mathrm{P}}+\mathrm{M}\eta_{\mathrm{M}}}{1000-(\mathrm{C}_{铁}+\mathrm{Si}_{铁}+\mathrm{Ti}_{铁}+\mathrm{S}_{铁})}$$

q —— 各种原料的热量等数，为每千克原料在高炉内除本身消耗外能给出或需要的热量，kJ：

$$q=q_{\mathrm{C}}C_{\phi}+q_{\mathrm{Cd}}C_{\mathrm{d}}+q_{\mathrm{Ci}}C_{\mathrm{i}}+q_{\mathrm{H_2}}\mathrm{H_2}\eta_{\mathrm{H_2}}-Q-Z$$

$\overline{RO}$ —— 各种原料的碱性氧化物含量；

Fe，Mn，P —— 原料中该元素的含量，kg/kg 原料；

M —— 原料中铬、镍、钒等其他元素的含量，kg/kg 原料；

η_i —— 元素 i 转入铁水中的分配率；

$C_{铁}$、$Si_{铁}$、$Ti_{铁}$、$S_{铁}$ —— 各元素在生铁中的含量，kg/t 铁；

C_{ϕ} —— 风口前燃烧的碳量，kg；

C_{d}，C_{i} —— 被入炉原料中的氧分别氧化成 CO 和 CO_2 的碳量，kg；

q_{C}，q_{Cd}，q_{Ci} —— 相应碳的出热量，kJ/kg 碳；

$q_{\mathrm{H_2}}$ —— H_2 燃烧成 H_2O 的出热量，kJ/kg 氢；

Q，Z —— 原料总耗热量 (kJ/kg 原料) 及外部热损失 (kJ/kg 碳)；

H_2 —— 原料带入的氢量，kg/kg 原料。

原料总耗热量包括氧化物分解耗热、碳酸盐分解耗热、铁水及炉渣带走热、煤气带走热、炉料物理热等：

$$\overline{RO}=\mathrm{CaO}+\mathrm{MgO}-R\left(\mathrm{SiO_2}-\frac{60}{28}e\mathrm{Si}_{铁}\right) \tag{3-4}$$

式中 R —— 设计炉渣碱度；

CaO，MgO，SiO_2 —— 原料对应的氧化物含量，%；

其余符号意义同上。

在转炉炼钢过程中，为了更好地改善转炉炼钢操作、预测吹炼终点、减少补吹次数、提高终点命中率，经常会利用相关的数学模型，采用计算机控制来监测转炉吹炼过程钢水中元素的变化和升温过程。转炉过程控制模型分为静态模型和动态模型两种。其中静态模型主要是应用质量守恒定律和热量守恒定律建立起来的数学模型，它是根据吹炼前的初始条件如铁水、废钢、造渣材料成分和铁水温度，以及吹炼终点所要求的钢水量、钢水成分和温度，进行操作条件如吹炼所需的装入量、氧气量和造渣材料的用量等的计算，在吹炼过程中不取样测温，不对操作条件做必要的修正。但由于转炉吹炼过程的复杂性和存在一些不可预知的现象如喷溅等，使得吹炼过程不能按预定的轨道到达控制终点，这样造成静态控制的精度即吹炼终点的命中率不高。因此，当前转炉炼钢吹炼过程更多地采用动态控制来提高预测和控制精度。动态控制是在吹炼过程中对钢水成分和温度进行间接或直接检测，以此作为初始条件，利用数学模型和既定的操作条件，计算停吹时的钢水成分和温度值，判断是否与要求的终点钢水成分和温度的目标值相同。若与目标值相同，则按原操作条件继续吹炼；若与目标值不同，则根据两者之差，利用数学模型进行修正计算，对操作条件做相应调整如改变枪位，加入冷却剂或增碳剂等，并对吹炼轨道进行必要的修正。

3.2　冶金热力学模型

关于冶金热力学模型的基础知识、建模思想以及应用实例详见本书第五章内容。

3.3　冶金动力学模型

关于冶金动力学模型的基础知识、建模思想以及应用实例详见本书第四章内容。

3.4　单元操作模型

单元操作的概念首先出现于化学工程领域，在 20 世纪 20~30 年代，化工界已认识到在许多不同的工业过程中有着共同的加工步骤，其中以物理过程为主的作业被称为单元操作，以化学变化为主的作业被称为单元设计。根据这种观点，可将化工过程视为一连串的单元操作和单元程序的协调配合，原料经此而转化为产品。这种观点也可用于对冶金过程的深入认识：将复杂的冶金工程问题归纳成若干个有共性的单元过程或单元操作来讨论。例如，近 40 年来炉外精炼发展很快，有很多种典型的工艺和设备，它们均可以看做是以下几种以物理过程为主的单元操作的不同组合：

(1) 搅拌 (机械搅拌；电磁搅拌；气体搅拌，包括顶吹、底吹等)。

(2) 加热 (电热，包括感应加热、等离子体加热等；化学热，包括熔池内元素氧化放热和外热源)。

(3) 减压操作 (减压操作，包括低真空或氩气气泡等；真空操作) 等。

关于单元操作的深入研究导致对更本质的物理现象的认识，进而总结为流体流动、传热和传质现象的认识。从学科之间的关系 (见图 2-9) 来看，先有传输原理，后产生的单元操作 (设计)，而实际的科学发展历史或者是人们的认识是先有单元操作，后来才认识到传输现象的本质。

确切地讲，单元设计是应用动量、热量和质量传递原理来研究冶金过程中的物理操作及其装置的合理设计的工程理论和方法的学科。它是以传递原理和现代计算技术为基础的新学科。冶金单元设计或操作的内容非常广泛，可以概括为动量、热量和质量传递在冶金工业中的应用。

传输原理是单元操作问题的理论基础之一。通常，单纯的传输原理所讨论的问题都具有较简单的定解条件，即几何条件规范或无限边界，并具有规范的物理条件。而将具有复杂的边界条件、不规范的物理条件的问题，通常归结为单元操作的范畴。

下面以纯金属的一维凝固传热为例，简单地说明冶金单元操作数学模型。

液态金属或合金的凝固是以传热为基础的冶金过程，由于在凝固过程中凝固前沿和液固两相区内释放大量的凝固潜热，以及凝固前沿的推移，使得边界条件复杂化，故将它归于单元操作的范畴。

对纯金属的一维凝固，为了能够得到解析解，做如下假设：(1) 液态金属无过热，温度均为纯金属的熔点温度 T_{M}；(2) 在金属的凝固前沿释放的凝固潜热 H 全部由金属壳层散失；(3) 液体金属足够多，或所讨论时间相对而言不长，故可按半无限问题考虑；(4) 材料的热物理性质均为常数。与这些假设相应的工程背景是：一定数量的无过热的纯金属注入模内，所考查的过程离液态金属全部凝固还有一段时间。

3.4.1　水冷模

水冷模内纯金属一维凝固示意图如图 3-1 所示。金–模界面给热强烈，热阻很小，可认为在 $t > 0$ 的所有时间内金属表面温度都恒等于模壁温度。

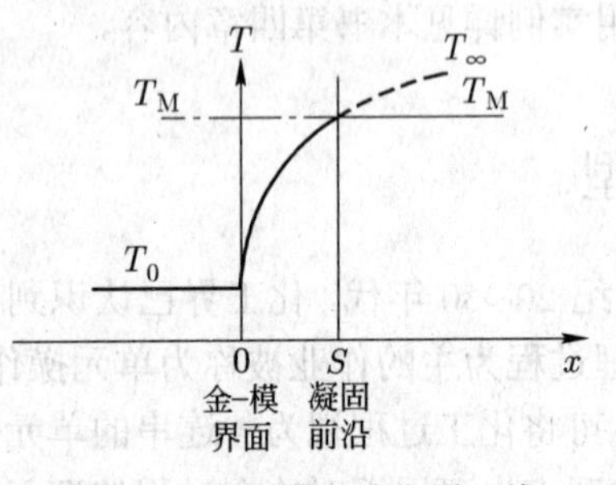

图 3-1　水冷模内纯金属一维凝固示意图

已凝的金属壳层中仍遵循固体传导传热的基本微分方程：

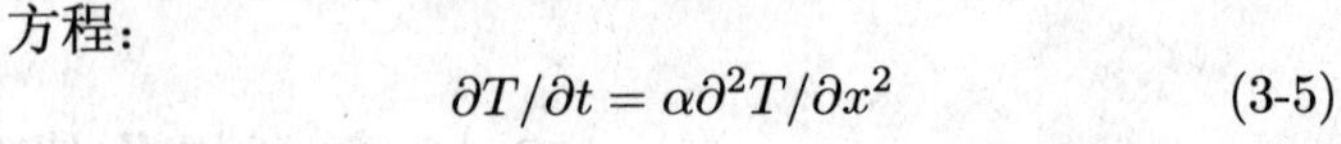

$$\partial T/\partial t = \alpha\partial^2 T/\partial x^2 \tag{3-5}$$

初始条件：

$$\begin{cases} t = 0, x \leqslant 0, T_{(0,x)} = T_0 \\ t = 0, x > 0, T_{(0,x)} = T_{\mathrm{M}} \end{cases}$$

边界条件：

$$\begin{cases} \text{模壁 } t > 0, x = 0, T_{(t,0)} = T_0 \\ \text{凝固前沿 } t > 0, x = S, T_{(t,S)} = T_{\mathrm{M}} \end{cases}$$

式中　S—— 已凝固的金属壳层的厚度，随时间延长将向前推移。

在凝固前沿 $x = S$ 处，释放的凝固潜热全部导入已凝固的金属壳层中散失，增加一个边界条件为：

$$K\left(\frac{\partial T}{\partial x}\right)_{x=S} = H\rho\left(\frac{\partial S}{\partial t}\right) \tag{3-6}$$

式中　H—— 金属的凝固潜热。

对该半无限的定解问题，可采用拉氏变换法得到解析解为：

$$\frac{T - T_0}{T_\infty - T_0} = \mathrm{erf}\left\{\frac{x}{2\sqrt{\alpha t}}\right\} \tag{3-7}$$

式中　erf —— 误差函数符号，定义为 $\mathrm{erf}(t) = \dfrac{2}{\sqrt{\pi}}\displaystyle\int_0^t \mathrm{e}^{-x^2}\mathrm{d}x$；

T_∞ —— 积分常数，满足条件 $\dfrac{T_{\mathrm{M}} - T_0}{T_\infty - T_0} = \mathrm{erf}(\beta)$；

β —— 常数，满足：

$$\beta\mathrm{e}^{\beta^2}\mathrm{erf}(\beta) = (T_{\mathrm{M}} - T_0)\frac{c_p}{H\sqrt{\pi}} \tag{3-8}$$

可以求出凝固的金属壳厚度 S 与时间的关系：

$$\frac{S}{2\sqrt{\alpha t}} = \beta \tag{3-9}$$

或

$$S = 2\beta\sqrt{\alpha t} = C\sqrt{t} \tag{3-10}$$

式中 C—— 结晶系数。

利用工程图表求解：根据图 3-2 求得式 (3-8) 中的 β 值，由该 β 值根据图 3-3 求得式 (3-7) 中的 T_∞，再根据图 3-3 求得式 (3-6) 表示的温度分布。

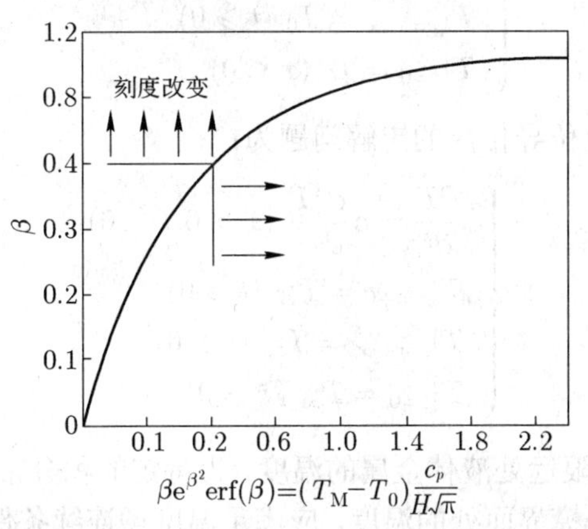

图 3-2 超越方程式 $\beta e^{\beta^2}\mathrm{erf}(\beta) = (T_\mathrm{M} - T_0)\dfrac{c_p}{H\sqrt{\pi}}$ 的根 β 值

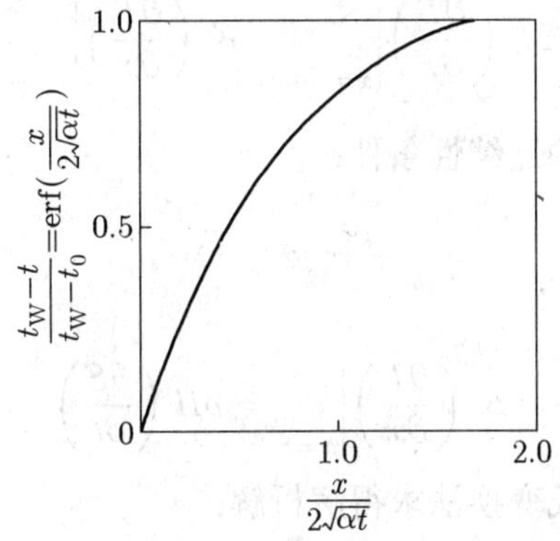

图 3-3 $\dfrac{T_\mathrm{M} - T_0}{T_\infty - T_0} = \mathrm{erf}(\beta)$ 的值

3.4.2 金属模

金属模内纯金属一维凝固示意图如图 3-4 所示。这种情况下，模子的热阻与凝固金属壳层的热阻大小相当。在所讨论的时间范围内，液态金属和模子都视为半无限，且液态金属的温度高于熔点，其他与上同。

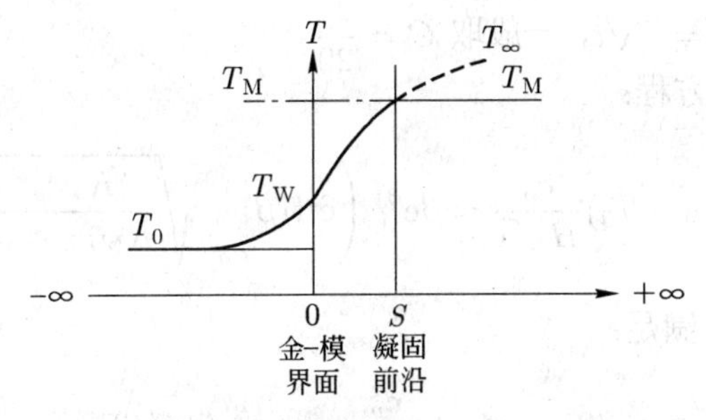

图 3-4 金属模内纯金属一维凝固示意图

模子侧的一维半无限传导传热的定解问题为：

$$\begin{cases} \dfrac{\partial T}{\partial t} = \alpha_m \dfrac{\partial^2 T}{\partial x^2} \ (x < 0, t > 0) \\ T|_{x=-0} = T_W \ (t \geqslant 0) \\ T|_{x=-\infty} = T_0 \ (t \geqslant 0) \\ T|_{t=0} = T_0 \ (x \leqslant 0) \end{cases} \tag{3-11}$$

金属侧的一维半无限传导传热的定解问题为：

$$\begin{cases} \dfrac{\partial T}{\partial t} = \alpha \dfrac{\partial^2 T}{\partial x^2} \ (x > 0, t > 0) \\ T|_{x=+0} = T_W \ (t \geqslant 0) \\ T|_{x=+\infty} = T_\infty \ (t \geqslant 0) \\ T|_{t=0} = T_\infty \ (x \geqslant 0) \end{cases} \tag{3-12}$$

式中 T_∞ ——假定的无限远处液体金属的温度，为待定的积分常数；

T_W ——待定的金-模界面处的温度，应满足温度场连续条件：$T|_{x=-0} = T|_{x=+0} = T_W$。

边界条件：在模–金界面处，要满足热流密度衡算：

$$K_M \left(\frac{\partial T}{\partial x}\right)\bigg|_{x=-0} = K \left(\frac{\partial T}{\partial x}\right)\bigg|_{x=+0} \tag{3-13}$$

在凝固前沿应满足温度的连续性条件：

$$T|_{x=S} = T_M$$

热量 (热流密度) 衡算：

$$K \left(\frac{\partial T}{\partial x}\right)\bigg|_{x=S} = \rho H \left(\frac{\partial S}{\partial t}\right) \tag{3-14}$$

这组定解问题也可用拉氏变换法求得解析解：

模内温度分布：

$$\frac{T - T_W}{T_0 - T_W} = \mathrm{erf}\left(\frac{-x}{2\sqrt{\alpha_M t}}\right) \tag{3-15}$$

金属壳层内温度分布：

$$\frac{T - T_{SW}}{T_\infty - T_{SW}} = \mathrm{erf}\left(\frac{x}{2\sqrt{\alpha t}}\right) \tag{3-16}$$

凝固前沿位置：$S = 2\beta\sqrt{\alpha t}$。

S 与 $\sqrt{t}$ 成正比，$S = C\sqrt{t}$，一般取 $C = \dfrac{23}{20}$。

常数 β 值满足超越方程：

$$(T_M - T_0)\frac{c_p}{H\sqrt{\pi}} = \beta e^{\beta^2}\left(\mathrm{erf}(\beta) + \sqrt{\frac{K\rho c_p}{K_M \rho_M c_{pM}}}\right) \tag{3-17}$$

模–金界面温度 T_W 满足：

$$(T_M - T_W)\frac{c_p}{H\sqrt{\pi}} = \beta e^{\beta^2}(\mathrm{erf}(\beta)) \tag{3-18}$$

积分常数 T_∞ 满足：

$$\frac{T_{\mathrm{M}}-T_{\mathrm{W}}}{T_\infty-T_{\mathrm{W}}}=\mathrm{erf}(\beta) \tag{3-19}$$

由于求解后面 3 个超越方程式很困难，实际应用时制成工程图。先求出下述两个无因次量，然后查工程图求出 T_∞, T_{W} 及其他各项。

$$N_{\mathrm{H}}=(T_{\mathrm{M}}-T_0)\frac{c_p}{H} \tag{3-20a}$$

$$N_\alpha=\sqrt{\frac{K\rho c_p}{K_{\mathrm{M}}\rho_{\mathrm{M}}c_{p\mathrm{M}}}} \tag{3-20b}$$

纯金属在砂模或有界面热阻的条件下，S 与 t 的关系表达式形式一致，只是常数 C 数值不同。

3.5 冶金反应工程模型

冶金反应工程的特点是在宏观动力学的基础上更多地考虑操作条件和反应器。它以实际冶金反应过程为研究对象，研究伴随各类传递过程的冶金化学反应的规律；又以解决工程问题为目的，研究实现不同冶金反应的各类冶金反应器的特征，并把两者有机地结合起来形成一门独特学科体系，即以研究和解析冶金反应器和系统的操作过程为中心的新兴工程学科。

可以简单地理解为：冶金反应工程=宏观动力学 (传递过程+化学反应)+反应器特征。

冶金反应工程学所研究的主要内容有：

(1) 传递过程。能量、质量和动量的传递过程直接影响了反应器内的流体流动和混合情况，以及温度与浓度的分布情况，而这些直接决定了反应器内反应进行的速度及最终离开反应器的物料组成。

(2) 冶金宏观动力学。考虑了伴随反应发生的各种传递过程的动力学，把各传递过程速度的操作条件与反应速度之间的关系用数学公式联系起来，确定一个综合反应速度。

(3) 过程解析。主要解析对象是各类反应器，通常是在上述“三传一反”研究基础上，运用流动、混合及分布函数的概念，在一定的合理简化假定条件下，通过动量、热量和物料的衡算来建立反应器操作过程数学模型，然后通过求解该数学模型，对反应器操作过程进行工程学解析，获得不同条件下的反应器操作特性及各过程参数变化规律，寻求最佳操作参数 (反应器的优化操作) 和确定合理的反应器尺寸和结构参数。

(4) 反应器的比例放大，可分为以下几个步骤：

1) 小型实验研究化学反应规律，建立宏观动力学方程，确定其动力学参数；

2) 冷模型实验研究传递过程规律，建立传递过程方程，确定各类传递过程参数；

3) 在 1)、2) 获得的方程基础上，建立反应器操作过程数学模型，并通过计算机求解该模型，预测实际反应器性能，优选其尺寸和操作条件；

4) 在 3) 的计算结果指导下，建造中间实验反应器，检验所建立数学模型的等效性，修正模型，确定模型参数；

5) 根据修正后的数学模型，用计算机设计指导生产规模的反应器。

冶金反应工程数学模型主要包括:

(1) 各主要反应的宏观动力学方程。根据所选用的反应模型写出相应的综合反应速度式，要求尽量简单。

(2) 主要传递过程方程。

(3) 衡算方程。一般情况下，物料衡算式是必需的。物料流经反应器前后压差变化不大时，可不列动量衡算式。非等温过程需联立求解物料和热量两类衡算方程。

3.6 过程系统模型

通常将处理物料和能量的系统统称为过程系统。在过程系统中，物料经过一系列物理的或化学的单元工序转化为产品，各工序之间的连接可呈多种方式如串联、并联、绕流、回流等，如图 3-5 所示。可见，冶金工业属于典型的过程工程系统。

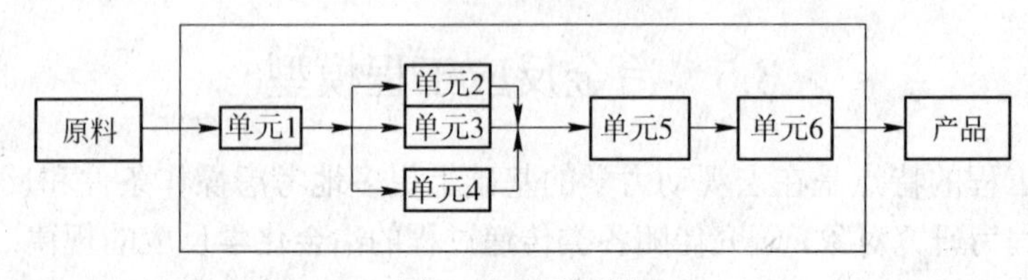

图 3-5 过程系统

3.6.1 过程系统模型分类

过程系统模型是对整个从原料到产品的系统进行数学描述的系统模型，模型的分类如下:

(1) 根据所描述的原型系统分类: 联合企业系统模型、工厂系统模型、工艺过程系统模型以及单元过程模型。

(2) 根据所描述系统的性质分类:

1) 结构模型。只表示系统中各单元间的联结关系，而不表明各单元和系统的功能，图论和矩阵是最有用的方法。

2) 功能模型。针对系统输入和输出的某种函数关系。

(3) 根据模型的应用目的分类:

1) 描述模型。只试图阐明对象的性质。

2) 决策模型。寻找影响原型的途径，一定含有决策变量。

大多数模型为两者的结合。

3.6.2 过程系统模型结构

根据冶金过程的特点，过程系统模型常采取两层结构模型: 单元功能模型和系统结构模型。

单元功能模型: 描述单个单元过程或单元操作，作为系统结构模型的结点，描述过程单元的输入、输出和状态参数之间的关系。通常可以分为两类: 第一类是以守恒定律为基础的衡算模型，从宏观上给出单元输入与输出的守恒关系；第二类是动力学模型，反映单元内化学反应、物质及能量传递的动态性质。但由于纯机理的动力学模型建立困难，常见的是根据一些理论假设及实验数据获得的统计模型或混合模型。前面所述的某些模型如热力学模型、动力学模型、传输模型等均可作为单元模型。

系统结构模型：描述单元间的联系，主要是物流和能流的传递关系，从而实现单元模型构成系统模型的综合。改造系统结构模型的重要工具是图论。图中的点称为顶点，代表单元模型。顶点之间的连线称为边，常常需要有指向的边，这些边代表单元间的物流、能流或信息流。如图 3-6 所示，若以 V1 代表选矿、V2 代表烧结、V3 代表炼铁、V4 代表炼钢和连铸、V5 代表轧钢，则该图就是一个钢铁厂含铁料的物流模型。

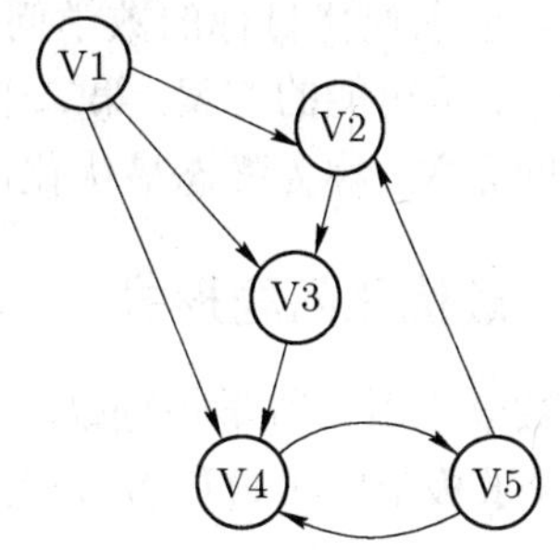

图 3-6 过程系统模型中结构模型

3.6.3 系统优化

冶金过程系统工程的最终目的是提供一个接近最优工况的冶金生产系统，这里包括新系统的优化设计和已有系统的优化运行。

系统的优化设计包括以下几个步骤：

(1) 明确系统目标和环境条件。

(2) 确定系统的评价判据。

(3) 选择优化方法。

(4) 优化计算及设计。如图 3-7 所示，系统的优化设计主要有两个层次的内容：一是系统结构的优化，二是单元功能的优化。前者相当于工艺流程的优选，后者则对应于系统内各工序的设备或工艺的优选。

系统运行优化的最主要内容有中长期生产计划的优化和日常作业调度的优化，如图 3-8 所示。系统运行优化与设计优化的重要区别在于前者是动态和实时的，因此它必须包括对环境及系统的检测，以及对控制与调整结果的反馈功能。

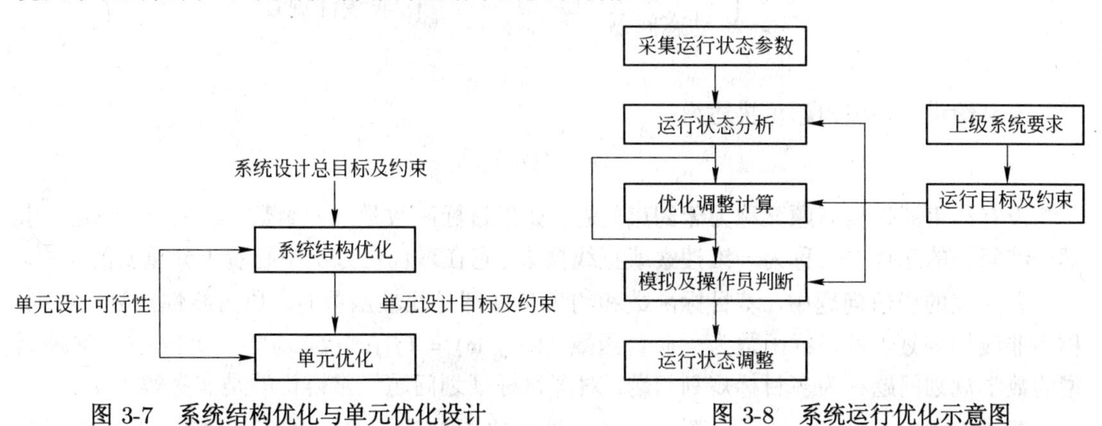

图 3-7 系统结构优化与单元优化设计　　图 3-8 系统运行优化示意图

3.7 最优化模型

最优化数学模型又称为数学规划模型，它所解决的问题是：在问题性质所决定的一系列约束条件下，如何把有限的资源在许多有竞争性活动之间进行最优分配。最优化模型也是工业生产中经常用到的一类模型，它涉及资源的最优分配、生产计划的最优安排等。

凡是追求最优目标的数学问题都属于最优化问题。作为最优化问题，至少具备两个要素：第一个是可能的方案，第二个是追求的目标；而且后者是前者的“函数”。如果第一个要素与时间无关，称为静态最优化问题；否则，称为动态最优化问题。

3.7.1 最优化问题形式

从数学上看，数学规划是一类特殊的约束极值问题，约束条件由一组等式或不等式给出，需要求极值的函数称为目标函数。一般数学规划模型形式如下：

$$\max z = f(\boldsymbol{x})$$

$$\text{s.t.} \begin{cases} g_i(x) \leqslant 0 \\ h_j(x) = 0 \\ i = 1, 2, \cdots, k \\ j = k+1, \cdots, n \end{cases} \tag{3-21}$$

式中 $\boldsymbol{x}$ —— 一个 m 维向量，$\boldsymbol{x} = (x_1, x_2, \cdots, x_m)^{\mathrm{T}}$；

max —— 此问题要求目标函数的极大值，若求极小值，则记为 $\min f(\boldsymbol{x})$。

3.7.2 最优化问题分类

最优化问题可做如下分类：

- 最优化问题
  - 静态问题
    - 无约束问题
      - 一维问题
      - n 维问题
    - 有约束问题
      - 线性规划
      - 非线性规划
  - 动态问题

没有约束的极值问题可描述为：

$$\min f(\boldsymbol{x})$$

没有约束的极值问题又称为无约束问题。如果目标函数是一元函数，就是一维问题。求解一维问题的迭代方法称为一维搜索或直线搜索，它在最优化方法中起着十分重要的作用。

有约束的极值问题中，若目标函数和约束条件都是线性函数时，称为线性规划；否则，称为非线性规划。若目标函数为一向量函数，即 $f(\boldsymbol{x}) = (f_1(\boldsymbol{x}), f_2(\boldsymbol{x}), \cdots, f_p(\boldsymbol{x}))^{\mathrm{T}}$，这种类型的数学规划问题称为多目标规划问题。对多目标规划问题经常讨论的是非劣解。

若式 (3-21) 中 $g_i(\boldsymbol{x})$、$h_j(\boldsymbol{x})$ 都是 $\boldsymbol{x}$ 的线性函数，而 $f(\boldsymbol{x})$ 是 $\boldsymbol{x}$ 的二次函数，则称为二次规划问题，它是非线性规划中最简单的问题。

3.7.3 线性规划问题分析

下面以形式最简单、应用也最为广泛的线性规划为例，阐明最优化模型在冶金工业中的应用。

3.7.3.1 建立模型的步骤

建立模型的步骤主要分为以下几步：

(1) 确定问题的决策变量。决策变量是指决策人可以控制的因素，它们的取值决定着模型的解。

(2) 确定用来评价问题的准则，用数学规划的术语来定义，称为目标函数。

(3) 确定问题的限制，这是指出所论问题给予决策变量取值的约束条件。

3.7.3.2 线性规划模型实例及与传统求解方法的区别

例 某制钉车间有一台制钉机和两副不同的模具。用第 I 号模具能在 6h 内生产 100 箱 A 型螺钉，用第 II 号模具能在 5h 内生产 100 箱 B 型螺钉。车间每周安排生产 60h。每周的产品存储于仓库中，仓库有效的容积是 $15000m^3$，一箱 A 型螺钉要占存储空间 $10m^3$，一箱 B 型螺钉要占存储空间 $20m^3$。每箱 A 型螺钉的收益是 5 元，但用户每周收购数量不超过 800 箱；每箱 B 型螺钉的收益是 4.5 元，出售的数量没有限制。该制钉车间须决定每周生产两种型号的螺钉各多少箱，以保证总收益为最大？要求条件见表 3-1。

表 3-1 要求条件

项　目	每百箱时间/h	每百箱仓储面积/m^2	每周收购量/箱	每箱收益/元
A 箱螺钉	6	1000	$\leqslant 800$	5
B 箱螺钉	5	2000		4.5
限制	$\leqslant 60$	$\leqslant 15000$		最大

A 传统计算方法 —— 试算法

试算法是经常使用的方法，试算方案见表 3-2。

表 3-2 试算方案

方案	每周生产量/百箱		总时间/工时 · 周 $^{-1}$	占用仓储面积/m^2	用户可收购量/箱		方案是否可行	收益/元
	A	B			A	B		
方案 1	5	5	55	15000	500	500	可行	4750
方案 2	6	4	56	14000	600	400	可行	4800

结果是需要尝试多种方案，但不一定能找到最优方案。

B 线性规划模型

(1) 确定决策变量：取决策变量 $x_1 =$ 每周生产的 A 螺钉箱数，百箱；$x_2 =$ 每周生产的 B 螺钉箱数，百箱。

(2) 确定目标函数为收益取最大值：$\max f = 500x_1 + 450x_2$。

(3) 确定约束条件：

生产能力约束：$6x_1 + 5x_2 \leqslant 60$；

存储空间约束：$10x_1 + 20x_2 \leqslant 150$；

需求量约束：$x_1 \leqslant 8$；

非负约束：$x_1 \geqslant 0, x_2 \geqslant 0$。

因此，得到的线性规划模型如下：

$$\max z = 500x_1 + 450x_2$$

$$
\text{s.t.}\begin{cases}6x_1+5x_2\leqslant 60\\10x_1+20x_2\leqslant 150\\x_1\leqslant 8\\x_1\geqslant 0,x_2\geqslant 0\end{cases}\tag{3-22}
$$

3.7.3.3　线性规划中的基本概念

A　可行域

同时满足所有约束条件的决策变量 x_1 和 x_2 取值的集合，称为问题的可行域，如图 3-9 所示，图中的阴影部分为本例的可行域。

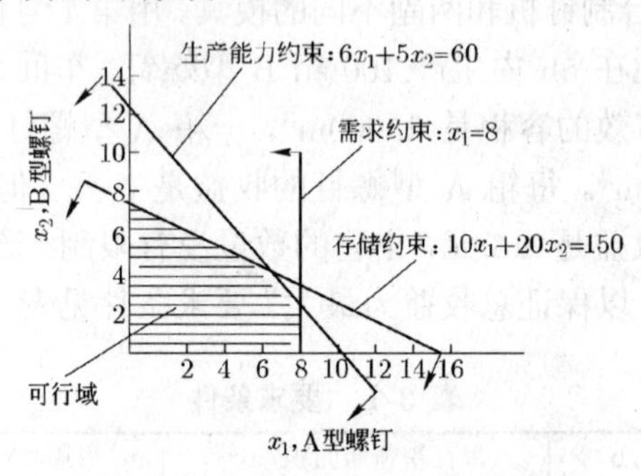

图 3-9　线性规划问题的可行域

B　最优解

为了寻求最优解，将目标函数改写成：

$$
x_2=\frac{1}{450}z-\left(\frac{500}{450}\right)x_1\tag{3-23}
$$

若把 z 固定为某一个常数值，则式 (3-23) 代表一条直线，其截距是 $\frac{1}{450}z$，而斜率并不随 z 的变化而变化。当 z 的值增大时，直线平行地向图的右上方移动，离原点越来越远。如图 3-10 所示，$p*$ 是离原点最远的点，在此点处收益 z 值达到最大，即在点 $p^*=p_1$ 处实现最优解。而点 p_1 是生产能力的约束条件和存储容量约束条件的交点。求解这两个条件的联立方程，即可得到两个决策变量的值及相应的目标函数的最优解：

$$
\begin{cases}6x_1+5x_2=60\\10x_1+20x_2=150\end{cases}\tag{3-24}
$$

最优解为：$x_1=6\frac{3}{7},x_2=4\frac{2}{7}$；相应的目标函数即可能获得的最大收益为：$z=5142\frac{6}{7}$。

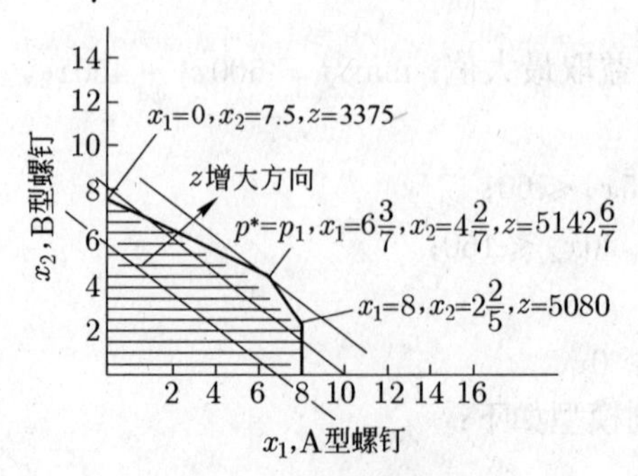

图 3-10　最优解分析

线性规划问题有一个很重要的特点是：可行域如果存在便一定为凸集 (图内任两点的连线都在图形内，定义为凸集)，而最优解一定是存在于该凸集的顶点上。由此，线性规划问题最通用的解法 —— 单纯型法，就是利用这一性质进行求解：由某个顶点出发，从一个顶点移向另一个顶点，每次移动后都使得目标函数有所改善，直到实现最优。

对于求 $\max f(\boldsymbol{x})$ 或 $\min f(\boldsymbol{x})(\boldsymbol{x}=(x_1,x_2,x_3)^{\mathrm{T}})$，具有如下较规范的约束条件的线性规划问题：

$$\begin{cases} a_{11}x_1+a_{12}x_2+a_{13}x_3\leqslant b_1 \\ a_{21}x_1+a_{22}x_2+a_{23}x_3\leqslant b_2 \\ a_{31}x_1+a_{32}x_2+a_{33}x_3\leqslant b_3 \end{cases} \tag{3-25}$$

利用单纯型法求解，先找到一个作为初值的顶点。可追加变量 $\boldsymbol{x}_4,\boldsymbol{x}_5,\boldsymbol{x}_6$ 将约束条件变为标准型：

$$\begin{cases} a_{11}x_1+a_{12}x_2+a_{13}x_3+x_4=b_1 \\ a_{21}x_1+a_{22}x_2+a_{23}x_3+x_5=b_2 \\ a_{31}x_1+a_{32}x_2+a_{33}x_3+x_6=b_3 \end{cases} \tag{3-26}$$

初值设定为：$(\boldsymbol{x}_1,\cdots,\boldsymbol{x}_6)=(0,0,0,b_1,b_2,b_3)$，从该顶点出发沿可行域 (凸集) 寻求最优值。

C 影子价格

某一约束条件的影子价格的含义是：当该约束条件右端值增加一个单位时，目标函数值所发生的变化。例如，每周最大工作小时数的影子价格可理解为若制钉机的最大工作小时数从 60h 增加到 61h，使目标函数的最优值 (或者说生产车间的总收益) 发生怎样的变化？

从图 3-10 中可以看出，这种情况下，最优值依然产生在生产能力约束与存储约束的交点 p_1 处。因此，可求解新的联立方程：

$$\begin{cases} 6x_1+5x_2=61 \\ 10x_1+20x_2=150 \end{cases} \tag{3-27}$$

得到的决策变量新的最优值是：$x_1=6\dfrac{5}{7},x_2=4\dfrac{1}{7}$；相应的目标函数的最优值是：$z=500\times 6\dfrac{5}{7}+450\times 4\dfrac{1}{7}=5221\dfrac{3}{7}$ 元。

因此，与生产能力约束条件有关的影子价格为：$5221\dfrac{3}{7}-5142\dfrac{6}{7}=78\dfrac{4}{7}$ 元。其含义是若每周时间由 60h 增加到 61h，最大利润相应能增加 $78\dfrac{4}{7}$ 元。或者说若每周时间增加 1h，只要每周投资不超过 $78\dfrac{4}{7}$ 元，就是合算的。可以看出，影子价格的单位是由目标函数与所考虑的约束条件两者单位之比来确定的。

类似的计算指出与存储能力约束有关的影子价格为 $2\dfrac{6}{7}$ 元，这意味着存储能力增加 $100\mathrm{m}^3$ 的代价不能超过 $2\dfrac{6}{7}$ 元。与 A 型螺钉需求有关的影子价格显然一定等于零，因为最优解还没有达到生产 800 箱的极限，所以增加这项约束肯定不会影响最优决策。

D 灵敏度分析

讨论模型中各项系数的变动对最优解的影响，称为“灵敏度分析”。下面以目标函数系数的变化为例，讨论灵敏度分析。

考察每次只使目标函数中一项系数的值发生变化的情况：例如先考察每一百箱 A 型螺钉的收益 c_1 值在什么范围内变动，最优点 $p^* = p_1$ 仍保持不变。

如图 3-11 所示，为了保证 $p^* = p_1$，目标函数的斜率必须保持在生产能力约束条件的斜率和存储能力约束条件的斜率之间，即满足不等式：生产斜率 $\leqslant$ 目标斜率 $\leqslant$ 存储斜率。若将目标函数改写为：$z = c_1x_1 + 450x_2$，即 $x_2 = \dfrac{1}{450}z - \dfrac{c_1}{450}x_1$，因此不等式关系变为：$-\dfrac{6}{5} \leqslant -\dfrac{c_1}{450} \leqslant -\dfrac{1}{2}$，解之得到 $225 \leqslant c_1 \leqslant 540$。这表明 A 型螺钉的百箱收益 c_1 在 225~540 元范围内变动都不会影响最优决策 $p^* = p_1$。若将 c_1 固定为当前的 500 元，同理可确定 B 型螺钉的百箱收益 c_2 的允许变动范围不等式：$-\dfrac{6}{5} \leqslant -\dfrac{500}{c_2} \leqslant -\dfrac{1}{2}$，解之得到：$416\dfrac{2}{3} \leqslant c_2 \leqslant 1000$。

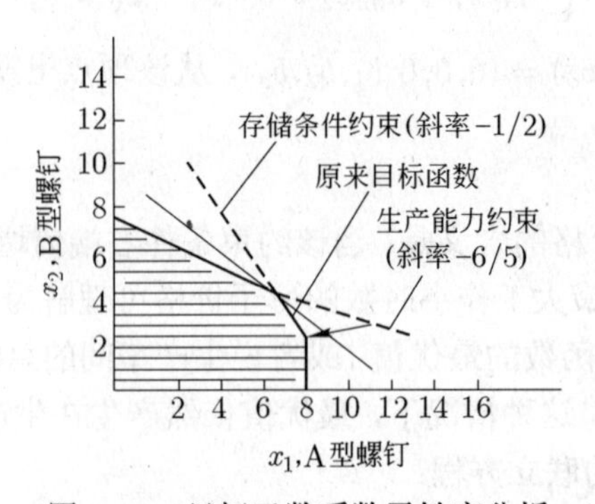

图 3-11 目标函数系数灵敏度分析

由此可以理解到目标变动范围的定义是：保持最优策略不发生变化，某一特定的目标函数中的系数的允许的变化范围，同时，还要求模型中其他各项系数均保持不变。显然，尽管最优策略保持不改变，但是由于目标函数中的系数有所变化，会导致目标函数的最优值及影子价格产生变化。

3.7.4 非线性规划问题

在线性规划中，变量不仅是连续的，而且所有的函数都是线性代数式，若其中至少有一项是非线性代数式，则成为非线性规划问题。非线性规划问题与线性规划相比要复杂得多，其可行域不一定是凸集，最优解也不一定在可行域的顶点上。求解过程中，首先对解的存在性和唯一性进行论证，之后才能求解。因此在实际应用过程中，最好尽量将非线性规划问题通过变量转换转化为线性规划问题求解。

关于非线性规划的理论和求解方法本书不再讨论，读者可参阅有关资料。

3.7.5 线性规划问题的类型及其在冶金中的应用

常见的线性规划问题可归纳为 6 种类型：

(1) 产品组合问题；

(2) 覆盖、职员雇佣和下料问题；

(3) 混合及配料问题；

(4) 多阶段计划问题；

(5) 多级纵向组合和投入产出系统；

(6) 网络、指派及计划评审技术/关键路线法模型。

实际应用的线性规划问题常可归入其中某一类型，有些较大型问题也可能是两种或更多种类型的不同组合。而这些问题在冶金工业应用中基本都有所涉及。

例 某熔化炉生产铸造合金生铁，配料成分要求是 C 3.2%~3.5%，Si 2.7%~3.0%，Mn 1.4%~1.6%，Cr 0.3%~0.45%。要求配成料 1.0t，而各原料用量限制为 SiC 不大于 0.01t，废钢不大于 0.3t。原料成分和价格见表 3-3。

表 3-3 生产铸造合金生铁用各原料成分和价格

原 料	C/%	Si/%	Mn/%	Cr/%	价格/元 $\cdot t^{-1}$
生铁	4.2	2.25	0.8		928
硅铁		42.0	—		2048
1 号合金		18	60		3200
2 号合金		30	9	20	4160
3 号合金		25	33	8	3808
4 号合金		15	4.5	10	1920
SiC	15	30			2560
废钢	0.2		0.6		840

注：其余成分为铁。

试写出以成本最低为目标的优化配料模型。

解 假设各原料 (生铁、硅铁、1 号合金、2 号合金、3 号合金、4 号合金、SiC、废钢) 用量分别为 x_1、x_2、x_3、x_4、x_5、x_6、x_7、x_8。

目标函数：

$$J\min = 928x_1 + 2048x_2 + 3200x_3 + 4160x_4 + 3808x_5 + 1920x_6 + 2560x_7 + 840x_8$$

各约束条件为：

成分约束：

$$3.2 \leqslant 4.2x_1 + 15.0x_7 + 0.2x_8 \leqslant 3.5$$

$$2.7 \leqslant 2.25x_1 + 42.0x_2 + 18.0x_3 + 30.0x_4 + 25.0x_5 + 15.0x_6 + 30.0x_7 \leqslant 3.0$$

$$1.4 \leqslant 0.8x_1 + 60.0x_3 + 9.0x_4 + 33.0x_5 + 4.5x_6 + 0.6x_8 \leqslant 1.6$$

$$0.3 \leqslant 20.0x_4 + 8.0x_5 + 10.0x_6 \leqslant 0.45$$

原料需用量约束：

$$x_7 \leqslant 0.01, x_8 \leqslant 0.3$$

非负约束：

$$x_1, x_2, \cdots, x_8 \geqslant 0$$

利用单纯型法运用计算机软件求解 (MATLAB 软件推荐)。

3.8 经验模型

冶金过程是典型的高温、多元、多相复杂系统，内部结构复杂，很多机理还不清楚，更难以用数学公式精确描述。经常用到的另一类模型是通过实际观测或实验得到大量数据，利用概率论及数理统计知识对输出及输入变量之间的关系进行描述，又称为经验模型 (黑箱模型)。

3.8.1 数理统计的基本概念及常用知识

数理统计学是一门研究随机现象规律性的数学分支。它以概率论为基础，研究如何有效地收集、整理和分析受到随机影响的数据，并对所关注的问题做出合理的估计或推断，直至为采取决策和行动提供理论依据和建议。

(1) 数学期望。指的是随机变量 X 理论上的或真正意义上的均值。该变量的样本均值是其数学期望的无偏估计。无偏估计的定义是：若 $E(\theta^*(x_1,x_2,\cdots,x_n))=\theta$，则称 θ^* 是 θ 的无偏估计。其直观意义是 $\theta^*(x_1,x_2,\cdots,x_n)$ 的取值随样本观测值 x_1、x_2、$\cdots$、x_n 的不同而不同，有时偏大有时偏小，但在大量使用的情况下，平均来说能够逼近待估参数的真值，即：$\overline{X}=E(X)=\dfrac{1}{n}\sum\limits_{i=1}^{n}\hat{X}_i$，$\hat{X}_i$ 为变量的观测值。

(2) 方差。数学期望反映了随机变量的平均值。方差反映的是变量偏离平均值的程度。工程应用中，变量的方差越小，说明变量越稳定。例如研究灯泡寿命 X，若其均值越大，说明质量越好，但若方差也大说明其质量不稳定，也并不可取。

方差定义为：$\mathrm{D}X=\mathrm{E}(X-\mathrm{E}X)^2$，同时称 $\sqrt{\mathrm{D}X}$ 是变量 X 的标准差或均方差。利用样本观测值，方差的无偏估计值为：$S^2=\dfrac{1}{n-1}\sum\limits_{i=1}^{n}(X_i-\overline{X})^2$，$S$ 又称为样本均方差。当观测数目 n 很大时，S^2 与变量均方差 $\sigma^2=\mathrm{D}X=\dfrac{1}{n}\sum\limits_{i=1}^{n}(X_i-\overline{X})^2$ 数值差异很小。

(3) 协方差。设 (X,Y) 是一个二维随机变量，X 与 Y 的协方差定义为：$\mathrm{Cov}(X,Y)=\mathrm{E}(X-\mathrm{E}X)(Y-\mathrm{E}Y)$，其利用样本观测值的估计量可写为：$\mathrm{Cov}(X,Y)=\dfrac{1}{n}\sum\limits_{i=1}^{n}\left(X_i-\overline{X}\right)(Y_i-\overline{Y})^2$。

(4) 相关系数。设 (X,Y) 是一个二维随机变量，若两者协方差存在，且 $\mathrm{D}X>0,\mathrm{D}Y>0$，则 X 与 Y 的相关系数，记做 ρ，定义为：$\rho=\dfrac{\mathrm{Cov}(X,Y)}{\sqrt{\mathrm{D}X}\sqrt{\mathrm{D}Y}}$，利用样本观测值的估计量为：$\rho=\dfrac{\sum\limits_{i=1}^{n}(X_i-\overline{X})\left(Y_i-\overline{Y}\right)}{\sqrt{\sum\limits_{i=1}^{n}(X_i-\overline{X})^2}\sqrt{\sum\limits_{i=1}^{n}(Y_i-\overline{Y})^2}}$。

(5) 回归方程。回归分析的基本任务是研究变量间可能存在的相关关系。回归分析的目标是运用统计推断的方式去推断变量间相关关系的有无和相关关系的形式。如实际工作中

需要探讨某个量 y 与自变量 $x_1, x_2, \cdots, x_p$ 之间是否存在相关关系及其形式，经常需要通过实际观测值，利用统计推断的方式去寻求。相关关系与函数关系不同，函数的因变量 y 由自变量 $x_1, x_2, \cdots, x_p$ 唯一确定，但在相关关系下，即便每次的观测 $x_1, x_2, \cdots, x_p$ 保持不变，y 的观测值也是变化的，即 y 是一个随机变量。

y 的取值中既有 $x_1, x_2, \cdots, x_p$ 所确定的部分，记为 $f(x_1, x_2, \cdots, x_p)$，也有其他因素引起的随机波动 ε。若 ε 是一均值为零的随机变量，那么认为 y 可以由 $f(x_1, x_2, \cdots, x_p)$ 来表示具有一定的合理性，即回归数学模型为：

$$\begin{cases} y = f(x_1, x_2, \cdots, x_p) + \varepsilon \\ E(\varepsilon) = 0 \end{cases}$$

而理论回归方程应写为：$E(y) = f(x_1, x_2, \cdots, x_p)$。

(6) 复相关系数。称 $TSS = \sum_{i=1}^{n} (y_i - \overline{y})^2$ 为因变量 y 的总变差平方和，它刻画了因变量取值总的波动程度。

对 TSS 做适当分解：$TSS = \sum_{i=1}^{n} (y_i - \overline{y})^2 = \sum_{i=1}^{n} (y_i - \hat{y}_i + \hat{y}_i - \overline{y})^2 = RSS + SS_{回}$。

其中，$RSS = \sum_{i=1}^{n} (y_i - \hat{y}_i)^2$，$SS_{回} = TSS - RSS$，$\hat{y}_i$ 为利用回归方程得到的回归值。

RSS 度量了在各实验点处的实际观测值 y_i 与回归值 $\hat{y}_i$ 之间的偏差平方和，它是扣除了 $x_1, x_2, \cdots, x_p$ 对 y 的线性影响后的剩余平方和。或者说 RSS 刻画了 $x_1, x_2, \cdots, x_p$ 对 y 的线性影响以外的一切其他因素导致的 y 的波动，称为残差平方和。

$SS_{回}$ 主要反映了 $x_1, x_2, \cdots, x_p$ 对 y 的线性影响的程度，称为回归平方和。

称 $R^2 = \dfrac{SS_{回}}{TSS}$ 为 y 对 $x_1, x_2, \cdots, x_p$ 的样本复相关系数。$R = +\sqrt{R^2}$ 越大，说明因变量 y 的波动中由线性相关关系所引起的波动所占比例越大，即相关性越强。

(7) 回归方程的显著性检验。若线性回归方程表示为：$y = b_0 + b_1x_1 + b_2x_2 + \cdots + b_px_p$，检验该方程是否合理，或其整体上是否存在线性关系，从数理统计的角度来推断，就是要检验假设 $H_0 : b_1 = \cdots = b_p = 0$ 是否成立。

回归因素对变量 y 的贡献可由 $SS_{回}$ 反映，$\dfrac{SS_{回}}{TSS}$ 也能说明一定问题。若 H_0 成立，$SS_{回}$ 应该较小，$\dfrac{SS_{回}}{TSS}$ 也不应太大。反之，$\dfrac{SS_{回}}{TSS}$ 大到一定程度就有理由拒绝 H_0，故取 H_0 的拒绝域为：

$$W = \left\{ \frac{SS_{回}}{TSS} > C \right\} \text{（第一自由度为 } p\text{，第二自由度为 } n-p-1 \text{ 的 } F \text{ 分布）}$$

可以证明，当 H_0 成立时：

$$\frac{\dfrac{SS_{回}}{p}}{\dfrac{RSS}{n-p-1}} \sim F(p, n-p-1) \tag{3-28}$$

式中　p ——F 分布的第一自由度；

$n-p-1$ ——F 分布的第二自由度。

由显著性检验的一般原则：为了使 H_0 成立时，拒绝 H_0 的概率（犯错误的概率，明明 H_0 是正确的，但却拒绝了）小于一个很低的水平 α，即：

$$P\left\{\frac{SS_{回}}{RSS}>C\right\}=\left\{\frac{(n-p-1)\,SS_{回}}{p\cdot RSS}>\frac{n-p-1}{p}C\right\}\leqslant\alpha$$

只需取：

$$\frac{n-p-1}{p}C=F_\alpha(p,n-p-1)$$

即

$$C=\frac{p}{n-p-1}F_\alpha(p,n-p-1)$$

得到 H_0 的拒绝域为：

$$W=\left\{\frac{SS_{回}}{TSS}>\frac{p}{n-p-1}F_\alpha(p,n-p-1)\right\}\tag{3-29}$$

式中　α —— 信度水平，反映的是利用这种回归式有可能犯错误的概率。通常取 $\alpha=0.1,0.05,0.001$；

$F_\alpha(p,n-p-1)$ —— 对应于自由度为 $(p,n-p-1)$ 的 F 分布的 α 分位数，可通过查表获得。

若 H_0 被接受说明原回归方程不显著。

(8) 各变量的显著性检验。回归方程显著（各变量系数不全为零），并不能保证所有变量 $x_j\,(j=1,2\cdots,p)$ 都显著。各变量的显著性检验，即为检验假设 $H_0:b_j=0$ 是否成立。

H_0 的拒绝域为：

$$W=\left\{\left|\hat{b}_j\right|>\frac{\sqrt{RSS\cdot c_{jj}}}{\sqrt{n-p-1}}t_{\frac{\alpha}{2}}\,(n-p-1)\right\}$$

其中，c_{jj} 是矩阵 $(X'X)^{-1}$ 的第 $j+1$ 行第 $j+1$ 列元素。而 $X=\begin{pmatrix}1 & x_{11} & \cdots & x_{1j} & x_{1p}\\ \vdots & \vdots & \ddots & \vdots & \vdots\\ 1 & x_{n1} & \cdots & x_{nj} & x_{np}\end{pmatrix}$ 为 p 个自变量，n 次观测值组成的矩阵。$t_{\frac{\alpha}{2}}\,(n-p-1)$ 为信度水平为 α、自由度为 $n-p-1$ 的 t 分布侧位数，可查表获得。证明从略。

(9) 逐步回归分析。逐步回归分析是一步一步进行回归，每一步包括两项操作：引入一个新变量，将最显著因子 $\left(\dfrac{\sqrt{n-p-1}}{\sqrt{RSS\cdot c_{jj}}}\left|\hat{b}_j\right|\text{ 最大}\right)$ 引入；另外是剔除公式内的不显著因子，直到所有的变量都显著为止。

3.8.2　统计分析模型举例

对于变量多、变量之间关系复杂且干扰多、不确定性强的系统，通常采用黑箱原理，广泛应用统计方法建模，其主要步骤：

(1) 确定系统变量；

(2) 提出可能的模型形式；

(3) 做试验或实际观测；

(4) 统计求得各待定参数；

(5) 给出相应的统计量，做统计筛选。

系统变量的选择与具体问题有关，由于采用的是黑箱原理应尽可能地对有关变量做全面的综合研究。现代方法和计算工具为这种多变量的综合研究和分析提供了技术保证，尽可能从多种模型中筛选出最合理的模型。

例 炼钢脱碳终了时熔池中的自由氧活度是一项重要的工艺参数，希望确定其预报模型。利用定氧仪测定了某厂 60t 氧气转炉炼钢过程中 81 组熔池中自由氧活度、碳含量和温度数据。剔除炉号为 7406868、7407448、7507870 和 7505886 四炉异常数据后，数据分布如图 3-12 所示。由图 3-12 可以看出，所保留的 77 炉数据的 [%C]、a_O 和温度值均基本符合正态分布。表明该 77 炉数据可用于建立终点氧预报模型。

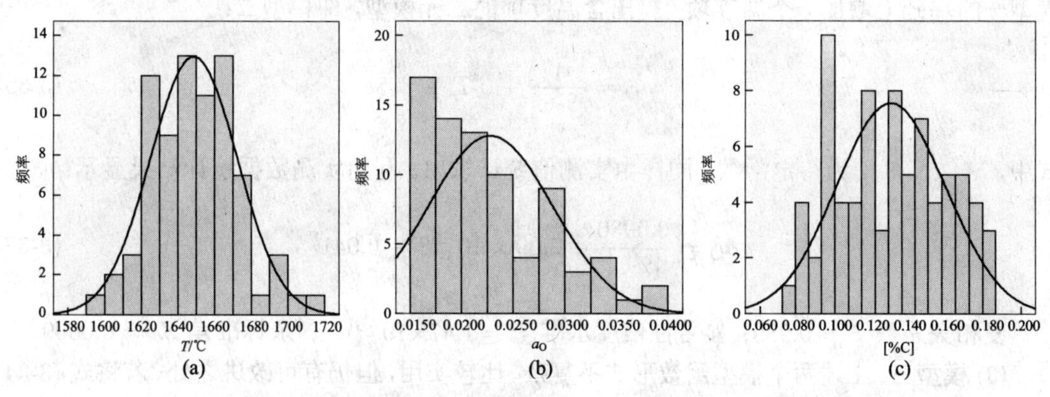

图 3-12 终点温度 (a)、氧活度 (b) 和碳含量 (c) 分布

基于不同的认识和考虑，可提出多种备选模型，并回归求出待定系数和统计量。基于对熔池中碳氧反应和碳氧积的认识和考虑，研究中提出了预报熔池中氧活度的六种备选模型：

(1) 模型一。由碳氧反应：

$$[C]+[O] \Longrightarrow CO_{(g)} \tag{3-30}$$

可知，碳氧反应平衡常数为：

$$K=\frac{p_{CO}/p^{\ominus}}{f_C[\%C]f_O[\%O]} \tag{3-31}$$

式中，p_{CO} 为 CO 分压，Pa；f_C、f_O 分别为碳、氧的活度系数，均与碳浓度有关，随着碳浓度的增加，f_O 下降，而 f_C 上升，在 [%C]=0.02~2.00 范围内，f_C 和 f_O 乘积变化不大，近似等于 1，传统上取 $p_{CO}=p^{\ominus}$。故式 (3-31) 改写为：

$$[\%C][\%O]=\frac{1}{K} \tag{3-32}$$

由此说明，一定温度下处于化学平衡状态下的钢液中碳氧浓度积应为一个常数，称为“碳氧积”。即 [%O][%C]= 常数，变换得：

$$[\%O]=\frac{\text{常数}}{[\%C]} \tag{3-33}$$

据此可认为熔池中氧的活度值 $a_{\rm O}$ 和含 [%C] 量之间存在如下关系，即模型一：

$$a_{\rm O}=\frac{\alpha}{[\%{\rm C}]}+\beta \tag{3-34}$$

式中，α 和 β 均为待定常数，应由实测值统计求出。利用实测数据统计结果显示：

$$a_{\rm O}=\frac{0.0030}{[\%{\rm C}]}-0.0018 \tag{3-35}$$

相关系数 $R=0.985$；显著性信度水准 $P=1.87\times10^{-59}$；剩余标准差 $Se=0.001$。

(2) 模型二。考虑到熔池中氧的活度值除了受碳含量的影响外，还受温度的影响，故在模型一的基础上增加一个温度项，提出含温度项的二元模型，即模型二：

$$a_{\rm O}=\frac{\alpha'}{[\%{\rm C}]}+\beta'T+\gamma \tag{3-36}$$

式中，α'、β' 和 γ 为待定常数，同样由实测值统计求出。利用实测数据统计结果显示：

$$a_{\rm O}=\frac{0.0030}{[\%{\rm C}]}+2.09\times10^{-5}T-0.041 \tag{3-37}$$

复相关系数 $R=0.989$；显著性信度水准 $P=1.47\times10^{-61}$；剩余标准差 $Se=0.0009$。

(3) 模型三。上述两个模型函数形式不复杂、比较实用，但仍有可改进之处。若将式 (3-34) 和式 (3-36) 改写为乘积形式，则分别有：

$$a_{\rm O}[\%{\rm C}]=\beta[\%{\rm C}]+\alpha \tag{3-38}$$

$$a_{\rm O}[\%{\rm C}]=\gamma[\%{\rm C}]+\beta'T[\%{\rm C}]+\alpha' \tag{3-39}$$

不难看出，式 (3-38) 和式 (3-39) 与碳氧积公式 (3-33) 有着本质上的差别。

现重新考查钢液中进行的碳氧反应式 (3-30) 以及：

$$-RT\ln K_{\rm C}=\Delta G^{\ominus}=\Delta H^{\ominus}-T\Delta S^{\ominus} \tag{3-40}$$

可见，由热力学关系式 (3-40) 转化得到的描述溶池中碳含量、氧活度值和温度之间关系的应是下述数学模型三：

$$\ln(a_{\rm O}[\%{\rm C}])=\frac{A}{T}+B \tag{3-41}$$

式中，A、B 均为待定常数。由实验数据统计求得：

$$\ln(a_{\rm O}[\%{\rm C}])=-\frac{3667}{T}-3.97 \tag{3-42}$$

相关系数 $R=0.609$；显著性信度水准 $P=4.20\times10^{-9}$；剩余标准差 $Se=0.0308$。

(4) 模型四。考虑到转炉实际生产与理论平衡状态可能有种种偏离，将理论模型三衍化为更为灵活的模型四：

$$\ln a_{\rm O}=E\ln[\%{\rm C}]+\frac{F}{T}+G \tag{3-43}$$

式中，E、F、G 均为待定常数。由实验数据统计求得：

$$\ln a_{\mathrm{O}} = -1.04\ln[\%\mathrm{C}] - \frac{3307}{T} - 4.24 \tag{3-44}$$

复相关系数 $R=0.993$；显著性信度水准 $P=4.30\times10^{-70}$；剩余标准差 $Se=0.0298$。

(5) 模型五。略去模型四中的温度项，得到氧活度值与含碳量间的双对数模型五：

$$\ln a_{\mathrm{O}} = \chi\ln[\%\mathrm{C}] + \varphi \tag{3-45}$$

其中，χ、φ 均为待定常数。由实验数据统计求得：

$$\ln a_{\mathrm{O}} = -1.06\ln[\%\mathrm{C}] - 6.01 \tag{3-46}$$

相关系数 $R=0.990$；显著性信度水准 $P=6.51\times10^{-65}$；剩余标准差 $Se=0.0361$。

(6) 模型六。为实用起见，用氧浓度值 [%O] 代替氧活度值 a_{O}，认为钢液中碳氧浓度积应为一个常数，即模型六：

$$[\%\mathrm{C}][\%\mathrm{O}] = \text{常数} \tag{3-47}$$

由实测数据统计回归得到：

$$[\%\mathrm{C}][\%\mathrm{O}] = 0.0028 \tag{3-48}$$

按以上六种模型结构回归得到的结果见表 3-4。

表 3-4　按六种模型回归的结果

模型	表达式	相关系数 R	信度水准 P	剩余标准差 Se
一	$a_{\mathrm{O}}=0.0030/[\%\mathrm{C}]-0.0018$	0.985	1.87×10^{-59}	0.0010
二	$a_{\mathrm{O}}=0.0030/[\%\mathrm{C}]+2.09\times10^{-5}T-0.041$	0.989	1.47×10^{-61}	0.0009
三	$\ln(a_{\mathrm{O}}[\%\mathrm{C}])=-3667/T-3.97$	0.609	4.20×10^{-9}	0.0308
四	$\ln a_{\mathrm{O}}=-1.04\ln[\%\mathrm{C}]-3307/T-4.24$	0.993	4.30×10^{-70}	0.0298
五	$\ln a_{\mathrm{O}}=-1.06\ln[\%\mathrm{C}]-6.01$	0.990	6.51×10^{-65}	0.0361
六	[%C][%O]=0.0028			0.0001

根据“合理、可信、精确、简明”的原则对上述六个备选模型进行评选：

(1) 合理。模型的形式尽可能地接近热力学规律和常用的习惯，六个模型的提出均可用，其中模型四和模型五较好。

(2) 可信。模型的显著性信度水准高于统计允许值，六个模型全部合格，以模型四最高。

(3) 精确。剩余标准差低，因形式不同，不宜直接比较，分析表明六个模型全部合格，其中以模型二最适合用于分析预报精度。

(4) 简明。六个模型都不太复杂，均适合现场应用，其中以模型六最简单。

综合评选结果：

不考虑温度项用模型五控制终点氧活度，即：

$$\ln a_{\mathrm{O}} = -1.06\ln[\%\mathrm{C}] - 6.01 \tag{3-49}$$

考虑温度项用模型四控制终点氧活度，即：

$$\ln a_{\mathrm{O}} = -1.04\ln[\%\mathrm{C}] - \frac{3307}{T} - 4.24 \tag{3-50}$$

由表 3-4 可以看出，考虑温度项的模型四信度水准最高，尽管温度项的显著性贡献远不如碳，但还是起到了一定作用。根据碳氧反应式 (3-30) 的吉布斯自由能表达式：

$$\Delta G^{\ominus} = -22000 - 38.34T \ \ \text{J/mol} \tag{3-51}$$

可知：

$$-RT\ln K = -22000 - 38.34T \tag{3-52}$$

$$\ln\frac{1}{[\%\text{C}][\%\text{O}]} = \frac{2646}{T} + 4.61 \tag{3-53}$$

$$\ln[\%\text{O}] = \ln[\%\text{C}] - \frac{2646}{T} - 4.61 \tag{3-54}$$

可进一步变换为：

$$[\%\text{C}][\%\text{O}] = \exp\left(-\frac{2646}{T} - 4.61\right) \tag{3-55}$$

式 (3-55) 的变化趋势如图 3-13 中曲线所示，并将模型六中所得碳氧积结果与温度对应的关系列于图 3-13 中，可以看出两者均随温度有升高趋势。因此，考虑温度项可获得更精确的模型。

实际应用中，以模型六最为简便，即认为：

$$[\%\text{C}][\%\text{O}] = 0.0028 \tag{3-56}$$

在实际操作过程中，为简便起见，按 $[\%\text{C}][\%\text{O}] = 0.0028$ 模型来进行控氧操作。图 3-13 显示碳氧积理论上随温度升高有升高的趋势，由式 (3-55) 计算可知在终点温度范围 (1620～1650°C)，温度引起的碳氧积误差为 2%，这个误差对于现场操作是完全可以接受的。所以用模型六来预报转炉终点熔池氧含量是完全可行的，并且应用于实践生产的便捷优势也非常明显。77 炉实测碳氧数据分布、模型六和 1600℃理论碳氧积曲线如图 3-14 所示。

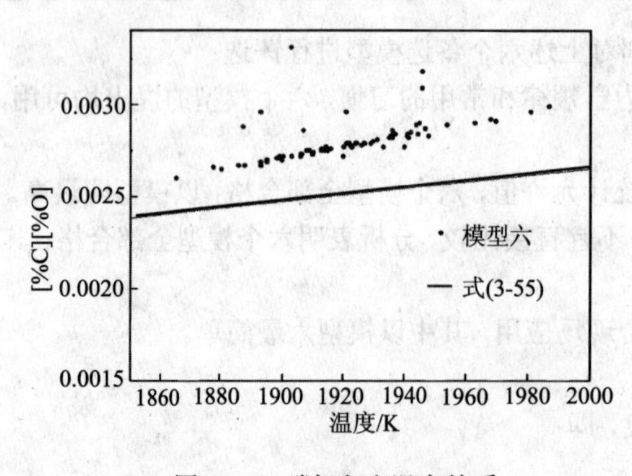

图 3-13　碳氧积和温度关系

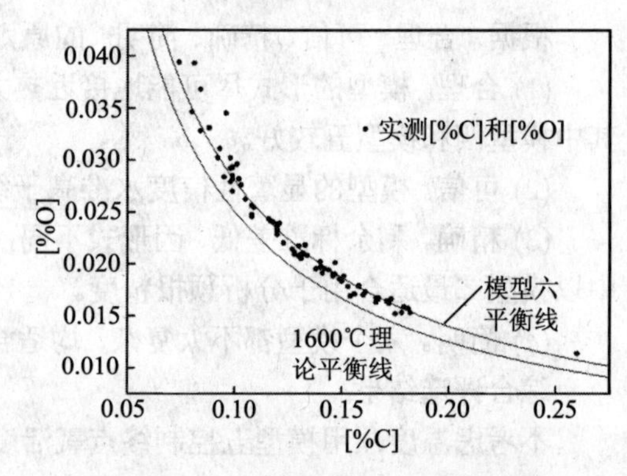

图 3-14　碳氧积理论和实测比较

该厂实际操作中采用模型六来控制和预报终点熔池氧浓度。由图 3-14 可以看出，终点熔池 [C] 在 0.10%以下时，熔池氧浓度随碳含量的降低急剧增高，若实施高拉碳操作，设定终点碳目标范围 0.12%～0.26%，熔池氧含量对应的波动范围为 0.0233%～0.0108%。

本章小结

本章重点描述了冶金过程中经常用到的衡算模型、单元操作模型、冶金反应工程模型、过程系统模型及经验模型的基本原理、建立过程等，大都附有详细应用实例，希望读者借此了解以上模型的特点及其应用范围。而在冶金生产过程中应用最广的热力学模型，动力学模型，(热量、动量) 传输模型等将分别在第 4 章、第 5 章、第 6 章及第 7 章中论述。

思 考 题

3-1 试利用衡算模型原理分析转炉炼钢过程的能量转换情况。

3-2 冶金反应工程模型与冶金动力学模型有哪些区别和联系？

3-3 冶金过程系统模型主要分为哪几部分？各部分的作用和功能是什么？

3-4 利用线性规划原理，根据已知条件试写出以成本最低为目标的烧结优化配料模型。参与烧结配料的原料化学成分及价格见表 3-5，烧结矿化学成分要求见表 3-6。

表 3-5 烧结配料的原料化学成分及价格

原料名称	价格/元 $\cdot t^{-1}$	许用量/t	水分/%	化学成分/%							烧损/%
				TFe	SiO_2	CaO	MgO	Al_2O_3	S	P	
铁精粉	215	0~10000	9	65.64	6.6	0.4	0.38	1.65	0.07	0.04	1
球团返粉	170	400~432	0	61.29	9.03	1.0	0.83	0.90	0.036	0	0.5
高炉返粉	150	800	0	52.8	6.93	1.8	3.24	0.63	0.36	0	2
炼钢污泥	120	300~400	30	59.62	3.3	8.76	2.4	2.31	0.05	0	1.5
铁皮	56	100~160	3	68.2	2.5	0	0	0.28	0.06	0.06	1
除尘灰	12	90~96	0	21.92	4.39	38.17	6.21	0.43	0	0	1.5
生石灰	160	400~600	0		6.73	75.4	8.5	0	0	0	8.5
石灰石	33	0~200	1		1.21	48.6	5.98	0	0	0	42.3
白云石	35	0~200	1		1.48	30.8	19.58	0	0	0	44.2
焦粉	219	100~600	8	固定碳：78.5%，灰分：19% 其中，SiO_2=48%、CaO=5%、Al_2O_3=1.33%							

表 3-6 烧结矿化学成分要求

项 目	品位/%	碱度	SiO_2/%	MgO/%	Al_2O_3/%
上限	53.5	1.8	—	2.8	1.0
下限	55.5	2.0	6.0	3.2	1.5

参 考 文 献

[1] 胡洵璞. 高炉炼铁设计原理 [M]. 北京：化学工业出版社, 2010.

[2] 李士琦, 高俊山, 王政. 冶金系统工程 [M]. 北京：冶金工业出版社, 1991.

[3] 肖兴国, 谢蕴国. 冶金反应工程学基础 [M]. 北京：冶金工业出版社, 1997.

[4] 王燕军, 梁治安. 最优化基础理论与方法 [M]. 上海：复旦大学出版社, 2011.

[5] 汪冬华. 多元统计分析与 SPSS 应用 [M]. 上海：华东理工大学出版社, 2010.

[6] 刘洪霖, 包宏. 化工冶金过程人工智能优化 [M]. 北京：冶金工业出版社, 1999.

4　冶金热力学模型基础及应用实例

本章概要： 本章首先简单回顾了冶金热力学的基础内容，更多地阐述了与实际应用密切相关的内容及需要注意的问题。同时，结合具体实例讨论冶金热力学模型在生产实践中的应用。

热力学是研究物质的热运动和运动形式相互关系的一门科学，适用于宏观体系。它的基础是热力学第一定律和热力学第二定律。其中，第一定律用于研究变化中的能量转化问题，第二定律用于研究变化过程的方向、限度以及化学平衡和相平衡的理论。热力学的特点是：既不考虑物质内部的微观结构，也不涉及过程的速率和机理；只能指出某一变化在一定条件下能否发生，若能发生，其方向和限度如何，而无法解释其发生机理，也不可能预测实际产量；只预测反应发生的可能性，而不问其现实性；只指出反应的方向，变化前后的状态，而不能得出变化速率。

4.1　冶金热力学基础回顾

简单地讲，冶金热力学重点研究的是反应的方向、限度及其进程中的能量转化关系。关于方向和限度，几乎所有冶金热力学问题均围绕着式 (4-1) 进行：

$$\Delta G = \Delta G^{\ominus} + RT\ln Q \tag{4-1}$$

其中，Q 为化学反应的活度熵，对于反应式 (4-2)，其活度熵的表达式见式 (4-3)。

$$aA + bB = cC + dD \tag{4-2}$$

$$Q = \frac{a_D^d a_C^c}{a_A^a a_B^b} \tag{4-3}$$

利用式 (4-3) 可以解决以下问题：

(1) 根据 ΔG 为正值或负值判断给定条件下反应能否自发地向预期方向进行。$\Delta G < 0$ 反应向右进行；反之，反应向左进行。

(2) 根据给定条件下反应的 ΔG，得到平衡常数 K_p，进而确定反应进行的限度。

(3) 分析影响反应吉布斯自由能变化值 ΔG 和平衡常数 K_p 的因素，通过改变这些因素促使反应向有利方向进行，并控制反应限度。

4.1.1 吉布斯自由能

4.1.1.1 吉布斯自由能 ΔG 的获得

ΔG 可以通过以下几种途径获得：

(1) 根据式 (4-1)，若获得等式右端数据，可获得 ΔG。

(2) 将所关注的化学反应分解成几个简单的反应式，分别获得各简单反应式的 ΔG，通过耦合计算获得总化学反应方程式的 ΔG，这是目前最常用的方法。

(3) $\Delta G = \sum\limits_{i=1} v_i G_i$，$G_i$ 为第 i 种组元在体系中的吉布斯自由能，v_i 为第 i 种组元的化学计量系数，若 i 在产物中取正值，在反应物中取负值。G_i 的计算如下：

1) 理想气体的吉布斯自由能。在一个封闭的多元理想气体组成的气相体系中，存在组元 1、2、$\cdots$、i，则在等温等压条件下，其中任一组元 i 的吉布斯自由能为：

$$G_i = G_i^{\ominus} + RT \ln p_i \tag{4-4}$$

其中，p_i 是无量纲压强 (注：冶金物理化学中在对数号后面的压强都是无量纲压强，如平衡常数中出现的压强等)。即：

$$p_i = p_i'/p^{\ominus} \tag{4-5}$$

式中 p_i'—— 组分气体的实际压强，Pa；

$p^{\ominus}$—— 标准压强，Pa，其值为 101325Pa。

冶金过程中的化学反应基本均在常压下进行，因此涉及的气相均可作为理想气体处理。

2) 液相体系中组元的吉布斯自由能。在多元液相体系中，存在组元 1、2、$\cdots$、i，则在等温等压条件下，其中任一组元 i 的吉布斯自由能为：

$$G_i = G_i^{\ominus} + RT \ln a_i \tag{4-6}$$

其中，a_i 为液相体系中组元的活度，其标准态的确定原则是：

① 若 i 在铁液中，选 1%溶液为标准态，其中的浓度为质量分数，[%i]；

② 若 i 在熔渣中，选纯物质为标准态，其中的浓度为摩尔分数，x_i；

③ 若 i 是铁溶液中的组元铁，在其他组元浓度很小时，组元铁的活度定义为 1。

3) 固相体系中组元的吉布斯自由能。在多元固相体系中，存在组元 1、2、$\cdots$、i，则在等温等压条件下，其中任一组元 i 的吉布斯自由能为：

$$G_i = G_i^{\ominus} + RT \ln a_i$$

其中，a_i 为固相体系中组元的活度，其标准态的确定原则是：

① 若体系是固溶体，则 i 在固溶体中的活度选纯物质为标准态，其浓度为摩尔分数 x_i；

② 若体系是共晶体，则 i 在共晶体中的活度定义为 1；

③ 若体系是纯固体 i，则其活度定义为 1。

4.1.1.2 使用 ΔG 判断反应方向的条件

使用 ΔG 作为反应方向判据，必须先具备以下三个条件：

(1) 反应体系必须是封闭体系；

(2) 只给出某指定温度和压力 (且始态、终态的温度和压力相同) 下反应的可能性，并未说明其他温度压力下的情况；

(3) 反应体系必须不做非体积功 (或不受外界如电场、磁场等各种“场”的影响)。

值得指出的是，对于实际反应方向的判断必须用 ΔG，而不是标准状态的 $\Delta G^{\ominus}$。但由于 ΔG 的表达式中，$\Delta G^{\ominus}$ 是 ΔG 的主要部分，某些情况下可用 $\Delta G^{\ominus}$ 的值近似代替 ΔG，对化学反应进行近似分析，以判断化学反应进行的可能性。一般而言，以下情况中可以用 $\Delta G^{\ominus}$ 代替 ΔG 判断化学反应的方向：

(1) 定性判断。可以认为，对于化学反应 $\Delta G = \Delta G^{\ominus} + RT\ln Q$ 中，一般情况下 $\Delta G^{\ominus}$ 是 ΔG 的主要部分，一定条件下可以定性地用 $\Delta G^{\ominus}$ 代替 ΔG 判断反应的先后顺序。一般认为，若常温下，$\Delta G^{\ominus} > 41.8\text{kJ/mol}$，基本上就决定了 ΔG 的符号 (但在高温下不一定成立)。

(2) 同等条件。例如对于元素氧化反应，$\mathrm{M} + \mathrm{O_2} = \dfrac{2}{x}\mathrm{MO}_x$，由于不同元素都采用相同标准，比如都在 1mol O_2 的条件下，可以用 $\Delta G^{\ominus}$ 比较各元素氧化的先后顺序。因为在 $\Delta G = \Delta G^{\ominus} - RT\ln p_{\mathrm{O_2}}$ 中，各元素都在相同 $RT\ln p_{\mathrm{O_2}}$ 下比较，所以 $\Delta G_i^{\ominus}$ 的大小顺序即代表 ΔG_i 的大小。

(3) 特定的标准状态。对所研究的反应中各物质都满足以下条件：

1) 参加反应的气体，其压力为标准状态下的压强为 1.01325×10^5Pa；

2) 参加反应的是固态或液态纯物质；

3) 对有溶液参加的反应，溶于金属液中元素浓度是 1%(标准态)；

4) 参加反应的炉渣组元是纯物质。

4.1.2　标准吉布斯自由能

4.1.2.1　标准吉布斯自由能变化 $\Delta G^{\ominus}$ 的获得

$\Delta G^{\ominus}$ 可以通过以下几种途径获得：

(1) 已知平衡常数 K_p，得到 $\Delta G^{\ominus}$：$\Delta G^{\ominus} = -RT\ln K_p$；

(2) 将所关注的化学反应分解成几个简单的反应式，分别获得各简单反应式的 $\Delta G^{\ominus}$，通过耦合计算获得总化学反应方程式的 $\Delta G^{\ominus}$，这也是目前最常用的方法；

(3) 通过查热力学数据表，由各组元的 $\Delta G_i^{\ominus} = a_i - b_i T$ 求得；

(4) 化学反应式中涉及溶液时，必须要考虑标准溶解吉布斯自由能。

标准溶解吉布斯自由能的定义：组元 i 由纯物质 (固、液或气态) 溶解到某一熔剂 (铁液、有色金属液、炉渣等) 中形成标准态溶质 ($a = 1$) 时的自由能变化，称为组元 i 的标准溶解吉布斯自由能，$\Delta_{\mathrm{sol}}G_i^{\ominus}$。

$\Delta_{\mathrm{sol}}G_i^{\ominus}$ 的值或其计算方法取决于所选取的组元 i 在溶液中的标准态，例如对于反应式 (4-7)：

$$i_{(\mathrm{s})} = [i] \tag{4-7}$$

1) 若组元 i 在溶液中取纯固态为标准态，$\Delta_{\mathrm{sol}}G_i^{\ominus} = 0$；

2) 若取纯液态为标准态，$\Delta_{\mathrm{sol}}G_i^{\ominus} = \mu_{(\mathrm{l})}^{*} - \mu_{(\mathrm{s})}^{*} = \begin{cases} = 0(\text{熔点温度}) \\ \neq 0(\text{任意温度}) \end{cases}$，非熔点温度条件下，$\Delta_{\mathrm{sol}}G_i^{\ominus}$ 为其在该温度条件下的标准熔化吉布斯自由能；

3) 若取亨利假想纯物质为标准态，$\Delta_{\text{sol}}G_{\text{H},i}^{\ominus} = RT\ln\gamma_i^{\ominus}$；

4) 若取亨利 1%溶液为标准态，$\Delta_{\text{sol}}G_{\text{H},i}^{\ominus} = RT\ln(x_i^{\ominus}\gamma_i^{\ominus})$，其中 $x_i^{\ominus}, \gamma_i^{\ominus}$ 的物理意义详见下文。

4.1.2.2 计算 $\Delta G^{\ominus}$ 需要注意的问题

$\Delta G^{\ominus}$ 是反应产物与反应物处于标准态时自由能的差，因此，$\Delta G^{\ominus}$ 的取值与标准态的选择密切相关。对于前述反应式 (4-2)，只要温度一定，ΔG 的值就固定了，与各组元的标准态没有任何关系，但 $\Delta G^{\ominus}$ 与各组元活度的取值完全取决于各组元标准态的选择。并且，值得提出的是式 (4-1) 计算过程中，$\Delta G^{\ominus}$ 的标准态选择与活度熵中各组元活度标准态的选择完全一致时，才能够得到正确的 ΔG。

例如，对于化学反应：

$$[\text{Si}] + 2\text{CO} === \text{SiO}_2 + 2[\text{C}] \tag{4-8}$$

已知：

$$\begin{aligned}
\text{C}_{(\text{s})} + \frac{1}{2}\text{O}_{2(\text{g})} &=== \text{CO} & \Delta G_1^{\ominus} &= (-117990 - 84.35T) \quad \text{J/mol} \\
\text{Si}_{(\text{l})} + \text{O}_{2(\text{g})} &=== \text{SiO}_{2(\text{s})} & \Delta G_2^{\ominus} &= (-947676 + 196.86T) \quad \text{J/mol} \\
\text{C}_{(\text{s})} &=== [\text{C}]_{1\%} & \Delta_{\text{sol}}G_3^{\ominus} &= (22594 - 42.86T) \quad \text{J/mol} \\
\text{Si}_{(\text{l})} &=== [\text{Si}]_{1\%} & \Delta_{\text{sol}}G_4^{\ominus} &= (-131500 - 17.24T) \quad \text{J/mol}
\end{aligned}$$

(1) 若 Si、C 在溶液中分别取纯固态为标准态。反应式 (4-8) 的标准吉布斯自由能值为：

$$\Delta G^{\ominus} = \Delta G_2^{\ominus} - 2\Delta G_1^{\ominus} \tag{4-9}$$

相应地，公式 $\Delta G = \Delta G^{\ominus} + RT\ln\dfrac{a_{\text{C}}^2 a_{\text{SiO}_2}}{p_{\text{CO}}^2 a_{\text{Si}}}$ 中，Si 与 C 的活度 a_{Si}、a_{C} 的标准态必须是以纯固态为标准的活度。

(2) 若 Si、C 在溶液中分别取 1%溶液为标准态。反应式 (4-8) 的标准吉布斯自由能值为：

$$\Delta G^{\ominus} = (\Delta G_2^{\ominus} - \Delta_{\text{sol}}G_4^{\ominus}) - 2(\Delta G_1^{\ominus} - \Delta_{\text{sol}}G_3^{\ominus}) \tag{4-10}$$

相应地，公式 $\Delta G = \Delta G^{\ominus} + RT\ln\dfrac{a_{\text{C}}^2 a_{\text{SiO}_2}}{p_{\text{CO}}^2 a_{\text{Si}}}$ 中，Si 与 C 的活度 a_{Si}、a_{C} 的标准态必须是以 1%溶液为标准的活度。

(3) 若 Si 在溶液中取 1%溶液为标准态，C 在溶液中取纯固态为标准态。反应式 (4-8) 的标准吉布斯自由能值为：

$$\Delta G^{\ominus} = (\Delta G_2^{\ominus} - \Delta_{\text{sol}}G_4^{\ominus}) - 2\Delta G_1^{\ominus} \tag{4-11}$$

相应地，公式 $\Delta G = \Delta G^{\ominus} + RT\ln\dfrac{a_{\text{C}}^2 a_{\text{SiO}_2}}{p_{\text{CO}}^2 a_{\text{Si}}}$ 中，Si 的活度 a_{Si} 是以 1%溶液为标准态的活度，而 C 的活度 a_{C} 的标准态是纯固态。

4.1.3 多元多相反应平衡

当多个反应同时发生时，若仅凭某一个反应的 ΔG 来判断一个反应能否发生，其结果是不确定的，甚至可能会得到相反的结论。例如：

$$TiO_{2(s)} + 2Cl_{2(g)} = TiCl_{4(l)} + O_{2(g)} \qquad \Delta G^{\ominus}_{298} = 161.9kJ \tag{4-12}$$

$$C_{(s)} + O_2 = CO_{2(g)} \qquad \Delta G^{\ominus}_{298} = -394.38kJ \tag{4-13}$$

$$C_{(s)} + TiO_{2(s)} + 2Cl_{2(g)} = TiCl_{4(l)} + CO_{2(g)} \qquad \Delta G^{\ominus}_{298} = -232.49kJ \tag{4-14}$$

若不考虑式 (4-12) 和式 (4-13) 之间的耦合反应，单从式 (4-12) 来看 $TiCl_4$ 的生成是不可能的，但若系统中除了 TiO_2、O_2、Cl_2 之外还存在着 C，则必须要考虑式 (4-13)。而结合式 (4-13)，是能够顺利得到式 (4-14) 的。因此，若不考虑耦合反应的存在，所判断的反应发生与否就是不确定的。

实际上在一个多元多相热力学体系中，反应与反应之间都存在着或多或少的“耦合”，如炼钢过程中的氧化反应是几个元素同时和氧反应，如果单独计算一个氧化反应，其结果是值得怀疑的。

对于多元多相系的热力学平衡问题，最常用的方法是最小自由能法。

最小自由能法是 W.B.White 于 1958 年首次提出的。其热力学原理是：体系在达到热力学平衡时，总的自由能最小。因此，热力学平衡问题转化为了有约束条件的最小化数学问题。

$$\begin{aligned} &\min G = \sum_{i=1}^{C} n_i G_i \\ &\text{s.t.} \sum_{i=1}^{C} a_{ie} n_i = b_e \end{aligned} \qquad (e = 1, 2, \cdots, m) \tag{4-15}$$

式中 C —— 体系的总的组元数；

n_i —— 组元 i 在平衡时的物质的量；

m —— 体系中的全部元素数；

a_{ie} —— 元素 e 在组元 i 中的原子数；

G_i —— 组元 i 的摩尔自由能，J/mol，$G_i = G_i^{\ominus} + RT\ln a_i$。

其中，活度的确定方法如下：

$$a_i = \begin{cases} p_i/p_i^*, p_i = n_i/\sum n_i \cdot p_{总},\ i \text{ 为气态} \\ n_i/\sum n_i \cdot \gamma_i,\ i \text{ 为液态} \\ 1,\ i \text{ 为固态} \end{cases}$$

对于复杂体系，系统自发向自由能最小化的方向进行。有约束条件的极值求法实际上是有约束的非线性规划 (或非线性优化) 问题，已有很多专用的程序可供选用。

4.2 活 度

活度的概念是基于拉乌尔定律和亨利定律而展开的。首先简单介绍拉乌尔定律和亨利定律。图 4-1 所示为二元系组元 i 在溶液中的浓度与其在气相中蒸气压的关系。

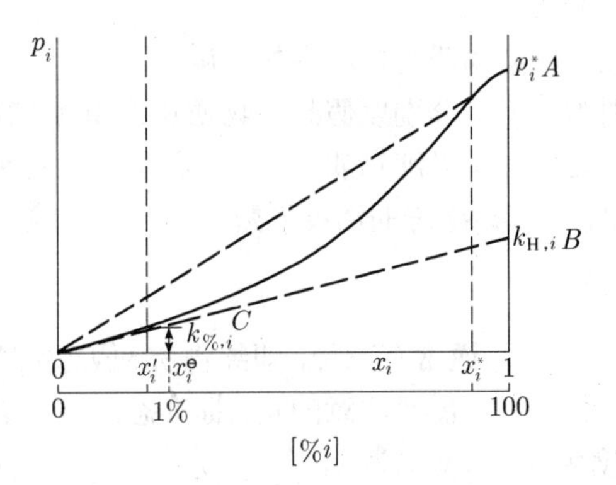

图 4-1　二元系组元 i 在溶液中的浓度与其在气相中蒸气压的关系

4.2.1　拉乌尔定律

如图 4-1 所示，溶液中组元 i 的摩尔分数 $x_i \to 1$ 时，该组元在气相中的蒸气压 p_i 与其在溶液中的摩尔分数 x_i 成线性关系。数学关系描述为：

$$p_i = p_i^* x_i (x_i^* \leqslant x_i \leqslant 1) \tag{4-16}$$

式中　p_i—— 组元 i 在气相中的蒸气压 (饱和蒸气压)；

p_i^*—— 纯物质 i 的蒸气压。

4.2.2　亨利定律

如图 4-1 所示，溶液中组元 i 的摩尔分数 $x_i \to 0$(或质量分数 $[\%i] \to 1$) 时，该组元在气相中的蒸气压 p_i 与其在溶液中的摩尔分数 x_i(或质量分数 $[\%i]$) 成线性关系。数学关系描述为：

$$p_i = k_{\mathrm{H},i} x_i (0 \leqslant x_i \leqslant x_i') \tag{4-17}$$

或

$$p_i = k_{\%,i} [\%i] (0 \leqslant [\%i] \leqslant [\%i]') \tag{4-18}$$

式中　$k_{\mathrm{H},i}$，$k_{\%,i}$ —— 分别为组元 i 的摩尔分数为 1 和质量分数为 1%时，服从亨利定律的蒸气压 (假想纯物质和假想 1%溶液的蒸气压)。

4.2.3　活度及活度系数的提出

图 4-1 中对于组元 i 的浓度在 $x_i' \leqslant x_i \leqslant x_i^*$ 区间，组元 i 既不服从拉乌尔定律，也不服从亨利定律。为了使用这两个定律线性关系的形式描述溶液中组元 i 的浓度与其在气相中的蒸气压的关系，对拉乌尔定律和亨利定律的浓度项进行修正。

拉乌尔定律修正为：

$$p_i = p_i^* a_{\mathrm{R},i} = p_i^* (\gamma_i x_i) \tag{4-19}$$

亨利定律修正为：

$$p_i = k_{\mathrm{H},i} a_{\mathrm{H},i} = k_{\mathrm{H},i} (f_{\mathrm{H},i} x_i) \tag{4-20}$$

$$p_i = k_{\%,i} a_{\%,i} = k_{\%,i} (f_{\%,i} x_i) \tag{4-21}$$

式中　$a_{\mathrm{R},i}$ —— 组元 i 以纯物质为标准态的活度；

$a_{\mathrm{H},i}$，$a_{\%,i}$ —— 分别为组元 i 分别以假想纯物质和假想 1%溶液为标准态的活度；

γ_i，$f_{\mathrm{H},i}$，$f_{\%,i}$ —— 分别为组元 i 以纯物质 (拉乌尔定律)、假想纯物质和假想 1%溶液 (亨利定律) 为标准态的活度系数。

4.2.4　活度标准态

关于活度的标准态，如上所示通常有三种，即纯物质、假想纯物质以及假想 1%溶液，分别对应图 4-1 中的 A、B、C 三点。需要注意的是，标准态的定义必须满足以下两点：

(1) 处于标准态的活度为 1，浓度也为 1。

(2) 标准态所处状态的浓度都是真实的；标准态选择的理论依据是拉乌尔定律或亨利定律，但该浓度在气相中的蒸气压必须是在拉乌尔定律或亨利定律的线上的值，这个值可能是真实的，也可能是虚拟的或假设的。如图 4-2 中，假想 1%溶液的标准态为 C 点而不是 D 点，原因是 D 点浓度虽然是 1%，但其蒸气压并不服从亨利定律 (没有落在亨利定律的直线上)。因此，标准态是“假想的”1%溶液。图 4-2 所示的 D 点蒸气压值已偏离亨利定律，说明组元 i 在浓度为 1%时并不服从亨利定律，其以假想 1%溶液为标准态的活度值并不为 1，活度值 a_D 是：

$$a_D = \frac{p_D}{p_C} > 1 \tag{4-22}$$

式中　p_D, p_C—— 分别为图 4-2 中 D 点和 C 点对应的纵坐标中蒸气压的值。

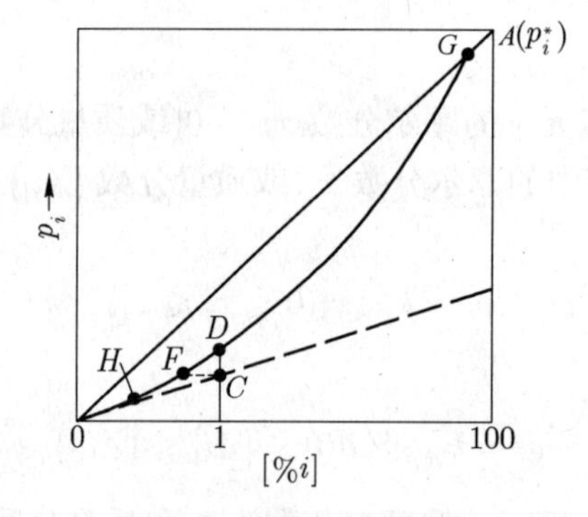

图 4-2　活度标准态关系

4.2.5　活度之间的转换

对于同一组元，其在溶液中的活度值据所选取标准态的不同而不同，但不同标准态下的活度可相互转换，有以下关系成立：

$$\frac{a_{\mathrm{R},i}}{a_{\mathrm{H},i}} = \gamma_i^{\ominus}，\ \frac{a_{\mathrm{R},i}}{a_{\%,i}} = x_i^{\ominus}\gamma_i^{\ominus}，\ \frac{a_{\mathrm{H},i}}{a_{\%,i}} = x_i^{\ominus}$$

其中，$\gamma_i^{\ominus}$ 的物理意义为稀溶液中溶质以纯物质为标准态时的活度系数，即：

$$\lim_{\mathrm{i}\to 0} \gamma_{\mathrm{i}} = \gamma_i^{\ominus} \tag{4-23}$$

$x_i^{\ominus}$ 指的是当组元 i 的质量分数为 1%时转化为摩尔分数的浓度值。

冶金工程中，铁液、钢液等金属液中组元 i 的活度通常取 1%溶液为标准态，炉渣组元的活度通常取纯物质为标准态。

4.3 铁液/钢液中组元活度计算

通常利用 Wagner 模型计算铁液/钢液中组元的活度。

4.3.1 Wagner 模型

Wagner 模型的基本原理如下。

在等温、等压下，对 Fe-i-j-$\cdots$ 体系，认为多元系组元 i 的活度系数 f_i 取对数后是各组元的浓度 $[\%i]$, $[\%j]$, $\cdots$ 的函数，将其在浓度为零附近展开为：

$$\lg f_i = \lg f_i^{\ominus} + \frac{\partial \lg f_i}{\partial[\%i]}[\%i] + \frac{\partial \lg f_i}{\partial[\%j]}[\%j] + \cdots + \frac{\partial \lg f_i}{\partial[\%n]}[\%n] \tag{4-24}$$

当 $[\%i] \to 0$ 时，$f_i^{\ominus} = 1$，$\lg f_i^{\ominus} = 0$，故式 (4-24) 中第一项可去掉。

令：

$$\left(\frac{\partial \lg f_i}{\partial[\%i]}\right)_{[\%i]\to 0} = e_i^i,\ \left(\frac{\partial \lg f_i}{\partial[\%j]}\right)_{[\%i]\to 0,[\%j]\to 0} = e_i^j, \cdots \tag{4-25}$$

式中 $e_i^i, e_i^j, \cdots$—— 分别称为组元 $i, j, \cdots$ 对 i 的活度相互作用系数。因此，得到：

$$\lg f_i = \sum_{j=2}^{n} e_i^j [\%j] \tag{4-26}$$

一般认为：

$$f_i = f_i^i f_i^j f_i^k f_i^m \cdots$$

$$\lg f_i^j = e_i^j [\%j]$$

需要指出的是，定义规定 $[\%j] \to 0$。因为只有 $[\%j] \to 0$ 时，$\lg f_i^j$ 与 $[\%j]$ 才成直线关系。而当 $[\%j]$ 较大时，$\lg f_i^j$ 与 $[\%j]$ 变成曲线关系，此时只用 e_i^j 还不能反映出组元 j 对 f_i 的影响，故又有二级活度相互作用系数及二级交叉活度相互作用系数概念：

$$\lg f_i = \sum_{j=2}^{m} e_i^j [\%j] + \sum_{j=2}^{m} \frac{1}{2}\frac{\partial^2 \lg f_i}{\partial[\%j]^2}[\%j]^2 + \sum_{j,k=2,j<k}^{m} \frac{\partial^2 \lg f_i}{\partial[\%j]\partial[\%k]}[\%j][\%k] + \cdots \tag{4-27}$$

其中，令：$\rho_i^j = \dfrac{1}{2}\dfrac{\partial^2 \lg f_i}{\partial[\%j]^2}$，$\rho_i^j$ 称为二级活度相互作用系数。

令：$\rho_i^{j,k} = \dfrac{\partial^2 \lg f_i}{\partial[\%j]\partial[\%k]}$，$\rho_i^{j,k}$ 称为二级交叉活度相互作用系数。

若组元 i 的活度采用纯物质标准态时，活度系数应写为：

$$\ln \gamma_i = \ln \gamma_i^i + \ln \gamma_i^j + \ln \gamma_i^k + \ln \gamma_i^m + \cdots \tag{4-28}$$

将式 (4-28) 展成级数：

$$\lg \gamma_i = \lg \gamma_i^{\ominus} + \sum_{j=2}^{m} \frac{\partial \lg \gamma_i}{\partial x_j} x_j + \sum_{j=2}^{m} \frac{1}{2}\frac{\partial^2 \lg \gamma_i}{\partial x_j^2} x_j^2 + \sum_{\substack{j,k=2\\ j<k}}^{m} \frac{\partial^2 \lg \gamma_i}{\partial x_j \partial x_k} x_j x_k + \cdots \tag{4-29}$$

当 $x_i \to 0$ 时，$\gamma_i \to \gamma_i^{\ominus}$，而 $\gamma_i^{\ominus}$ 为一个不为零的常数，故式 (4-29) 中第一项 $\ln\gamma_i^{\ominus}$ 应保留。

根据式 (4-27) 及式 (4-29) 得出如下定义：

当组元 i 活度以纯物质为标准态时，活度相互作用系数 $\varepsilon_i^j = \dfrac{\partial \lg \gamma_i}{\partial x_j}$；二级活度相互作用系数 $\gamma_i^j = \dfrac{1}{2}\dfrac{\partial^2 \lg \gamma_i}{\partial x_j^2}$；二级交叉活度相互作用系数 $\gamma_i^{j,k} = \dfrac{\partial^2 \lg \gamma_i}{\partial x[j]\partial x[k]}$。

因此，多元系中组元 i 的活度系数可表示为：

$$\lg f_i = e_i^i[\%i] + e_i^j[\%j] + e_i^k[\%k] + \cdots + \rho_i^i[\%i]^2 + \rho_i^j[\%j]^2 + \rho_i^k[\%k]^2 + \cdots + \rho_i^{j,k}[\%j][\%k] + \cdots \quad (4\text{-}30)$$

$$\lg \gamma_i = \lg \gamma_i^{\ominus} + \varepsilon_i^i x_i + \varepsilon_i^j x_j + \varepsilon_i^k x_k + \cdots + \gamma_i^i x_i^2 + \gamma_i^j x_j^2 + \gamma_i^k x_k^2 + \cdots + \gamma_i^{j,k} x_j x_k + \cdots \quad (4\text{-}31)$$

通常，活度相互作用系数 e_i^j 反映了组元 j 与 i 之间的作用力性质，当组元 j 与 i 之间的亲和力比较强时，j 的加入加强了对组元 i 的吸引作用，或者说加强了对组元 i 的牵制作用，使 i 组元活动能力下降，也就是说降低了组元 i 的活度系数，此时 e_i^j 为负值。组元 j 与 i 的亲和力越大，e_i^j 越负。相反，若 e_i^j 为正值，说明组元 j 与 i 之间具有一定的排斥力，j 的加入提高了组元 i 的活动能力，使其活度提高。图 4-3 所示为铁液中第三组元 M 对硫的活度系数的影响，C、Si 等元素的存在明显提高硫的活度系数，e_S^C、e_S^{Si} 均为正值，这也是为什么同等条件下铁液比钢液更容易脱硫的主要原因。而锰等元素由于和硫具有较强的结合力而降低硫的活度，e_S^{Mn} 呈现为负值。

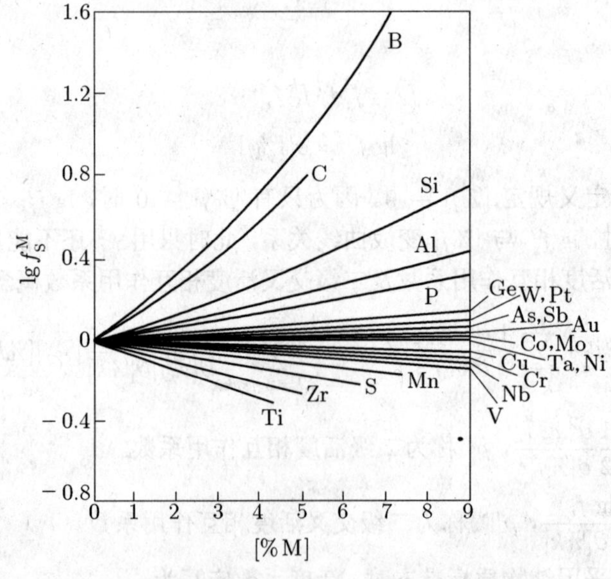

图 4-3 铁液中第三组元 M 对硫的活度系数影响

活度相互作用系数之间可以相互转换，有下列关系成立：

$$e_j^i = \frac{1}{230}\left[(230e_i^j - 1)\frac{A_{r_i}}{A_{r_j}} + 1\right] \quad (4\text{-}32)$$

式中 A_{r_i}，A_{r_j}—— 分别为元素 i、j 的相对原子质量 (原子摩尔质量)。

当 A_{r_i} 与 A_{r_j} 相差不大时，式 (4-32) 变为：

$$e_j^i \approx \frac{A_{r_i}}{A_{r_j}} e_i^j \tag{4-33}$$

4.3.2 Wagner 模型使用的局限

Wagner 模型形式简单、整齐，各项系数的物理意义也比较容易理解，针对该模型中出现的各级相互作用系数，多年来国内外冶金工作者也做了大量的实验研究或测试工作。大量结果表明，对于许多体系，一级相互作用系数如 e_i^i、e_i^j 的预测值与实验值非常一致，但由于实验精度限制，二级相互作用参数的预测可靠性难以评价。多年来，Wagner 模型在碳钢和低合金钢领域是公认的活度计算方法。

但是，由于 Wagner 模型主要适用于无限稀溶液，溶质浓度越低，计算越准确，当溶质浓度达到一定数值时，利用该模型估算的活度值与实验数据相差较大。因此，在实际应用中会遇到一定问题。尤其是对于冶金生产中的一些高合金熔体，如铁合金熔体、高合金浓度的钢液等应用 Wagner 模型误差较大。

4.3.3 UIP 模型的提出

为了满足在有限稀条件下、使用以上相互作用系数展开式在热力学上的一致性，Pelton 和 Bale 于 20 世纪 90 年代初提出了在二元、三元和多元体系在有限浓度时满足热力学一致性的修正式 ——“统一相互作用参数式”(unified interaction parameter model，简称 UIP 模型)，并指出与 Wagner 模型相比，该展开式中的余项就是无限稀释条件下基体熔剂 (组元) 本身的活度系数 $\ln\gamma_1$。该模型的特点是热力学上在全浓度范围内有效，且满足 Gibbs–Duhem 关系。

利用 UIP 模型，溶液中组元 i 的活度系数表达式为：

$$\ln\gamma_i = \ln\gamma_1 + \ln\gamma_i^{\ominus} + \sum_{j=1}^{n}\varepsilon_{ij}x_j + \sum_{j,k=1}^{n}\varepsilon_{ijk}x_jx_k + \sum_{i,k,l=1}^{n}\varepsilon_{ijkl}x_jx_kx_l + \cdots \tag{4-34}$$

式 (4-34) 中 γ_1 为溶剂的活度系数，表达式为：

$$\ln\gamma_1 = -\frac{1}{2}\sum_{j,k=1}^{n}\varepsilon_{ijk}x_jx_k - \frac{2}{3}\sum_{j,k,l=1}^{n}\varepsilon_{ijkl}x_jx_kx_l - \frac{3}{4}\sum_{j,k,l,m=1}^{n}\varepsilon_{ijklm}x_jx_kx_lx_m - \cdots \tag{4-35}$$

式中 $\varepsilon_{ij}, \varepsilon_{ijk}, \varepsilon_{ijkl}, \cdots$—— 各级活度相互作用系数。

UIP 模型保留了 Wagner 模型活度相互作用系数的形式，但适用范围明显更广。近年来，不少冶金学者开始尝试利用该模型处理冶金过程中溶质浓度较高的溶液。下文应用实例中详细列举了 LEE 等人利用 UIP 模型处理 Mn-Fe-C 熔体中氮的溶解度信息，结果显示利用该模型预测的组元活度与可收集到的实验数据吻合较好。

4.4 炉渣组元活度计算

关于炉渣组元的活度计算，比较容易理解、过程也较为简单的两种计算模型分别为炉渣分子结构理论模型和完全离子理论模型。

4.4.1　分子理论模型

分子理论模型基本假设如下：

(1) 熔渣是由各种电中性的简单氧化物分子 FeO、CaO、MgO、Al_2O_3、SiO_2、P_2O_5 及它们之间形成的复杂氧化物分子 $CaO·SiO_2$、$2CaO·SiO_2$、$2FeO·SiO_2$、$4CaO·P_2O_5$ 等组成的理想溶液。

(2) 简单氧化物分子与复杂氧化物分子之间存在着化学平衡，平衡时的简单氧化物的摩尔分数称为该氧化物的活度。以简单氧化物存在的氧化物称为自由氧化物，以复杂氧化物存在的氧化物称为结合氧化物。

如：

$$(2CaO \cdot SiO_2) = 2(CaO) + (SiO_2)$$

$$K_D = \frac{x_{CaO}^2 x_{SiO_2}}{x_{2CaO \cdot SiO_2}}$$

由 K_D 计算的 x_{CaO} 及 x_{SiO_2} 分别称为 CaO、SiO_2 的活度。

(3) 炉渣中只有自由氧化物才能参与金属液间的反应。已经结合为复杂化合物的氧化物不再参与反应。

一般情况下，为了简单方便，通常认为酸性氧化物 SiO_2、P_2O_5、$\cdots$ 与 CaO、MgO、$\cdots$ 等碱性氧化物的结合是完全的。

例如，FeO 活度的计算：认为熔渣中含有简单氧化物 FeO；碱性氧化物 RO(CaO、MgO、MnO)；复杂氧化物 $2RO·SiO_2$、$4RO·P_2O_5$。

FeO 的活度可表示为：

$$a_{FeO} = x_{FeO} = \frac{n_{FeO}}{\sum n_i} = \frac{n_{FeO}}{n_{FeO} + n_{RO(自)} + n_{结合氧化物}} \tag{4-36}$$

式中　x_{FeO} ——FeO 分子的摩尔分数；

n_{FeO} ——FeO 分子的物质的量；

$n_{RO(自)}$ ——自由碱性氧化物分子的物质的量，指的是 CaO 等碱性氧化物分子去掉被 SiO_2、P_2O_5 等酸性氧化物结合形成结合氧化物之后的物质的量；

$n_{结合氧化物}$ ——形成结合氧化物分子的物质的量。

4.4.2　完全离子理论模型

完全离子理论模型基本假设如下：

(1) 熔渣完全由离子构成，且正、负离子电荷总数相等，熔渣总体不带电。

(2) 离子周围均与异号离子相邻，等电荷的同号离子与周围异号离子的作用等价，因此它们在熔渣中的分布完全是统计无序状态。

(3) 完全离子溶液形成时其混合焓为零。阳离子与阳离子、阴离子与阴离子分别形成理想溶液。

(4) 碱性氧化物以简单阳离子存在，酸性氧化物以复杂阴离子存在。

可认为熔渣中氧化物的电离情况如下：

$$CaO = Ca^{2+} + O^{2-}$$

$$MnO = Mn^{2+} + O^{2-}$$

$$FeO = Fe^{2+} + O^{2-}$$

$$MgO = Mg^{2+} + O^{2-}$$

$$SiO_2 + 2O^{2-} = SiO_4^{4-}$$

$$Al_2O_3 + O^{2-} = 2AlO_2^-$$

$$P_2O_5 + 3O^{2-} = 2PO_4^{3-}$$

$$CaS = Ca^{2+} + S^{2-}$$

$$CaF_2 = Ca^{2+} + 2F^-$$

$$FeO \cdot Fe_2O_3 = Fe^{2+} + 2FeO_2^-$$

因此，认为组成熔渣的离子结构有两类:

(1) 阴离子，包括简单阴离子 O^{2-}、S^{2-}、F^- 以及复合阴离子 SiO_4^{4-}、AlO_2^-、$2PO_4^{3-}$、$2FeO_2^-$；

(2) 阳离子，如 Ca^{2+}、Mn^{2+}、Fe^{2+}、Mg^{2+}。

某种氧化物的活度 a_{MO} 按式 (4-37) 计算:

$$a_{MO} = x_{M^{2+}} x_{O^{2-}} = \frac{n_{M^{2+}}}{\sum n_{i^+}} \frac{n_{O^{2-}}}{\sum n_{j^-}} \tag{4-37}$$

式中 $x_{M^{2+}}, x_{O^{2-}}$ —— 分别为 M^{2+} 在正离子溶液中的摩尔分数和 O^{2-} 在负离子溶液中的摩尔分数;

$n_{M^{2+}}, n_{O^{2-}}$ —— 分别为 M^{2+}、O^{2-} 在炉渣中的物质的量;

$\sum n_{i^+}, \sum n_{j^-}$ —— 分别为所有阳离子和阴离子在炉渣中的物质的量。

熔渣中 SiO_2 含量较高 ($SiO_2 > 11\%$)，以上完全离子模型不再适用，必须加以修正。原因是 SiO_2 含量较高，渣中复合阴离子不仅有 SiO_4^{4-}，还有更高聚合度的 SiO_7^{6-}，但其量难以确定。通常引入萨马林 (CaMaPuH) 提出的修正式:

$$\lg \gamma_{Fe^{2+}} \gamma_{O^{2-}} = 1.53 \sum x_{SiO_4^{4-}} - 0.17 \tag{4-38}$$

$$\lg \gamma_{Fe^{2+}} \gamma_{S^{2-}} = 1.53 \sum x_{SiO_4^{4-}} - 0.17 \tag{4-39}$$

式中 $\sum x_{SiO_4^{4-}}$ —— 所有复合阴离子摩尔分数之和。

4.5 渣容量计算

炉渣在冶金生产过程中具有重要的作用，其中之一是吸收有害杂质及夹杂物等危害产品质量的物质。通常定义炉渣对有害气体杂质的吸收能力为渣容量。例如，S_2、P_2、N_2、H_2 及 H_2O 气等均能在渣中溶解，并保留在渣中。渣容量定义是建立在渣气平衡的热力学基础上的，最早由芬恰姆 (C.J.B.Fincham) 和瑞恰森 (F.D.Richardson) 分析渣气两相的硫分配比而建立的。目前关于渣容量的定义已拓展到用来表征渣吸收某种物质 (不一定是有害物质) 的能力，例如日本的 Morita 等将渣吸收氯元素的能力定义为渣的“氯容量”；本书作者在研究转炉提钒过程热力学时，为了考察不同渣系提钒能力的大小，定义了渣的“钒容量”，并比较各元素对渣钒容量的影响趋势。

4.5.1　渣的硫容量

气相中氧分压低于 0.1Pa 时，硫以硫化物形式存在于渣中。相应的化学反应为：

$$1/2S_{2(g)} + (O^{2-}) \Longrightarrow (S^{2-}) + 1/2O_{2(g)} \tag{4-40}$$

反应式 (4-40) 的平衡常数为：

$$K^{\ominus} = \frac{a_{S^{2-}}}{a_{O^{2-}}}\left(\frac{p_{O_2}/p^{\ominus}}{p_{S_2}/p^{\ominus}}\right)^{1/2} = \frac{\gamma_{S^{2-}}x_{S^{2-}}}{a_{O^{2-}}}\left(\frac{p_{O_2}/p^{\ominus}}{p_{S_2}/p^{\ominus}}\right)^{1/2}$$

若 $\sum n$ 为渣中所有组元的物质的量，则有：

$$K^{\ominus} = \frac{\gamma_{S^{2-}}\dfrac{(\%S)}{32\sum n}}{a_{O^{2-}}}\left(\frac{p_{O_2}}{p_{S_2}}\right)^{1/2}$$

所以：

$$K^{\ominus} = \left[(\%S)\left(\frac{p_{O_2}}{p_{S_2}}\right)^{1/2}\right]\frac{\gamma_{S^{2-}}}{32\sum n a_{O^{2-}}} \tag{4-41}$$

将式 (4-41) 右边括号内第一项定义为炉渣的硫容量，并用符合 C_S 表示，即：

$$C_S = (\%S)\left(\frac{p_{O_2}}{p_{S_2}}\right)^{1/2} \tag{4-42}$$

同时，对比式 (4-41) 与式 (4-42) 可得：

$$C_S = K^{\ominus} \times 32\sum n\frac{a_{O^{2-}}}{\gamma_{S^{2-}}}$$

硫容量 C_S 是渣中硫的质量分数与脱硫反应中氧分压和硫分压平衡的关系式，它能表示出熔渣容纳或吸收硫化物的能力。从上述诸式可以看出，在一定温度条件下，硫化物容量随渣中氧离子活度 $a_{O^{2-}}$，即碱度的增加及渣中硫离子活度系数 $\gamma_{S^{2-}}$ 的减小而增大。说明硫化物容量与炉渣组成，特别是炉渣碱度有很大关系。

当体系的氧分压大于 0.1Pa 时，渣中硫以硫酸盐形式存在，其反应式为：

$$1/2S_{2(g)} + 3/2O_{2(g)} + (O^{2-}) \Longrightarrow (SO_4^{2-}) \tag{4-43}$$

此时，硫酸盐容量定义为：

$$C_S = \frac{(\%S)}{\left(\dfrac{p_{O_2}}{p^{\ominus}}\right)^{3/2}\left(\dfrac{p_{S_2}}{p^{\ominus}}\right)^{1/2}} \tag{4-44}$$

关于渣的硫容量，国内外冶金工作者对大多数常见渣系如 $CaO\text{-}SiO_2\text{-}Al_2O_3$，以及含 BaO、$Na_2O$ 等渣系的硫容量都做了大量研究工作，获得了较为可靠的热力学数据，读者可从文献及相关书籍中查阅。

4.5.2 渣的磷酸盐容量

在炼钢的优化过程中，渣中的磷一般是以 PO_4^{3-} 形式存在。磷在氧化渣中的溶解度可用磷酸盐容量来表示。气态磷在碱性氧化渣中的溶解反应为：

$$1/2P_{2(g)} + 5/4O_{2(g)} + 3/2(O^{2-}) = (PO_4^{3-}) \tag{4-45}$$

反应式 (4-45) 的平衡常数可写为：

$$K_p^{\ominus} = \frac{a_{PO_4^{3-}}}{\left(\frac{p_{P_2}}{p^{\ominus}}\right)^{1/2}\left(\frac{p_{O_2}}{p^{\ominus}}\right)^{5/4} a_{O^{2-}}^{3/2}} = \left[(\%PO_4^{3-})\frac{1}{\left(\frac{p_{P_2}}{p^{\ominus}}\right)^{1/2}\left(\frac{p_{O_2}}{p^{\ominus}}\right)^{5/4}}\right]\frac{\gamma_{PO_4^{3-}}}{a_{O^{2-}}^{3/2} M_{PO_4^{3-}} \sum n} \tag{4-46}$$

令式 (4-46) 右边括号第一项为炉渣的磷酸盐容量，记为 $C_{PO_4^{3-}}$，则有：

$$C_{PO_4^{3-}} = \frac{(\%PO_4^{3-})}{\left(\frac{p_{O_2}}{p^{\ominus}}\right)^{5/4}\left(\frac{p_{P_2}}{p^{\ominus}}\right)^{1/2}}$$

且有：

$$C_{PO_4^{3-}} = K_P^{\ominus}\frac{a_{O^{2-}}^{3/2} M_{PO_4^{3-}} \sum n}{\gamma_{PO_4^{3-}}} \tag{4-47}$$

可以看出，$C_{PO_4^{3-}}$ 与温度及 $a_{O^{2-}}$，即碱度有关，提高碱度及降低 $\gamma_{PO_4^{3-}}$ 都可以使 $C_{PO_4^{3-}}$ 增大，提高渣的脱磷能力。

与硫容量类似，前人关于常见渣系的磷酸盐容量也做了大量研究工作，读者可从文献及相关书籍中查阅。

4.5.3 渣的氯容量

为了提高社会废弃物的消纳能力，同时降低燃料比，有学者提出向高炉内喷吹塑料等含氯废弃物质。但鉴于二噁英的产生及含氯废气对炉衬的侵蚀，高氯含量的塑料废弃物无法使用。为了评估渣对氯及含氯物质的容纳或吸收能力，日本的 Morita 等学者提出渣的氯容量的概念，并利用渣气平衡法获得了几种常见渣系的氯容量。渣的氯容量越高，说明其吸收氯的能力越强，由氯的挥发造成的对炉衬及环境的危害也就越小。

Cl_2 与渣相的反应如下式所示：

$$\frac{1}{2}Cl_{2(g)} + \frac{1}{2}O^{2-}_{(slag)} = Cl^-_{(slag)} + \frac{1}{4}O_{2(g)}$$

渣的氯容量定义为：

$$C_{Cl^-} \equiv \frac{(\%Cl^-)P_{O_2}^{1/4}}{P_{Cl_2}^{1/2}} = \frac{K_5 a_{O^{2-}}^{1/2}}{f_{Cl^-}}$$

K_5 为上述反应的平衡常数。

Morita 等利用渣气平衡法获得的 1748K 时 CaO-SiO_2-Al_2O_3 渣系及 1673K 时 Na_2O-SiO_2-Al_2O_3 渣系的氯容量分别如图 4-4 和图 4-5 所示。结果表明，渣的氯容量随渣碱度增加而增加，与硫容量相比其受渣成分的影响较小。

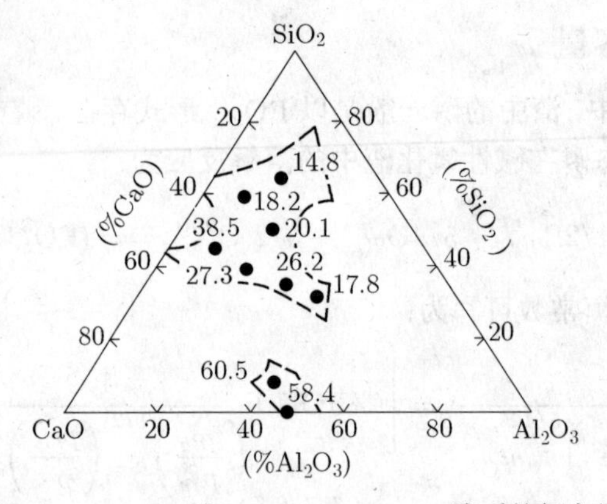

图 4-4 1748K 时 CaO-SiO_2-Al_2O_3 渣系的氯容量

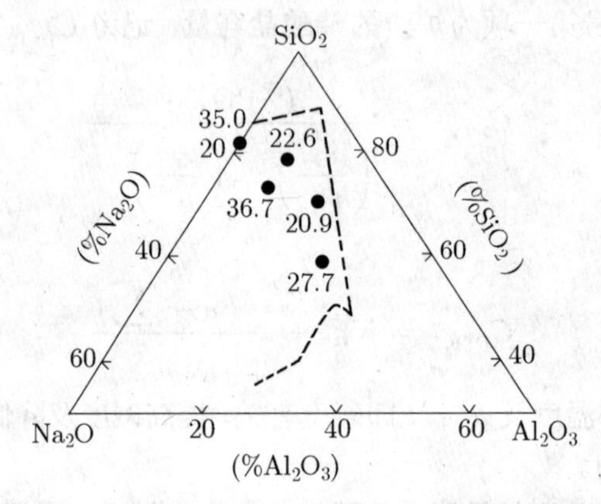

图 4-5 1673K 时 Na_2O-SiO_2-Al_2O_3 渣系的氯容量

4.5.4 渣的钒容量

半钢冶炼是目前处理钒钛磁铁矿的主要工艺流程之一，它的特点是以选择性氧化原理为基础，在转炉吹氧过程中使铁水中的钒氧化进入钒渣，碳则保留在半钢中，以获得优质的钒渣和半钢。影响钒提取效率的因素主要有温度、铁水成分、炉渣成分等。为了评估渣对钒元素的吸收能力，有效提高钒的提取率，进而为转炉提钒过程中的终点渣成分控制提供指导，作者提出渣的钒容量的概念，并利用渣铁平衡法获得了 FeO-MnO-SiO_2 渣系的钒容量。

钒在渣铁两相间的平衡，可用式 (4-48) 所示的离子方程来表示弱碱性或偏酸性渣中钒的存在形式主要是 VO_3^{3-}。转炉提钒过程中为了后续从钒渣中提取钒的需要，终点渣 (钒渣) 中必须尽量降低CaO等强碱性物质的含量。因此，认为钒在转炉终点渣中的存在形式为VO_3^{3-}：

$$[V]+\frac{3}{2}[O]+\frac{3}{2}(O^{2-}) = (VO_3^{3-}) \tag{4-48}$$

反应式 (4-48) 的平衡常数为：

$$K_p^{\ominus}=\frac{a_{(VO_3^{3-})}}{a_{[V]}a_{[O]}^{3/2}a_{(O^{2-})}^{3/2}}=\frac{\gamma_{(VO_3^{3-})}x_{(VO_3^{3-})}}{a_{[V]}a_{[O]}^{3/2}a_{(O^{2-})}^{3/2}}$$

$$=\frac{\gamma_{(VO_3^{3-})}\dfrac{(\%VO_3^{3-})}{M_{(VO_3^{3-})}\sum n}}{a_{[V]}a_{[O]}^{3/2}a_{(O^{2-})}^{3/2}}=(\%VO_3^{3-})\frac{1}{a_{[V]}a_{[O]}^{3/2}}\frac{\gamma_{(VO_3^{3-})}}{a_{(O^{2-})}^{3/2}M_{(VO_3^{3-})}\sum n} \tag{4-49}$$

令式 (4-49) 中等号右边第一项及第二项为渣的钒酸盐容量 $C_{VO_3^{3-}}$，即：

$$C_{VO_3^{3-}}=\frac{(\%VO_3^{3-})}{a_{[O]}^{3/2}a_{[V]}} \tag{4-50}$$

所以：

$$\begin{aligned}\lg C_{VO_3^{3-}}&=\lg(\%VO_3^{3-})-1.5\lg a_{[O]}-\lg a_{[V]}\\&=\lg(\%VO_3^{3-})-1.5\lg a_{[O]}-\lg f_{[V]}-\lg[\%V]\\&=\lg L_V-1.5\lg a_{[O]}-\lg f_{[V]}-\lg\frac{M_V}{M_{VO_3^{3-}}}\end{aligned} \tag{4-51}$$

式中 $L_V=\dfrac{(\%V)}{[\%V]}$ —— 钒在渣与半钢间的分配比，可由实验数据获得；

$a_{[O]}$ —— 半钢氧活度；

$f_{[V]}$ —— 钒在半钢中的活度系数，可借助于 Wagner 模型计算得到；

M_V，$M_{VO_3^{3-}}$ —— 分别为元素钒及 VO_3^{3-} 的摩尔质量，kg/mol。

作者初步利用渣钢平衡法获得 1380°C 条件下 FeO-MnO-SiO₂ 渣系的钒容量，如图 4-6 所示，图中圆圈内为钒容量最大的渣成分范围。

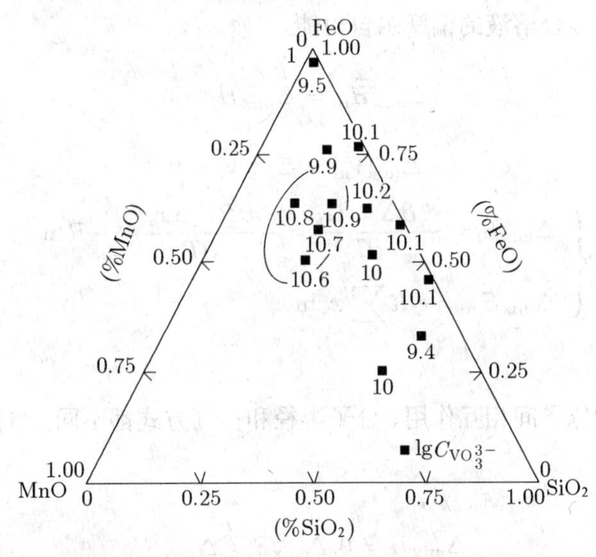

图 4-6 1380°C 条件下 FeO-MnO-SiO₂ 渣系的钒容量

4.6 几种典型溶液的热力学特征

冶金生产过程中，除了铁液/钢液、炉渣等溶液外，还存在着熔盐、熔锍等其他溶液。为了了解这些溶液的热力学行为，首先必须了解几种典型溶液的基本热力学特征，在此基础上可获得相关溶液中包括组元活度在内的重要热力学参数。需要指出的是，在本部分内容中热力学参数的符号下标标有“mix”代表“混合的”意思，符号上标标有“E”代表“过剩函数”，包括这些在内的参数标注方法与其他热力学经典教材中的标注方法相同，在此不再赘述。

4.6.1 理想溶液

定义：在溶液中，各组分分子的大小及作用力彼此相似，一种组分的分子被另一种组分的分子取代时，没有能量的变化或空间结构的变化。在全部范围内满足拉乌尔定律：

$$p_i = p_i^* x_i (0 \leqslant x_i \leqslant 1) \tag{4-52}$$

微观特征：各组元分子间的相互作用力相等，因此：$\Delta_{\text{mix}} H = 0$；分子半径完全无序排列：$\Delta_{\text{mix}} S = \Delta_{\text{mix}} S_{\text{id}}$。

热力学特征：

$$a_{R,i} = \frac{p_i}{p_i^*} = \gamma_i x_i = 1 \tag{4-53}$$

混合热力学性质：

$$\Delta_{\text{mix}} G_i = G_{i,\text{m}} - G_{i,\text{m}}^{\ominus} = RT \ln x_i \tag{4-54}$$

式中 $G_{i,\text{m}}$—— 元素 i 在溶液中的偏摩尔自由能，$G_{i,\text{m}} = \left(\frac{\partial G}{\partial n_i}\right)_{T,p,n_j}$。

$$\Delta_{\text{mix}} G_{\text{m}} = G_{\text{m}} - (x_1 G_1^{\ominus} + x_2 G_2^{\ominus} + \cdots) = RT \sum x_i \ln x_i \tag{4-55}$$

式中 $\Delta_{\text{mix}} G_{\text{m}}$—— 混合溶液的偏摩尔自由能。

$$\Delta_{\text{mix}} H_{\text{m}} = \Delta_{\text{mix}} H_i = 0 \tag{4-56}$$

$$\Delta_{\text{mix}} V_{\text{m}} = \Delta_{\text{mix}} V_i = 0 \tag{4-57}$$

$$\begin{cases} \Delta_{\text{mix}} S_i = -\dfrac{\partial \Delta_{\text{mix}} G_i}{\partial T} = -\dfrac{\partial RT \ln x_i}{\partial T} = -R \ln x_i \\ \Delta_{\text{mix}} S_{\text{m}} = -R \sum x_i \ln x_i \end{cases} \tag{4-58}$$

4.6.2 实际溶液

定义：各组元的原子间相互作用、分子半径和排列方式都不同，与拉乌尔定律发生或正或负的偏差。

因此：

$$\Delta_{\text{mix}} H \neq 0, \Delta_{\text{mix}} S \neq \Delta_{\text{mix}} S_{\text{id}}$$

$$a_{R,i} = \frac{p_i}{p_i^*} = \gamma_i x_i, \gamma_i \neq 1$$

混合热力学性质：

$$\Delta_{\text{mix}} G_i = G_{i,\text{m}} - G_{i,\text{m}}^{\ominus} = RT \ln x_i + RT \ln \gamma_i = RT \ln a_i \tag{4-59}$$

过剩热力学性质 (实际混合与理想混合之间的差值)：

$$\begin{cases} \Delta_{\text{mix}} G_i^{\text{E}} = \Delta_{\text{mix}} G_i - \Delta_{\text{mix}} G_{i,\text{id}} = RT \ln \gamma_i \\ \Delta_{\text{mix}} G_m^{\text{E}} = \sum x_i \Delta_{\text{mix}} G_i^{\text{E}} = RT \sum x_i \ln \gamma_i \end{cases} \tag{4-60}$$

$$\begin{cases}\Delta_{\text{mix}}S_i^{\text{E}} = \Delta_{\text{mix}}S_i - \Delta_{\text{mix}}S_{i,\text{id}} = -R\ln\gamma_i - RT\dfrac{\partial \ln\gamma_i}{\partial T} \\ \Delta_{\text{mix}}S_m^{\text{E}} = \sum x_i\Delta_{\text{mix}}S_i^{\text{E}} = -R\sum x_i\ln\gamma_i - RT\sum x_i\dfrac{\partial\ln\gamma_i}{\partial T}\end{cases} \tag{4-61}$$

由于对理想溶液而言：

$$\Delta_{\text{mix}}V_{\text{id}} = 0, \Delta_{\text{mix}}H_{\text{id}} = 0$$

因此：

$$\Delta_{\text{mix}}V_i = \Delta_{\text{mix}}V_i^{\text{E}}, \Delta_{\text{mix}}V = \Delta_{\text{mix}}V^{\text{E}}$$

$$\Delta_{\text{mix}}H_i = \Delta_{\text{mix}}H_i^{\text{E}}, \Delta_{\text{mix}}H = \Delta_{\text{mix}}H^{\text{E}}$$

4.6.3 稀溶液

定义：在溶剂分子周围绝大部分是同类分子，分子间的作用力不会因有少量溶质分子存在而引起多大改变；溶质分子周围基本上被溶剂分子包围，并且受着溶剂分子的均匀作用；溶质分子间的作用力可以忽略不计。因此溶剂符合拉乌尔定律，而溶质符合亨利定律。

4.6.4 正规溶液

定义：在等温、等压下，混合热 $\Delta_{\text{mix}}H \neq 0$，混合熵等于理想混合熵的溶液，即：

$$\Delta_{\text{mix}}S_i = \Delta_{\text{mix}}S_{i,\text{id}} = -R\ln x_i$$

微观特征：组元之间相互作用只限制在相邻的分子间，形成完全无规则的分子偶，而相邻分子偶之间没有作用。

活度系数规律：

$$\ln\gamma_i = \alpha(1-x_i)^2 \tag{4-62}$$

式中　α—— 与组元种类和温度有关的常数，称为 α 函数，对于二元系：

$$\alpha = \frac{\left[(\Delta E_1^{\nu})^{1/2} - (\Delta E_2^{\nu})^{1/2}\right]^2}{RT} \tag{4-63}$$

$\Delta E_1^{\nu}, \Delta E_2^{\nu}$—— 分别为组元 1、2 的摩尔汽化热。

混合热力学性质：

$$\begin{cases}\Delta_{\text{mix}}S_i = -R\ln x_i \\ \Delta_{\text{mix}}S_m = -R\sum x_i\ln x_i\end{cases} \tag{4-64}$$

$$\begin{cases}\Delta_{\text{mix}}G_i = RT\ln x_i + RT\ln\gamma_i = RT\ln a_i \\ \Delta_{\text{mix}}G_m = RT\sum x_i\ln x_i + RT\sum x_i\ln\gamma_i\end{cases} \tag{4-65}$$

$$\begin{cases}\Delta_{\text{mix}}H_i = \Delta_{\text{mix}}G_i + T\Delta_{\text{mix}}S_i = RT\ln\gamma_i \\ \Delta_{\text{mix}}H_{\text{m}} = RT\sum x_i\ln\gamma_i\end{cases} \tag{4-66}$$

对于二元系：

$$\Delta_{\text{min}}H_{\text{m}} = RT\alpha(x_1x_2^2 + x_2x_1^2) = RT\alpha x_1x_2 \tag{4-67}$$

$$\Delta_{\text{min}}G_{\text{m}} = RT\alpha x_1x_2 + \text{RT}(x_1\ln x_1 + x_2\ln x_2) \tag{4-68}$$

正规溶液的其他性质：

(1) $\Delta_{\text{mix}}G_{\text{m}}^{\text{E}}$ 及 $RT\ln\gamma_i$ 不随温度变化而变化。由下列方程式可知：

$$\left(\frac{\partial\Delta_{\text{mix}}G_{\text{m}}^{\text{E}}}{\partial T}\right)_p = -\Delta_{\text{mix}}S_{\text{m}}^{\text{E}} = 0$$

说明，$\Delta_{\text{mix}}G_{\text{m}}^{\text{E}}$ 与 $RT\ln\gamma_i$ 均与温度无关，是一个常数，或者说 $\ln\gamma_i$ 与温度 T 成反比。

(2) $\Delta_{\text{mix}}H_{\text{m}}^{\text{E}}$ 与温度无关，因为：

$$\Delta_{\text{mix}}G_{\text{m}}^{\text{E}} = \Delta_{\text{mix}}H_{\text{m}}^{\text{E}} - T\Delta_{\text{mix}}S_{\text{m}}^{\text{E}} = \Delta_{\text{mix}}H_{\text{m}}^{\text{E}}$$

(3) 特别地，对于二元系，有大量实验指出，α 为一定值，即有：

$$\ln\gamma_1 = \alpha x_2^2, \ln\gamma_2 = \alpha x_1^2$$

根据正规溶液的性质，可以：

(1) 由一个组元一个温度下的活度求另外一个温度下的活度；

(2) 对于二元正规溶液可由一个组元一个浓度下的活度求另外一个浓度下的活度，且可由一个组元一个温度下的活度求另一个组元另一个温度下的活度。

4.7 应用实例

冶金过程中的化学反应错综复杂，这是因为：矿石中有用金属和杂质 (脉石等) 共同存在；矿石中有时含有多种金属元素，希望对每一种都能分别提取并加以综合利用；所使用的燃料、熔剂甚至耐火材料等都有可能会参加反应。在实际生产过程人们期望能够拥有某些有效的手段来控制所有反应的方向和限度，例如希望某些元素 (如合金元素) 尽可能多地进入或保留在铁液/钢液中，而对其他元素 (杂质元素或其他另有提取价值、不宜保留在钢产品中的元素等) 则希望尽可能多地进入炉渣或气相中。实际生产中的这些要求转化为了两个问题，即方向问题和限度的问题，这就是热力学的问题 (当然具备热力学条件之后还必须创造良好的动力学条件以提高生产效率)。因此，热力学工具的使用显得十分重要。

面对同时发生的多种化学反应，人们需要创造条件使某些反应朝有利的方向尽可能彻底地进行，这是冶金工作者利用热力学知识解决问题最多的领域，最具代表性的是选择性氧化和选择性还原问题。

4.7.1 选择性氧化和选择性还原

4.7.1.1 选择性氧化

当钢液中几种元素同时与氧相遇，有的元素希望被氧化进入炉渣或炉气，有的则希望不被氧化而保留在铁液/钢液中，这是典型的选择性氧化问题。处理这类问题时，通常分为以下几步：

(1) 写出所关注反应的耦合反应式；

(2) 得到该耦合反应式的 ΔG；

(3) 找出影响 ΔG 大小的影响因素，并分析影响趋势，确定参数使反应朝有利的方向进行。

例如钢液中 Cr 与 C 的选择性氧化。各氧化反应式如下 (假定渣中的 Cr 以 Cr_3O_4 纯固体形式存在)：

$$\frac{3}{2}[\mathrm{Cr}]+\mathrm{O_2} = \frac{1}{2}\mathrm{Cr_3O_{4(s)}} \quad \Delta G_1^{\ominus}=-746430+223.51T \quad \mathrm{J/mol}$$

$$2[\mathrm{C}]+\mathrm{O_2} = 2\mathrm{CO} \quad \Delta G_2^{\ominus}=-281170-84.18T \quad \mathrm{J/mol}$$

两者的耦合反应式见式 (4-69)：

$$\frac{3}{2}[\mathrm{Cr}]+2\mathrm{CO} = \frac{1}{2}\mathrm{Cr_3O_{4(s)}}+2[\mathrm{C}] \quad \Delta G^{\ominus}=-464816+307.40T \tag{4-69}$$

该耦合反应的 ΔG 表达式为：

$$\Delta G=\Delta G^{\ominus}+RT\ln\frac{f_{\mathrm{C}}^2[\%\mathrm{C}]^2}{f_{\mathrm{Cr}}^{3/2}[\%\mathrm{Cr}]^{3/2}(p_{\mathrm{CO}}/p^{\ominus})^2} \tag{4-70}$$

采用：

$$e_{\mathrm{C}}^{\mathrm{C}}=0.14;\ e_{\mathrm{Cr}}^{\mathrm{Cr}}=-0.0003;\ e_{\mathrm{Ni}}^{\mathrm{Ni}}=0.0009;\ e_{\mathrm{C}}^{\mathrm{Cr}}=-0.024;\ e_{\mathrm{Cr}}^{\mathrm{C}}=-0.12$$

$$e_{\mathrm{Ni}}^{\mathrm{C}}=0.042;\ e_{\mathrm{C}}^{\mathrm{Ni}}=0.012;\ e_{\mathrm{Cr}}^{\mathrm{Ni}}=0.0002;\ e_{\mathrm{Ni}}^{\mathrm{Cr}}=-0.0003$$

利用 Wagner 模型获得 C 与 Cr 的活度系数并代入式 (4-70)，可得：

$$\Delta_{\mathrm{r}}G=-464816+307.40T+19.14T$$
$$\{0.46[\%\mathrm{C}]-0.0476[\%\mathrm{Cr}]+0.0237[\%\mathrm{Ni}]+2\lg[\%\mathrm{C}]-1.5\lg[\%\mathrm{Cr}]-2\lg(p_{\mathrm{CO}}/p)\}$$

可以看出，ΔG 是温度、钢液成分及气相中 CO 分压的函数。对于含铬高的合金钢如奥氏体不锈钢的冶炼，钢液成分必须符合要求不能改变。因此，可控因素是熔池温度和气相分压，ΔG 随温度升高、气相分压降低而增大。表 4-1 所示为不同成分条件下 $\Delta G=0$ 时对应的温度 (转化温度) 和气相分压。

表 4-1 Cr 与 C 选择性氧化参数计算

实例	钢水成分			p_{CO}/Pa	$\Delta_{\mathrm{r}}G^{\ominus}/\mathrm{J\cdot mol^{-1}}$	氧化转化温度/°C
	[%Cr]	[%Ni]	[%C]			
1	12	9	0.35	101325	$-464816+255.15T$	1549
2	12	9	0.10	101325	$-464816+232.24T$	1728
3	12	9	0.05	101325	$-464816+220.29T$	1837
4	10	9	0.05	101325	$-464816+224.05T$	1802
5	18	9	0.35	101325	$-464816+244.82T$	1626
6	18	9	0.10	101325	$-464816+221.92T$	1821
7	18	9	0.05	101325	$-464816+209.79T$	1943
8	18	9	0.35	67550	$-464816+251.47T$	1575
9	18	9	0.05	50662	$-464816+221.29T$	1827
10	18	9	0.05	20265	$-464816+236.63T$	1691
11	18	9	0.05	10132	$-464816+248.04T$	1601
12	18	9	0.02	5066	$-464816+244.07T$	1631
13	18	9	1.00	101325	$-464816+267.98T$	1461
14	18	9	4.50	101325	$-464816+323.53T$	1164

注：$\Delta_{\mathrm{r}}G^{\ominus}=-464816+307.40T$。

奥氏体不锈钢冶炼过程中希望钢液中含有足够的铬，而碳含量越低越好，即实现“脱碳保铬”：碳被氧化而铬不被氧化，这需要使反应式 (4-69) 向左进行，必须要控制参数使

$\Delta G>0$。根据表 4-1 可以看出，在熔池成分为 $[\%Cr]=18$、$[\%Ni]=9$ 的条件下，若使熔池 $[\%C]$ 降低到 0.1 以下，1 个大气压条件下熔池温度必须控制在 1821°C 以上；而若是在真空条件下进行，假定气相分压为 0.1atm(10132Pa)，若使熔池 $[\%C]$ 降低到 0.1 以下，熔池温度控制在 1601°C 以上即可。

实际生产中可能会遇到另外一种情况，矿石中含有铬，进而高炉冶炼过程中得到的是含铬铁水，而所生产的钢种又不允许铬元素的存在，这种情况下要求转炉炼钢前先把铁水中的铬氧化去除，此时碰到的问题可能就是“脱铬保碳”的问题，应该创造条件使得反应式 (4-69) 向右进行，所获得的参数控制范围与上述“脱碳保铬”应该是相反的。当然，不同条件下铬在渣中可能会以不同的形式存在 (如 Cr_2O_3)，此时 Cr、C 遇氧氧化的耦合反应式形式及 ΔG 大小也就相应会发生变化，但处理思想和原理是相同的。

与此类似的还有钒的选择性氧化问题。我国钒钛磁铁矿资源丰富，高炉冶炼后绝大部分钒进入铁水，但过多的钒进入钢水会对钢产品质量产生危害，同时又造成钒资源的浪费。因此在利用含钒铁水炼钢之前，需先将铁水中的钒氧化进入炉渣 (得到高品质含钒渣用于后续钒资源的提取)，同时为了保证后续炼钢能量的需要必须要保留“足够”的碳在铁水中，该过程称为半钢冶炼。可见，半钢冶炼的核心是“脱钒保碳”。钒、碳氧化的耦合反应见式 (4-71)。实现“脱钒保碳”需要创造条件使下述反应向右进行，处理思路与铬、碳的选择性氧化相同。

$$\frac{4}{3}[V]+2CO = \frac{2}{3}(V_2O_3)+2[C] \tag{4-71}$$

$$\Delta_r G=\Delta_r G^{\ominus}+RT\ln\frac{\gamma_{V_2O_3}^{2/3}x_{V_2O_3}^{2/3}f_C^2[\%C]^2}{f_V^{4/3}[\%V]^{4/3}(p_{CO}/p^{\ominus})^2} \tag{4-72}$$

4.7.1.2 选择性还原

红土矿因以赤铁矿和褐铁矿为主而得名，包括古巴、希腊、阿尔巴尼亚等产地的红土矿都富含 Ni、Co、Cr 等重要合金元素，但无法进入高炉进行冶炼，原因是如果将红土矿放到高炉内冶炼，所有的有用元素 Ni、Co、Cr 都将进入生铁 (Ni、Co、Cr 与氧的结合力较弱，很容易被碳还原) 并且影响后面的炼钢过程的成分控制，所以必须在红土矿进入高炉以前对 Ni、Co 等进行分离。

常见处理工艺是：原矿 → 破碎筛分 → 还原焙烧 (回转窑或沸腾还原焙烧炉)→ 惰性气氛下冷却焙砂 →Ni、Co 以金属态存在。控制核心是在还原焙烧阶段实现选择性还原，使 NiO、CoO 全部或大部被还原，铁的氧化物不能或少还原为金属铁。为了提高红土矿中总含铁量，应控制还原条件使矿石中的 Fe_2O_3 还原为 FeO，但不能还原成铁，以便与已经还原的 Co、Ni 等金属分离。关键问题是选择适当的还原温度和还原气相组成。

首先确定各氧化物被 CO 还原的反应式及相应的 $\Delta G^{\ominus}$、平衡常数 $K_p^{\ominus}$，进而获得各稳定物相与气相组成的关系。

$$3Fe_2O_{3(s)}+CO_{(g)} = 2Fe_3O_{4(s)}+CO_{2(g)} \quad \Delta_r G_1^{\ominus}=-26520-57.03T\ \text{J/mol} \tag{4-73}$$

$$Fe_3O_{4(s)}+CO_{(g)} = 3FeO_{(s)}+CO_{2(g)} \quad \Delta_r G_2^{\ominus}=35120-41.55T\ \text{J/mol} \tag{4-74}$$

$$FeO_{(s)}+CO_{(g)} = Fe_{(s)}+CO_{2(g)} \quad \Delta_r G_3^{\ominus}=-17500+21.00T\ \text{J/mol} \tag{4-75}$$

$$\frac{1}{4}Fe_3O_{4(s)}+CO_{(g)} = \frac{3}{4}Fe_{(s)}+CO_{2(g)} \quad \Delta_r G_4^{\ominus}=0.17T\ \text{J/mol} \tag{4-76}$$

以反应式 (4-75) 为例，可获得平衡常数如下：

$$\lg K_3^{\ominus} = \lg \frac{p_{CO_2}/p^{\ominus}}{p_{CO}/p^{\ominus}} = \frac{914}{T} - 1.10$$

在压力不高时，用 CO 气体的体积分数 φ_{CO} 代替分压 $p_{CO}/p^{\ominus}$，则有：

$$\lg \frac{1-\varphi_{CO}}{\varphi_{CO}} = \frac{914}{T} - 1.10$$

据此可获得，不同温度条件下与 FeO、金属铁平衡的 φ_{CO} 值，同理可获得铁的各种氧化物还原平衡图 (即有名的“叉子曲线”，见图 4-7)。同样，根据 NiO、CoO、Cr_2O_3 的还原反应式 (见式 (4-77)~ 式 (4-79)) 也可获得其还原平衡图。将几种氧化物的还原平衡图放在一起，如图 4-7 所示。

$$CoO_{(s)} + CO_{(g)} \xlongequal{\quad} Co_{(s)} + CO_{2(g)} \qquad \Delta_r G^{\ominus} = -40170 - 2.09T\ \text{J/mol} \tag{4-77}$$

$$NiO_{(s)} + CO_{(g)} \xlongequal{\quad} Ni_{(s)} + CO_{2(g)} \qquad \Delta_r G^{\ominus} = -40590 - 0.42T\ \text{J/mol} \tag{4-78}$$

$$\frac{1}{3}Cr_2O_{3(s)} + CO_{(g)} \xlongequal{\quad} \frac{2}{3}Cr_{(s)} + CO_{2(g)} \qquad \Delta_r G^{\ominus} = 94350 - 1.26T\ \text{J/mol} \tag{4-79}$$

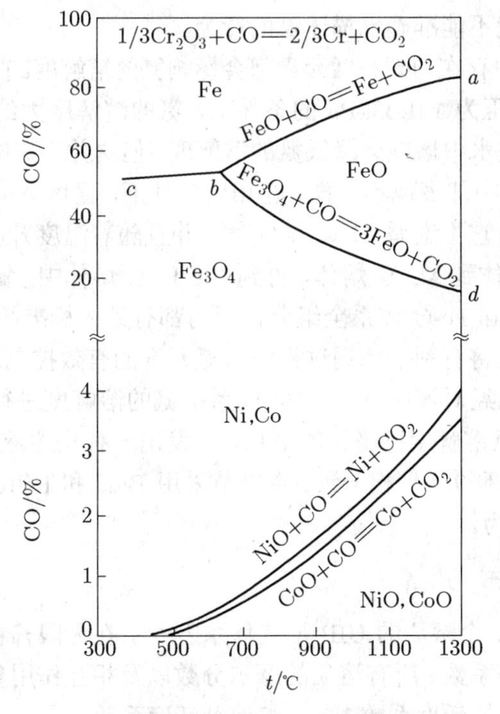

图 4-7 几种氧化物的还原平衡图

由图 4-7 可以看出，CoO 和 NiO 非常容易被还原，而 Cr_2O_3 即便是在 100%CO 气氛下也不能被还原。如果还原温度选在 $T < 570°C$(约为交点温度 841K)，那么为了避免生成金属铁，$\varphi CO_2/\varphi_{CO}$ 必须大于 1。这样低的温度不仅还原速度太慢，而且生成的 Fe_3O_4 不如 FeO 中铁含量高。假如还原温度大于 1000°C，则沸腾炉床筛板及管道钢件烧损严重，一般

温度选择在 700~800°C 范围内。为了避免生成金属铁，$\varphi_{CO_2}/\varphi_{CO}$ 不要小于 1/2，即组成线不要超过 ab 线。

关于选择性氧化和选择性还原的问题，许多冶金物理化学书籍中均有详细介绍。本节重点介绍的是求解思路和方法。在应用实例部分，重点关注的是近期公开发表的、相对较为复杂的热力学应用问题，例如关于高合金熔体如铁合金熔体 (实例一)、高合金钢水中某些组元活度系数的预测模型及其在实践中的应用 (实例二)，以及复杂体系中夹杂物的形成及形态控制 (实例三) 等。

4.7.2 应用实例一：Mn-Fe-C 熔体中氮的热力学

4.7.2.1 研究背景

氮在钢中既有有利的一面，也有有害的一面，因此在实际应用中，钢中氮含量必须保持在规定范围内。合适的氮含量是通过选择炼钢手段来获得的，其中氮在钢熔体中的溶解度是非常主要的一个基础数据。

过去，许多调查者研究了铁合金熔体中氮的溶解度，大部分人接受了 Pehlke 和 Elliott[1] 的实验结果。最近，日本学术振兴会[2] 评估了包括前述最新结果的氮溶解度信息，并提出了新的数据。两组数据彼此相似，但是其数值大小对温度的依赖程度存在细微差异。前者开发的前提是铁作为溶剂，合金元素的含量限制在铁溶液的极限区域内；然而当合金元素含量超过有效范围时，该数据就不能准确地描述氮的行为。

在大部分工程用钢中存在的碳和锰元素都会影响氮的溶解度。在铁水中，氮遵循 Sieverts 定律。在 1873K 和氮气压为 101.33kPa 的条件下，氮的溶解度大约为 0.045%。氮溶解度随温度的升高而增大。向铁水中增碳会降低氮的溶解度，但这并不影响氮元素存在使钢具有的性能。但是，氮在锰熔体中却表现不一样。在相同条件下，锰熔体中的氮溶解度要比铁熔体中的高大约两个数量级，它不遵循 Sieverts 定律，并且随着温度升高而降低。因此，随着锰含量的增加，从 Fe-C 熔体到 Mn-C 熔体，再到 Mn-Fe-C 熔体中，氮溶解度特征都会发生变化。因此，最好使用在 Mn-Fe-C 体系全组分范围内都有效的标准相互作用系数 (UIP) 模型预测氮溶解度的能力，这将有利于炼钢过程中对氮元素的有效控制。

许多研究者[3~13] 已经对液态 Mn-Fe-C 体系中氮的溶解度进行了检测。利用这些实验数据结合有关铁熔体中氮溶解度已确认的信息，开发出一种描述液态 Mn-Fe-C 体系中氮溶解度的模型。为了与先前研究[14] 相一致，本小节采用 Bale 和 Pelton 的 UIP 形式体系来评估 Mn-Fe-C 系中氮的行为。

4.7.2.2 模型建立：UIP 形式体系

对于在溶液中包含 n 个溶质的 UIP 形式体系[15,16]，在无限稀释下，定义了每一种溶质的活度系数、溶剂的活度系数、所有溶质的摩尔分数以及相互作用参数。通过保留一级和二级相互作用参数，溶质 i 的活度系数 $\ln\gamma_i^{\ominus}$ 和溶剂活度系数 $\ln\gamma_{\text{solvent}}$ 表达式如下：

$$\ln\gamma_{i(\text{solute})} = \ln\gamma_i^{\ominus} + \ln\gamma_{\text{solvent}} + \sum_{j=1}^{n}\varepsilon_{ij}x_j + \sum_{j,k=1}^{n}\varepsilon_{ijk}x_jx_k \tag{4-80}$$

$$\ln\gamma_{\text{solvent}} = -1/2\sum_{j,k=1}^{n}\varepsilon_{jk}x_jx_k - 2/3\sum_{j,k,l=1}^{n}\varepsilon_{jkl}x_jx_kx_l \tag{4-81}$$

式中 γ —— 活度系数；

$\varepsilon_{ij},\varepsilon_{jk},\varepsilon_{ijk}$ —— 各级相互作用参数；

x_l,x_j,x_k —— 各组元摩尔分数。

对于 Mn-Fe-C-N 体系，锰作为溶剂，氮作为溶质之一。锰和氮的活度系数表达式如下：

$$\begin{aligned}\ln\gamma_{\mathrm{Mn}}=&-1/2\varepsilon_{\mathrm{CC}}x_{\mathrm{C}}^2-1/2\varepsilon_{\mathrm{FeFe}}x_{\mathrm{Fe}}^2-1/2\varepsilon_{\mathrm{NN}}x_{\mathrm{N}}^2-\\&\varepsilon_{\mathrm{CFe}}x_{\mathrm{C}}x_{\mathrm{Fe}}-\varepsilon_{\mathrm{CN}}x_{\mathrm{C}}x_{\mathrm{N}}-\varepsilon_{\mathrm{FeN}}x_{\mathrm{Fe}}x_{\mathrm{N}}-\\&2/3\varepsilon_{\mathrm{CCC}}x_{\mathrm{C}}^3-2/3\varepsilon_{\mathrm{FeFeFe}}x_{\mathrm{Fe}}^3-2/3\varepsilon_{\mathrm{NNN}}x_{\mathrm{N}}^3-\\&2\varepsilon_{\mathrm{CCFe}}x_{\mathrm{C}}^2x_{\mathrm{Fe}}-2\varepsilon_{\mathrm{CCN}}x_{\mathrm{C}}^2x_{\mathrm{N}}-\\&2\varepsilon_{\mathrm{CFeFe}}x_{\mathrm{C}}x_{\mathrm{Fe}}^2-2\varepsilon_{\mathrm{CNN}}x_{\mathrm{C}}x_{\mathrm{N}}^2-\\&2\varepsilon_{\mathrm{FeFeN}}x_{\mathrm{Fe}}^2x_{\mathrm{N}}-2\varepsilon_{\mathrm{FeNN}}x_{\mathrm{Fe}}x_{\mathrm{N}}^2-\\&4\varepsilon_{\mathrm{CFeN}}x_{\mathrm{C}}x_{\mathrm{Fe}}x_{\mathrm{N}}\end{aligned}\tag{4-82}$$

$$\begin{aligned}\ln\gamma_{\mathrm{N}}=&\ln\gamma_{\mathrm{N}}^{\ominus}-1/2\varepsilon_{\mathrm{CC}}x_{\mathrm{C}}^2-2/3\varepsilon_{\mathrm{CCC}}x_{\mathrm{C}}^3-1/2\varepsilon_{\mathrm{FeFe}}x_{\mathrm{Fe}}^2-\\&2/3\varepsilon_{\mathrm{FeFeFe}}x_{\mathrm{Fe}}^3-\varepsilon_{\mathrm{CFe}}x_{\mathrm{C}}x_{\mathrm{Fe}}-2\varepsilon_{\mathrm{CCFe}}x_{\mathrm{C}}^2x_{\mathrm{Fe}}-\\&2\varepsilon_{\mathrm{CFeFe}}x_{\mathrm{C}}x_{\mathrm{Fe}}^2+\varepsilon_{\mathrm{NN}}(x_{\mathrm{N}}-1/2x_{\mathrm{N}}^2)+\varepsilon_{\mathrm{NNN}}(x_{\mathrm{N}}^2-2/3x_{\mathrm{N}}^3)+\\&\varepsilon_{\mathrm{CN}}(x_{\mathrm{C}}-x_{\mathrm{C}}x_{\mathrm{N}})+\varepsilon_{\mathrm{CCN}}(x_{\mathrm{C}}^2-2x_{\mathrm{C}}^2x_{\mathrm{N}})+\varepsilon_{\mathrm{CNN}}(2x_{\mathrm{C}}x_{\mathrm{N}}-2x_{\mathrm{C}}x_{\mathrm{N}}^2)+\\&\varepsilon_{\mathrm{FeN}}(x_{\mathrm{Fe}}-x_{\mathrm{Fe}}x_{\mathrm{N}})+\varepsilon_{\mathrm{FeFeN}}(x_{\mathrm{Fe}}^2-2x_{\mathrm{Fe}}^2x_{\mathrm{N}})+\\&\varepsilon_{\mathrm{FeNN}}(2x_{\mathrm{Fe}}x_{\mathrm{N}}-2x_{\mathrm{Fe}}x_{\mathrm{N}}^2)+\varepsilon_{\mathrm{CFeN}}(2x_{\mathrm{C}}x_{\mathrm{Fe}}-4x_{\mathrm{C}}x_{\mathrm{Fe}}x_{\mathrm{N}})\end{aligned}\tag{4-83}$$

相互作用系数可经式 (4-82)、式 (4-83) 和有效实验数据确定。如参数 $\varepsilon_{\mathrm{CC}}$、$\varepsilon_{\mathrm{CCC}}$、$\varepsilon_{\mathrm{CFe}}$、$\varepsilon_{\mathrm{CCFe}}$、$\varepsilon_{\mathrm{CFeFe}}$、$\varepsilon_{\mathrm{FeFe}}$ 和 $\varepsilon_{\mathrm{FeFeFe}}$ 的数值由对 Mn-Fe-C 体系的热力学特性的评估来确定，结果见表 4-2。其他的相互作用参数在本研究中确定。但是，之前所确定的参数有可能超出了它们的有效温度范围，从而需要修正。

表 4-2 液态 Mn-Fe-C 体系中溶解氮的相互作用系数

参 数	$\Delta G^{\ominus}$	温度/K	参考文献
$1/2\mathrm{N}_2 == [\mathrm{N}](x,\mathrm{liq},\mathrm{Mn})$	$-47970+46.83T$	1544～1841	本例
$\ln\gamma_{\mathrm{N}}^{\ominus}(\mathrm{Mn})$	0		本例
$\varepsilon_{\mathrm{CC}}$	$9.24-16060/T$	1628～1919	文献 [14]
$\varepsilon_{\mathrm{CCC}}$	$-51.8+157800/T$	1628～1919	文献 [14]
$\varepsilon_{\mathrm{CFe}}$	$7.52-7250/T$	1563～2173	文献 [14]
$\varepsilon_{\mathrm{CCFe}}$	$-8.39+16190/T$	1563～2173	文献 [14]
$\varepsilon_{\mathrm{CFeFe}}$	$-9.93+12790/T$	1563～2173	文献 [14]
$\varepsilon_{\mathrm{FeFe}}$	0		文献 [14]
$\varepsilon_{\mathrm{FeFeFe}}$	0		文献 [14]
$\varepsilon_{\mathrm{NN}}$	$16.2-19020/T$	1544～1841	本例
$\varepsilon_{\mathrm{NNN}}$	0		本例
$\varepsilon_{\mathrm{CN}}$	$27.61-45200/T$	1623～1823	本例
$\varepsilon_{\mathrm{CCN}}$	$-53.41+172000/T$	1623～1823	本例
$\varepsilon_{\mathrm{CNN}}$	0		本例
$\varepsilon_{\mathrm{FeN}}$	$15.53-21300/T$	1623～2050	本例
$\varepsilon_{\mathrm{FeN}}$	$15.53-21300/T$	1623～2050	本例
$\varepsilon_{\mathrm{FeFeN}}$	$-15.48+28300/T$	1623～2050	本例
$\varepsilon_{\mathrm{FeNN}}$	0		本例
$\varepsilon_{\mathrm{CFeN}}$	$-32.9+638000/T$	1673～2030	本例

4.7.2.3 研究结果

A 氮在液态锰中的溶解度

氮在锰熔体中的溶解度按反应式 (4-84) 描述：

$$1/2\mathrm{N}_{2(\mathrm{g})} = [\mathrm{N}](x, \mathrm{liq}, \mathrm{Mn}) \tag{4-84}$$

$$K = a_{\mathrm{N}}/P_{\mathrm{N}_2}^{1/2} = x_{\mathrm{N}}\gamma_{\mathrm{N}}/p_{\mathrm{N}_2}^{1/2} \tag{4-85}$$

式中 $a_{\mathrm{N}}, \gamma_{\mathrm{N}}, x_{\mathrm{N}}, K$—— 分别代表氮的活度、活度系数、摩尔分数和平衡常数。

由 UIP 形式体系的式 (4-83) 可知锰熔体中氮的活度系数为：

$$\ln \gamma_{\mathrm{N}} = \ln \gamma_{\mathrm{N}}^{\ominus} + \varepsilon_{\mathrm{NN}}(x_{\mathrm{N}} - 1/2x_{\mathrm{N}}^2) + \varepsilon_{\mathrm{NNN}}(x_{\mathrm{N}}^2 - 2/3x_{\mathrm{N}}^3) \tag{4-86}$$

选择液态锰和无限稀溶液分别作为 Mn 和 N 的标准态，则式 (4-86) 中 $\ln \gamma_{\mathrm{N}}^{\ominus}$ 为零。将式 (4-86) 代入式 (4-85) 并移项，根据平衡常数和相关系数定义 $\ln(p_{\mathrm{N}_2}^{1/2}/x_{\mathrm{N}})$：

$$\ln(p_{\mathrm{N}_2}^{1/2}/x_{\mathrm{N}}) = -\ln K + \varepsilon_{\mathrm{NN}}(x_{\mathrm{N}} - 1/2x_{\mathrm{N}}^2) + \varepsilon_{\mathrm{NNN}}(x_{\mathrm{N}}^2 - 2/3x_{\mathrm{N}}^3) \tag{4-87}$$

$$\ln K = a + \frac{b}{T};\ \varepsilon_{\mathrm{NN}} = c + \frac{d}{T};\ \varepsilon_{\mathrm{NNN}} = e + \frac{f}{T}$$

式中 a，b，c，d，e，f—— 常数。

Beer[3]、Gokeen[4]、Baratashvili 等人[6]、Grigorenko 等人[10]、Kor[11] 和 Kim 等人[13] 采用抽样法研究了氮在液态锰中的溶解度。从他们的实验结果中取得 $\ln(p_{\mathrm{N}_2}^{1/2}/x_{\mathrm{N}})$ 的值可以建立一系列如式 (4-87) 所示的数值关系，然后通过多元回归分析得到其中的平衡常数和相互作用系数：

$$\ln K = -5.633 + 5770/T \quad (1544 \sim 1841\mathrm{K}) \tag{4-88}$$

$$\varepsilon_{\mathrm{NN}} = 16.2 - 19020/T \quad (1544 \sim 1841\mathrm{K}) \tag{4-89}$$

$$\varepsilon_{\mathrm{NNN}} = 0 \tag{4-90}$$

图 4-8 所示为氮气压对锰熔体中溶解度的影响。将基于 UIP 形式体系模型所计算的氮溶解度数值与由 Grigorenko 等人[10]、Kor[11] 和 Kim 等人[13] 所得实验数据相比较发现，基于 UIP 的模型与 Kor 和 Grigorenko 等人的结果非常接近。然而， Kim 等人的氮溶解度数据要比模型计算值高出 10%~20%。锰熔体中氮的溶解度并不遵循 Sieverts 定律。 如图 4-9 所示为氮气压为 101.33kPa 条件下温度对锰熔体中氮溶解度的影响，结果同图 4-8，Kim 等人的结果较其他人的高。模型计算值与实验数据相吻合。锰熔体中氮的溶解度随着温度升高而降低。

反应式 (4-84) 的标准自由能 (J/molN) 变化可通过上述平衡常数 ln$K$ 获得：

$$\Delta G^{\ominus} = -47970 + 46.83T \quad (1544 \sim 1841\mathrm{K}) \tag{4-91}$$

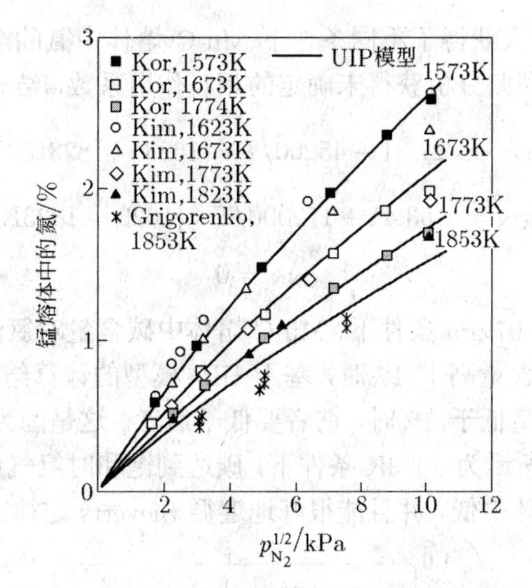

图 4-8 氮气压对氮在锰熔体中溶解度的影响

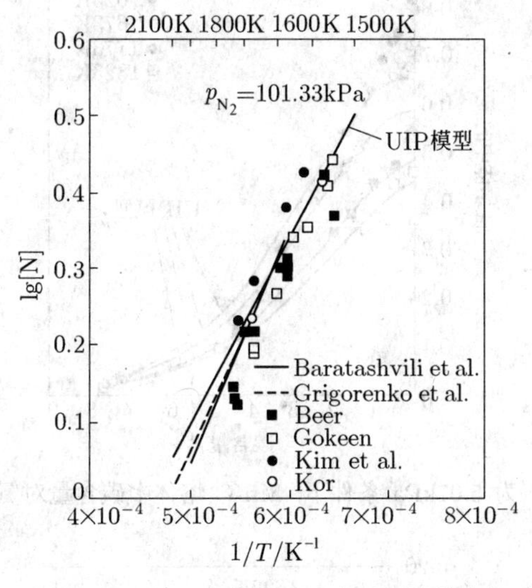

图 4-9 氮气压为 101.33kPa 条件下，温度对锰熔体中氮溶解度的影响

B 氮在液态 Mn-C 系中的溶解度

根据式 (4-83)，氮在 Mn-C 熔体中的活度系数描述如下：

$$\ln\gamma_{\rm N} = -1/2\varepsilon_{\rm CC}x_{\rm C}^2 - 2/3\varepsilon_{\rm CCC}x_{\rm C}^3 + \varepsilon_{\rm NN}(x_{\rm N} - 1/2x_{\rm N}^2) + \varepsilon_{\rm NNN}(x_{\rm N}^2 - 2/3x_{\rm N}^3) + \varepsilon_{\rm CN}(x_{\rm C} - x_{\rm C}x_{\rm N}) + \varepsilon_{\rm CCN}(x_{\rm C}^2 - 2x_{\rm C}^2x_{\rm N}) + \varepsilon_{\rm CNN}(2x_{\rm C}x_{\rm N} - 2x_{\rm C}x_{\rm N}^2) \quad (4\text{-}92)$$

相互作用系数 $\varepsilon_{\rm CC},\varepsilon_{\rm CCC},\varepsilon_{\rm NN},\varepsilon_{\rm NNN}$ 已知，其他系数 $\varepsilon_{\rm CN},\varepsilon_{\rm CCN},\varepsilon_{\rm CNN}$ 还需要评估。同样将式 (4-91) 代入式 (4-85) 可得：

$$\ln(p_{N_2}^{1/2}/x_N) + \ln K + 1/2\varepsilon_{\rm CC}x_{\rm C}^2 + 2/3\varepsilon_{\rm CCC}x_{\rm C}^3 - \varepsilon_{\rm NN}(x_{\rm N} - 1/2x_{\rm N}^2) = \varepsilon_{\rm CN}(x_{\rm C} - x_{\rm C}x_{\rm N}) + \varepsilon_{\rm CCN}(x_{\rm C}^2 - 2x_{\rm C}^2x_{\rm N}) + \varepsilon_{\rm CNN}(2x_{\rm C}x_{\rm N} - 2x_{\rm C}x_{\rm N}^2) \quad (4\text{-}93)$$

借助于实验，Kim 等人获得了不同条件下 Mn-C 熔体中氮的溶解度，将一系列实验结果代入 (4-93)，通过多元回归分析获得未确定的相互作用系数，结果如下：

$$\varepsilon_{\mathrm{CN}} = 27.61 - 45200/T \quad (1623 \sim 1823\mathrm{K}) \tag{4-94}$$

$$\varepsilon_{\mathrm{CCN}} = -53.41 + 172000/T \quad (1623 \sim 1823\mathrm{K}) \tag{4-95}$$

$$\varepsilon_{\mathrm{CNN}} = 0 \tag{4-96}$$

图 4-10 为氮气压为 5.07kPa 条件下，Mn-C 熔体中碳含量对氮溶解度的影响。氮含量随碳含量增加而降低。当碳含量高于 1%时，基于 UIP 模型的计算结果与 Kim 等人的实验结果非常吻合；但是当碳含量低于 1%时，前者要低于后者。这是因为此时计算的依据依旧为碳含量高于 1%。图 4-11 所示为 1623K 条件下，碳达到饱和时氮气压对氮溶解度的影响。此时，氮的溶解度较纯锰熔体中低，并且能很好地遵循 Sieverts 定律。

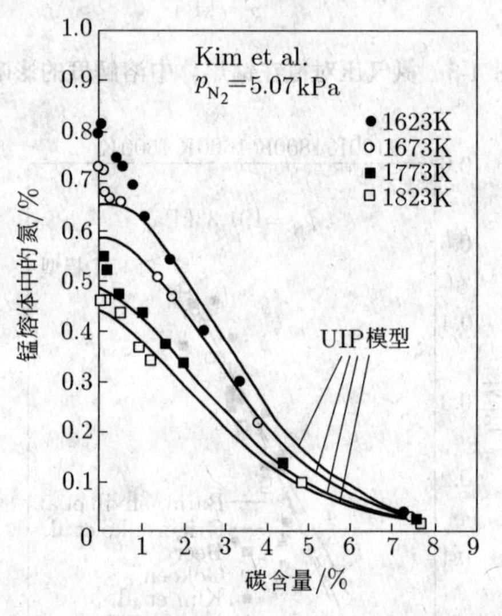

图 4-10　氮气压为 5.07kPa 条件下，Mn-C 熔体中碳含量对氮溶解度的影响

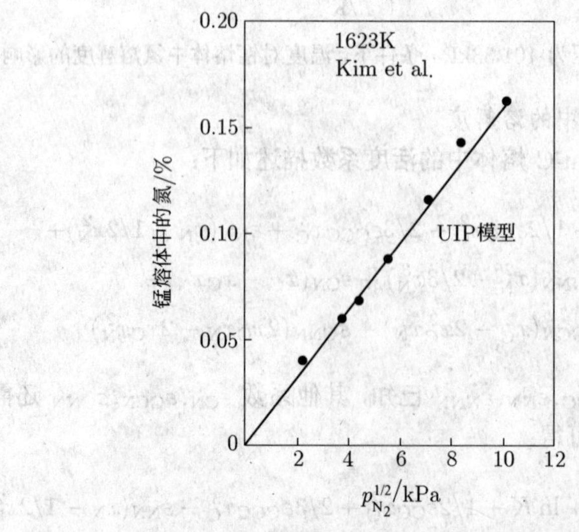

图 4-11　1623K 条件下，碳达到饱和时氮气压对氮溶解度的影响

C 氮在液态 Mn-Fe 系中的溶解度

由式 (4-83) 可知，Mn-Fe 熔体中氮的活度系数为：

$$\begin{aligned}\ln\gamma_{\mathrm{N}}=&-1/2\varepsilon_{\mathrm{FeFe}}x_{\mathrm{Fe}}^2-2/3\varepsilon_{\mathrm{FeFeFe}}x_{\mathrm{Fe}}^3+\varepsilon_{\mathrm{NN}}(x_{\mathrm{N}}-1/2x_{\mathrm{N}}^2)+\\&\varepsilon_{\mathrm{NNN}}(x_{\mathrm{N}}^2-2/3x_{\mathrm{N}}^3)+\varepsilon_{\mathrm{FeN}}(x_{\mathrm{Fe}}-x_{\mathrm{Fe}}x_{\mathrm{N}})+\\&\varepsilon_{\mathrm{FeFeN}}(x_{\mathrm{Fe}}^2-2x_{\mathrm{Fe}}^2x_{\mathrm{N}})+\varepsilon_{\mathrm{FeNN}}(2x_{\mathrm{Fe}}x_{\mathrm{N}}-2x_{\mathrm{Fe}}x_{\mathrm{N}}^2)\end{aligned}\tag{4-97}$$

预先估算相互作用系数 $\varepsilon_{\mathrm{FeFe}}$ 和 $\varepsilon_{\mathrm{FeFeFe}}$，分别通过式 (4-89)、式 (4-90) 估算 $\varepsilon_{\mathrm{NN}}$ 和 $\varepsilon_{\mathrm{NNN}}$，剩下的参数 $\varepsilon_{\mathrm{FeN}},\varepsilon_{\mathrm{FeFeN}}$ 和 $\varepsilon_{\mathrm{FeNN}}$ 也就可以确定了。将式 (4-97) 代入式 (4-85)，移项后，实验测定值 $\ln(p_{\mathrm{N}_2}^{1/2}/x_{\mathrm{N}})$ 可由未确定的相互作用参数定义：

$$\begin{aligned}&\ln(p_{\mathrm{N}_2}^{1/2}/x_{\mathrm{N}})+\ln K+1/2\varepsilon_{\mathrm{FeFe}}x_{\mathrm{Fe}}^2+2/3\varepsilon_{\mathrm{FeFeFe}}x_{\mathrm{Fe}}^3-\\&\varepsilon_{\mathrm{NNN}}(x_{\mathrm{N}}-1/2x_{\mathrm{N}}^2)-\varepsilon_{\mathrm{NNN}}(x_{\mathrm{N}}^2-2/3x_{\mathrm{N}}^3)\\=&\varepsilon_{\mathrm{FeN}}(x_{\mathrm{Fe}}-x_{\mathrm{Fe}}x_{\mathrm{N}})+\varepsilon_{\mathrm{FeFeN}}(x_{\mathrm{Fe}}^2-2x_{\mathrm{Fe}}^2x_{\mathrm{N}})+\varepsilon_{\mathrm{FeNN}}(2x_{\mathrm{Fe}}x_{\mathrm{N}}-2x_{\mathrm{Fe}}x_{\mathrm{N}}^2)\end{aligned}\tag{4-98}$$

在 Mn-Fe 熔体中，Beer[3]、Dodd[5]、Wada[12] 和 Kim[13] 等人提供了所需的实验数据。因为在文献中这些数据以图的形式呈现，Beer[3] 的氮溶解度数据可以从图 4-11 和图 4-12 中读取，Wada[12] 的氮溶解度可以从图 4-9 中读取。这些实验数据由 Pehlke 和 Elliott[1]、日本学术振兴会[2] 在有效温度范围内，根据下述铁熔体中氮溶解时自由能变化计算的溶解度数据进行了补充。

$$1/2\mathrm{N}_{2(\mathrm{g})}=\!=\!=[\mathrm{N}](\mathrm{wt\ pct,liq,Fe})$$

$$\begin{aligned}\Delta G^{\ominus}(\mathrm{J/molN})&=3598+23.98T(1823\sim2050\mathrm{K})^{[1]}\\&=9916+20.17T(1823\sim2050\mathrm{K})^{[2]}\end{aligned}$$

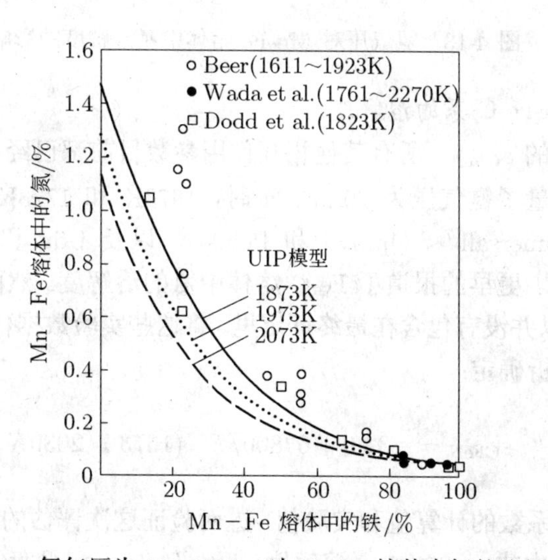

图 4-12 氮气压为 101.33kPa 时 Mn-Fe 熔体中氮的溶解度

此外，在各种锰含量条件下，用 Mn 和 N 的相互作用系数 ($e_{\mathrm{N}}^{\mathrm{Mn}}=-0.02$) 估算铁熔体中氮的溶解度。然而，由于存在作用范围上的局限，计算值的有效范围限定于 1873K、锰含量小于 4%。将实验数据代入式 (4-98)，并采用多元回归分析，未知参数即可确定如下：

$$\varepsilon_{\mathrm{FeN}} = 15.53 - 21300/T \quad (1623 \sim 2050\mathrm{K}) \tag{4-99}$$

$$\varepsilon_{\mathrm{FeFeN}} = -15.48 + 28300/T \quad (1623 \sim 2050\mathrm{K}) \tag{4-100}$$

$$\varepsilon_{\mathrm{FeNN}} = 0 \tag{4-101}$$

图 4-12 比较了 Mn-Fe 熔体中氮溶解度的计算值和实验值，两者吻合得很好。图 4-13 所示为 Mn-Fe 熔体中氮气压对氮溶解度的影响。基于 UIP 模型的计算数据与 Beer[3] 的实验结果相一致。但是在低的铁含量条件下，计算值与 Kim 等人[13] 的结果稍有不同。表明溶解的氮含量随铁含量的增加和氮含量的降低而逐渐符合 Sieverts 定律。

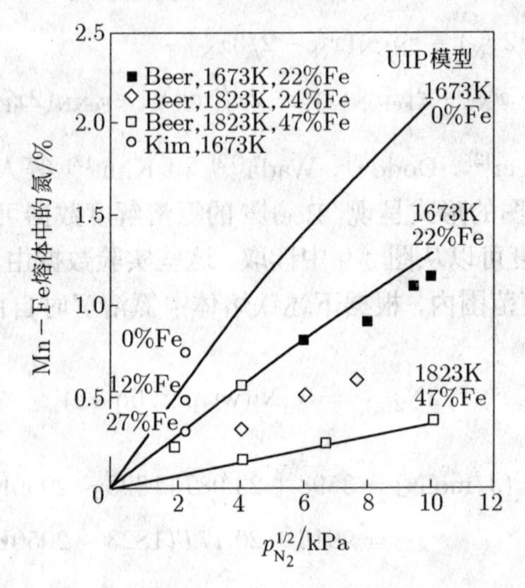

图 4-13　氮气压对 Mn-Fe 熔体中氮溶解度的影响

D　氮在液态 Mn-Fe-C 系的溶解度

除了式 (4-83) 中的 $\varepsilon_{\mathrm{CFeN}}$，所有其他相互作用参数目前都已经确定。

Kim 等人[13] 测量了氮气压为 20.27kPa 时，1673K 和 1773K 条件下，氮在 Mn-Fe-C 熔体中的溶解度。Gomersall[7]、Opravil 和 Pehlke[8] 以及 Uda 和 Pehlke[9] 补充了实验数据。Pehlke 和 Elliott[1] 更早的报道了 Fe-C 熔体中氮的溶解度。然而，这些数据与其他研究者的结果相背离，所以并没有包含在最终评定里。将这些实验数据代入式 (4-83)，参数 $\varepsilon_{\mathrm{CFeN}}$ 即可通过多元回归分析确定：

$$\varepsilon_{\mathrm{CFeN}} = -32.9 + 63800/T \quad (1673 \sim 2030K) \tag{4-102}$$

通过比较氮活度系数的计算值和实验值，进而验证这次评估的有效性。每一个由实验确定的氮活度系数均可由式 (4-85) 中氮溶解度、$\ln(p_{\mathrm{N_2}}^{2/2}/x_{\mathrm{N}})$ 和平衡常数 $\ln K$ 三者联立获得。图 4-14 显示了两者的比较结果。模型计算与实验测定的数据吻合得很好。正如前文所提到的，Pehlke 和 Elliott[1] 的数据与其他数据有一定的偏差。

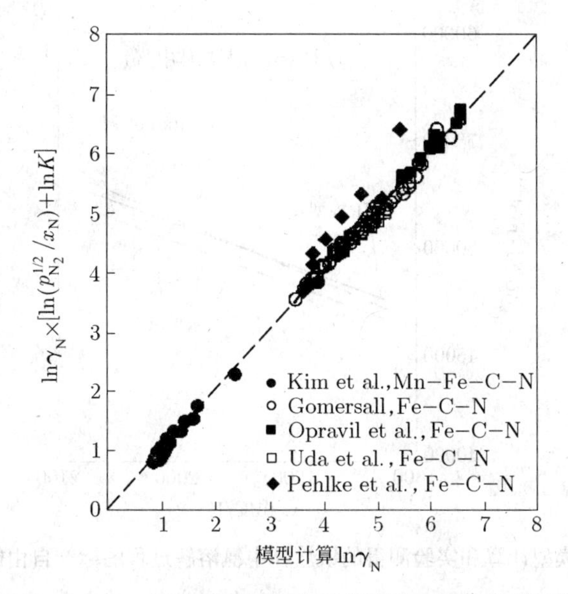

图 4-14 Mn-Fe-C-N 熔体中模型计算和实验测定的氮活度系数的比较

E 氮在铁水中的溶解度

正如 D 部分所提到的，许多研究者测定了铁水中氮的溶解度，并且认为氮在铁熔体中符合无限稀溶液，以质量分数形式组织相关信息。相同的特征可以从当前基于 UIP 的模型和与 Pehlke 和 Elliott[1] 或日本学术振兴会[2] 的数据比较中获得。

在当前基于 UIP 的模型中，氮在锰熔体中的溶解参考无限稀溶液，并且以纯物质 (摩尔分数) 标准态表示。而在铁熔体中用质量分数为 1% 标准态表示。

$$1/2N_{2(g)} \!=\!=\!= [N](x,\text{liq},\text{Mn}) \qquad \Delta G^{\ominus}(\text{J/mol N}) = -47970 + 46.83T \tag{4-103}$$

$$[N](x,\text{liq},\text{Mn}) \!=\!=\!= [N](x,\text{liq},\text{Fe}) \qquad \Delta G^{\ominus}(\text{J/mol N}) = RT(\varepsilon_{\text{FeN}} + \varepsilon_{\text{FeFeN}}) = 58.200 + 0.42T$$

$$[N](x,\text{liq},\text{Fe}) \!=\!=\!= [N](\text{wt pct},\text{liq},\text{Fe}) \qquad \Delta G^{\ominus}(\text{J/mol N}) = RT\ln(55.85/100\times 14) = -26.78T$$

$$1/2N_{2(g)} \!=\!=\!= [N](\text{wt pct},\text{liq},\text{Fe}) \qquad \Delta G^{\ominus}(\text{J/mol N}) = 10230 + 20.47T \tag{4-104}$$

图 4-15 比较了基于 UIP 模型与 Pehlke 和 Elliott[1] 以及日本学术振兴会[2] 所得到的反应式 (4-104) 的标准自由能变化，两者很接近。

4.7.2.4 结论

在 Mn-Fe-C 熔体中，合金元素含量对氮的溶解度有重要影响。1873K 和氮气压为标准大气压条件下，铁液中氮的溶解度约为 0.045%，遵循 Sieverts 定律，并随温度升高而增加。

氮在锰熔体中的溶解度比在铁溶液中高出两个级数，不满足 Sieverts 定律，并且会随温度升高而降低。本研究在 Mn、Mn-C、Fe-Mn 和 Mn-Fe-C 系实验观察得到由 UIP 形式体系定义的相互作用系数。表 4-2 总结了本研究中所评估的参数，充分地描述了 Mn-Fe-C 系整个组成范围内氮溶解行为的多样性。

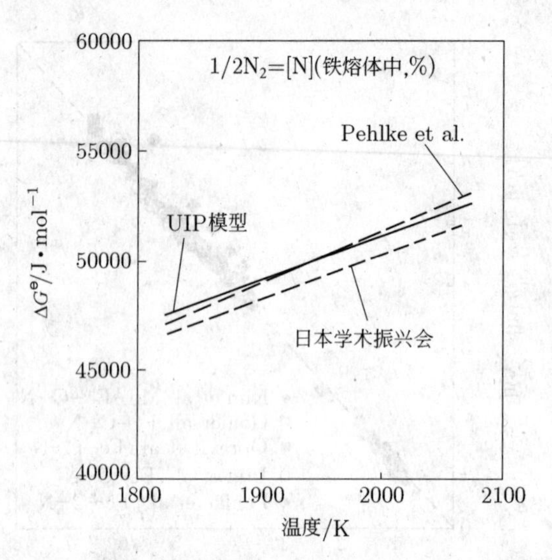

图 4-15 模型计算和实验测得的铁熔体中氮溶解过程的标准自由能变化比较

4.7.3 应用实例二：锰和铝在 Fe-Ni 和 Fe-Cr 合金中脱氧平衡的热力学

4.7.3.1 研究背景

Fe–Ni 合金由于在高温下具有极好的性能，目前广泛用作电磁材料和抗热材料；Fe-Cr 合金用作抗腐蚀材料。在生产这些合金的铝镇静过程中，对于非金属夹杂物的成分控制，关于铝脱氧平衡的精确热力学数据是不可缺少的。在 1873K 条件下，通过平衡合金相 Fe-30%/50%/70%Ni 与渣相 CaO-Al_2O_3 的关系，Suito[17] 等对 Fe-Ni 合金中铝脱氧平衡进行了研究。此后又检测了该温度下 Fe-20%Ni 合金中铬对铝活度的影响[18]。

为了研究铝与渣中 MnO 的二次氧化反应，本书作者已经测量了 1873K 下 MnO 在 CaO-Al_2O_3-SiO_2[19]、CaO-Al_2O_3-MgO[20] 和 CaO-Al_2O_3-SiO_2-MgO[21] 系中的活度系数。如果在 Fe-Ni 和 Fe-Cr 合金中锰的热力学数据是有效的，则可以利用这些数据评估 Mn 在这些合金和下面要提到的渣之间的分配率。

本小节在 1873K 条件下，通过平衡 Al_2O_3 或 CaO 坩埚中液态合金相 Fe-10%/20%/40%/60%Ni、Fe-10%/20%/40%Cr 或 Fe-18%Cr-8%Ni 与渣 CaO-Al_2O_3，研究了铝的脱氧平衡和锰的分布。根据这些结果，确定铝和锰的活度系数以及 Fe-Ni 和 Fe-Cr 合金中铝和氧的相互作用系数。

4.7.3.2 实验过程

A 实验步骤

实验所用炉渣是在铂金坩埚中预熔高纯的 $CaCO_3$、Al_2O_3 和 MnO 得到的。加热装备采用带有 $LaCrO_3$ 加热棒的立式电阻炉。在脱氧氩气保护气氛中，将 30g 高纯电解铁、镍和铬(起始氧含量 0.05%~0.10%) 及 7gCaO-Al_2O_3(MnO<10%) 渣于 1873K 温度下熔融，并且添加适量 Fe-1%Al 或 Fe-20%Mn 合金。此后，在采用 Al_2O_3 坩埚实验时，每隔 30min 用 Al_2O_3 棒搅拌 90s，持续 2~4h。而采用 CaO 坩埚实验时，为了消除 Al_2O_3 棒对渣 - 金平衡的影响，只用 Al_2O_3 棒每隔 30min 搅拌一次，每次 30s，一共两次，实验持续 90min。为了消除浮选

过程中的氧化物夹杂，淬火前金属至少静止 1h。平衡以后，从电阻炉内取出坩埚，在氦气流中快速淬火，然后水淬。

B 化学分析

对于金属相中可溶酸的和不可溶酸的铝、钙、锰和全氧以及渣相中这些铝、钙、锰、全铁和金属铁的化学分析的详细描述，已有相应的文章提到采用电感耦合等离子体发射光谱法测定金属相和渣相中的铝、钙、锰等的含量。

4.7.3.3 研究结果

表 4-3～表 4-5 中分别列出了关于 Fe-Ni、Fe-Cr 及 Fe-Ni-Cr 实验中金属相和渣相中的化学组分。当 Al_2O_3 或 CaO 饱和时，CaO-Al_2O_3 渣在下文中分别用渣 AC 和渣 CA 表示。

表 4-3 Fe-Ni 合金实验中渣和金属相的化学成分

渣系	金属相/%						渣相/%		
	[Ni]	[Al]		[Ca]	[Mn]	[O]	(CaO)	(Al_2O_3)	(MnO)
		酸溶铝	未溶铝						
AC 渣	9.7	11.1	2.3	0.000058	0.4200	0.00241	32.9	64.9	1.36
	10.3	220	1.3	0.000062	0.6050	0.00052	34.7	65.1	0.248
	10.9	3.0	<0.1	0.000036	0.00126	0.00805	33.3	62.9	0.0114
	10.9	26.0	<0.1	0.000046	0.00621	0.00264	32.2	63.2	0.0143
	21.1	20.2	0.2	0.000082	0.00270	0.00355	33.6	64.7	0.0697
	20.3	5.4	<0.1	0.000045	0.00625	0.00571	35.2	61.7	0.514
	20.6	1670	<0.1	0.000097	0.3350	0.00042	36.7	63.1	0.0524
	19.8	14.2	<0.1	0.000054	0.0800	0.00386	33.9	63.6	0.261
	41.0	3430	3.3	0.000234	0.3900	0.00043	39.7	60.8	0.0754
	40.7	1120	<0.1	0.000134	0.5160	0.00052	35.3	61.1	0.167
	40.4	27.5	3.5	0.000043	0.0440	0.00360	37.3	60.8	0.183
	38.8	13.2	<0.1	0.000060	0.0255	0.00504	33.1	64.4	0.236
	38.6	4.0	0.6	0.000069	0.0145	0.0126	33.7	64.4	0.258
	40.1	33.0	0.6	0.000056	0.0172	0.00363	34.1	63.1	0.0778
	59.3	424	2.0	0.000210	0.0424	0.00106	35.8	64.8	0.0790
	62.6	5.1	1.5	0.000097	0.00329	0.0125	34.4	63.1	0.0945
	61.2	9.6	1.2	0.000080	0.0327	0.00599	35.5	64.0	0.769
	59.0	17.4	6.0	0.000069	0.0434	0.00414	36.7	63.5	0.341
CA 渣	20.6	377	2.3	0.000333	1.2100	0.00045	58.0	41.2	0.0300
	19.2	21.0	1.7	0.000235	0.0410	0.00064	62.5	35.4	0.0070
	21.7	6.6	0.4	0.000189	0.3220	0.00174	58.0	38.1	0.198
	19.7	578	<0.1	0.000312	0.1350	0.0032	60.6	36.7	0.0048
	18.9	5630	<0.1	0.000860	0.1690	0.0034	58.9	40.3	0.0013
	40.1	111	6.1	0.000333	0.7110	0.00054	60.5	41.4	0.0701
	38.3	10.8	<0.1	0.000378	0.0972	0.00231	56.8	42.1	0.0458
	38.7	0.2	2.2	0.000246	0.0414	0.00491	55.6	43.0	0.0813
	39.8	0.3	10.5	0.000387	0.0240	0.00163	59.3	39.4	0.0169
	41.0	2740	<0.1	0.000902	0.0659	0.00029	56.4	40.8	0.0016
	40.0	2740	<0.1	0.000693	0.0871	0.00039	58.1	41.3	0.0020
	58.9	3716	0.5	0.00131	0.2670	0.00044	58.7	39.6	0.0108
	60.6	25.0	<0.1	0.000452	0.0273	0.00123	61.8	34.7	0.0163
	60.8	8.9	1.1	0.000528	0.0689	0.00213	57.1	40.1	0.124
	62.8	160	1.3	0.000464	0.0370	0.00052	61.2	37.8	0.0116
	63.3	2410	<0.1	0.000872	0.0350	0.00036	59.4	39.0	0.0019

表 4-4　Fe-Cr 合金实验中渣和金属相的化学成分

渣系	金属相/%						渣相/%		
	[Cr]	[Al]		[Ca]	[Mn]	[O]	(CaO)	(Al_2O_3)	(MnO)
		酸溶铝	未溶铝						
AC 渣	8.6	1.0	3.5	0.000036	0.0282	0.00845	33.3	63.9	0.132
	8.7	1170	2.4	0.000262	0.5360	0.00055	34.1	65.5	0.0528
	8.7	254	6.0	0.000135	0.0843	0.00067	33.7	64.7	0.0320
	8.8	5670	3.6	0.000350	0.6000	0.00059	35.5	64.7	0.0290
	8.9	2.0	1.5	0.000022	0.0174	0.00983	34.3	64.6	0.116
	9.5	6.3	1.1	0.000041	0.2153	0.00580	34.7	62.2	0.594
	19.2	19.1	1.7	0.000012	0.0292	0.00651	31.9	64.3	0.0580
	17.8	4730	5.2	0.000362	0.4730	0.00094	34.4	65.3	0.0260
	19.7	1400	2.6	0.000274	0.0724	0.00086	35.7	62.2	0.0072
	19.4	12.6	2.8	0.000008	0.0160	0.00720	33.3	64.7	0.0365
	20.0	76.0	8.1	0.000086	0.0312	0.00244	34.9	64.4	0.0214
	39.9	11.8	3.6	<0.000001	0.0212	0.01900	32.7	64.2	0.0390
	38.6	439	4.0	0.000052	0.0214	0.00200	35.0	64.9	0.0031
	38.6	3850	4.2	0.000170	0.0273	0.00106	35.0	65.3	0.0021
	39.0	38.2	1.6	<0.000001	0.0254	0.00910	34.3	61.5	0.0234
	40.2	21.1	7.8	0.000012	0.0232	0.00969	34.0	62.8	0.0332
CA 渣	9.4	1.4	0.1	0.000305	0.0340	0.00447	57.0	41.1	0.0325
	9.0	3840	<0.1	0.00117	0.0542	0.00069	60.2	38.1	0.0003
	9.8	113	4.0	0.000491	0.1910	0.00075	63.1	36.9	0.0063
	9.6	7.7	3.3	0.000440	0.0345	0.00128	61.1	36.5	0.0073
	18.6	3.3	<0.1	0.000110	0.0376	0.00467	56.9	39.6	0.0207
	19.6	763	<0.1	0.000550	0.0264	0.00046	57.9	40.6	0.0005
	20.5	4.5	0.2	0.000121	0.1340	0.00435	59.4	39.4	0.0549
	20.2	872	0.9	0.000541	0.2590	0.00046	59.4	39.8	0.0030
	20.1	23.2	5.6	0.000380	0.0296	0.00118	61.1	38.0	0.0038
	40.0	1.9	1.0	0.000054	0.0247	0.01287	57.8	39.4	0.0090
	39.7	<0.1	4.0	0.000042	0.0240	0.01138	57.6	40.2	0.0076
	42.0	42.4	2.7	0.000108	0.1078	0.00217	56.1	41.8	0.0078
	40.2	2510	7.7	0.000495	0.0614	0.00052	59.2	38.1	0.0003
	42.0	174	11.4	0.000333	0.0325	0.00115	59.3	38.8	0.0012

表 4-5　Fe-Cr-Ni 合金实验中金属相和渣相的化学成分

渣系	金属相/%							渣相/%		
	[Cr]	[Ni]	[Al]		[Ca]	[Mn]	[O]	(CaO)	(Al_2O_3)	(MnO)
			酸溶铝	未溶铝						
AC 渣	18.1	8.0	2410	8.3	0.000108	0.0218	0.00060	35.5	63.9	0.0029
	17.2	8.1	168	9.8	0.000070	0.0228	0.00184	34.9	64.1	0.0106
	17.6	7.9	8.0	4.4	0.000025	0.0516	0.00757	33.1	63.1	0.103
	17.6	7.9	55.3	6.1	0.000022	0.0621	0.00296	35.9	63.4	0.0488
	17.6	8.1	52.9	4.4	0.000015	0.0567	0.00290	33.2	64.3	0.0398
CA 渣	18.2	7.7	5699	<0.1	0.000552	0.0873	0.00060	57.8	42.0	0.0012
	17.5	8.3	464	<0.1	0.000279	0.1420	0.00086	58.2	41.2	0.0043
	17.6	7.9	13.5	0.2	0.000121	0.0933	0.00283	57.9	39.8	0.0275
	18.2	7.4	55.3	6.1	0.000163	0.0994	0.00148	57.9	39.4	0.0103
	16.8	7.1	21.2	20.6	0.000140	0.0474	0.00197	59.4	40.6	0.0038

A 在 Fe-Ni 和 Fe-Cr 合金中铝脱氧平衡

a 表观平衡常数

在 Fe-X(X 代表 Ni 或 Cr) 合金中铝脱氧平衡反应式表达如下：

$$Al_2O_{3(s)} = 2[Al]_{(Fe-X)} + 3[O]_{(Fe-X)} \tag{4-105}$$

基于 Fe-X 合金，反应式 (4-105) 的平衡常数 $K_{Al_2O_3(Fe-X)}$ 可用式 (4-106) 表示：

$$\begin{aligned}\lg K_{Al_2O_3(Fe-X)} &= \lg(a^2_{Al(Fe-X)}a^3_{O(Fe-X)}/a_{Al_2O_3}) \\ &= \lg([\%Al]^2[\%O]^3/a_{Al_2O_3}) + \\ &\quad \lg(f^2_{Al(Fe-X)}f^3_{O(Fe-X)})\cdots\end{aligned} \tag{4-106}$$

式中，$a_{i(Fe-X)}$ 和 $f_{i(Fe-X)}$ 代表元素 i 在亨利标准态 (即基于 Fe-X 合金溶液的质量分数为 1%时的标准态) 时的活度和活度系数。基于纯物质标准态时，$a_{Al_2O_3}$ 代表 Al_2O_3 的活度。

如果活度系数 $f_{Al(Fe-X)}$ 和 $f_{O(Fe-X)}$ 为 1，由式 (4-106) 可知，平衡常数可以通过氧含量、铝含量、AC 渣[10] 中的 $a_{Al_2O_3}$(AC 渣中其值为 0.33) 来计算。1873K 时，Fe-Ni 合金实验中的 $\lg([\%Al]^2[\%O]^3/a_{Al_2O_3})$ 与镍含量的关系如图 4-16 所示，可使用 $[\%Al]<0.01$、$[\%O]<0.02$ 和 $[\%Ca]<0.01$ 条件下的实验数据估算 $f_{Al(Fe-X)}$ 和 $f_{O(Fe-X)}$ 的影响。

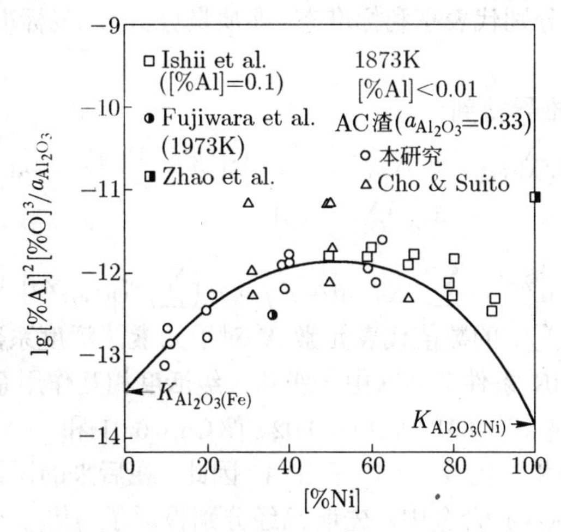

图 4-16 Fe-Ni 合金中 $\lg([\%Al]^2[\%O]^3/a_{Al_2O_3})$ 与镍含量的关系

图 4-16 中显示了由 Cho 和 Suito[17] 得到的 1873K 条件下 Fe-Ni(%Ni=30%、50%及 70%，AC 渣) 合金中 $\lg([\%Al]^2[\%O]^3/a_{Al_2O_3})$ 的数值；还显示了 Ishii 等人[22] 采用铝坩埚研究 Fe-Ni 合金 (镍含量为 50%~90%) 中的 Al-O 平衡的结果。后面的实验中 Al 含量为 0.1%。由 Fujiwara 等人 [23] 在 1973K 下含镍 36%的 Fe-Ni 合金基于式 (4-105) 的平衡常数也显示在图 4-16 中。由 Zhao 等人[24] 所得的对于纯镍的平衡常数也显示在图 4-16 中。纯铁和纯镍的平衡常数由箭头标明。从图 4-16 中可以看出，反应式 (4-105) 的平衡常数在含镍 50%时出现最大值。

对于含铬分别为 10%、20%和 40%的 Fe-Cr 合金，$\lg([\%Al]^2[\%O]^3/a_{Al_2O_3})$ 与铬含量的关系如图 4-17 所示。由图 4-17 可以看出，反应式 (4-105) 的平衡常数数值随合金中铬含量增加而增大。

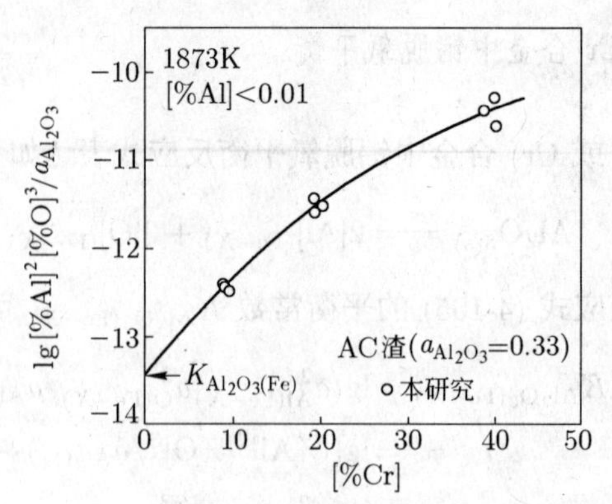

图 4-17　Fe-Cr 合金中 $\lg([\%Al]^2[\%O]^3/a_{Al_2O_3})$ 与铬含量的关系

b　$f^{Ni}_{Al(Fe)}$ 和 $f^{Cr}_{Al(Fe)}$

在基于质量分数为 1%的无限稀释 Fe-X(X 代表 Ni 或 Cr) 合金溶液中 Al 和 O 的活度可以依据纯铁定义。对于纯铁，反应式 (4-105) 的平衡常数可以表示如下：

$$\begin{aligned}\lg K_{Al_2O_3(Fe)} &= \lg(a^2_{Al(Fe)}a^3_{O(Fe)}/a_{Al_2O_3}) \\ &= \lg([\%Al]^2[\%O]^3 f^2_{Al(Fe)} f^3_{O(Fe)}/a_{Al_2O_3})\end{aligned} \tag{4-107}$$

式中，$f_{Al(Fe)}$ 和 $f_{O(Fe)}$ 分别代表亨利标准态 (即质量分数为 1%标准态) 时合金溶液中 Al 和 O 的活度系数。

从式 (4-107) 中可推导得到：

$$\begin{aligned}2\lg f^X_{Al(Fe)} =& \lg K_{Al_2O_3(Fe)} - \lg([\%Al]^2[\%O]^3/a_{Al_2O_3}) - \\ & 3\lg f^X_{O(Fe)} - A\end{aligned} \tag{4-108}$$

式中，$A = 2\left(\sum e^i_{Al(Fe)}[\%i] + \sum r^i_{Al(Fe)}[\%i]^2\right) + 3\left(\sum e^i_{O(Fe)}[\%i] + \sum r^i_{O(Fe)}[\%i]^2\right)$，其中 i 是除 X 以外的组分。$f^X_{j(Fe)}$ 的数值代表元素 X 对于元素 j 活度系数的影响。$e^i_{j(Fe)}$ 和 $r^i_{j(Fe)}$ 分别引入表 4-5 中 1873K 条件下纯铁中一级和二级活度相互作用系数。

在当前试验条件 [%Al]<0.01、[%O]<0.02、[%Ca]<0.01 和 [%Mn]<0.2 下，与式 (4-108) 右边第一项和第二项的和相比较，可以忽略 A。因此，在后来的讨论中，A 取作零。

在液相 Fe-Ni 和 Fe-Cr 合金中，先前已经分别报道了 $f^{Ni}_{O(Fe)}$[25,26] 和 $f^{Cr}_{O(Fe)}$[27~33]。在 1873K 下，两者与 X(X 代表 Ni 或 Cr) 含量的关系分别如图 4-18 和图 4-19 所示。Cho 和

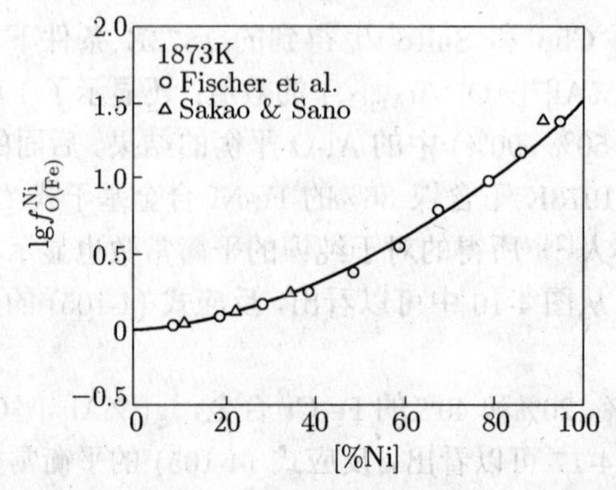

图 4-18　1873K 条件下 Fe-Ni 合金中 $\lg f^{Ni}_{O(Fe)}$ 与镍含量的关系

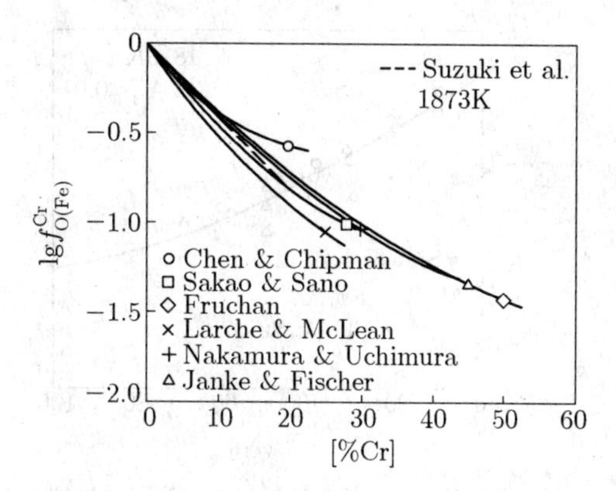

图 4-19 1873K 条件下 Fe-Cr 合金中 lg $f^{Cr}_{O(Fe)}$ 与铬含量的关系

Suito[17] 利用 Sakao 和 Sano[25] 的数据，从而分别评定一级活度相互作用系数 $e^{Ni}_{O}=0.003$ 和二级活度相互作用系数 $\gamma^{Ni}_{O}=0.00011$。Janke 和 Fischer[32] 之前分别报道了一级和二级活度相互作用系数 $e^{Cr}_{O}=-0.0431$ 和 $\gamma^{Cr}_{O}=0.0003$，其结果在这项研究中使用。

由式 (4-108) 可以计算得到 lg $f^{Ni}_{O(Fe)}$，其中的 $[\%Al]^2[\%O]^3$ 值 (见图 4-16)、AC 炉渣 $a_{Al_2O_3}$ 值、1873K 条件下 lg $K_{Al_2O_3(Fe)}$(为 −13.34，$\Delta G^{\ominus}_{Al_2O_3(Fe)}=1202000-386.3T$ J/mol[34,35]) 和由表 4-6 中 $e^{Ni}_{O(Fe)}$ 和 $\gamma^{Ni}_{O(Fe)}$ 估算的 lg $f^{Ni}_{O(Fe)}$ 值均已知。图 4-20 所示为计算得到的 lg $f^{Ni}_{Al(Fe)}$ 与镍含量关系曲线，其中包含了 Cho 和 Suito(Fe-30%/50%/70%Ni)、Sigworth 等人的结果。一级相互作用系数 $e^{Ni}_{Al(Fe)}$ 可以由图 4-20 中曲线的斜率 ([%Ni]<40) 计算得到，为 -0.029 ± 0.007。

从式 (4-108) 中所得的 lg $f^{Cr}_{Al(Fe)}$ 与铬含量的关系如图 4-21 所示。图 4-21 中也包含了由 Kishi 等人[18] 所得、1873K 条件下 Fe-20%Cr 合金 (AC 渣) 中的数据。同时采用在 1996K 条件下、由 McLean 和 Bell[36] 所得 $e^{Cr}_{Al(Fe)}=0.025$ 进行比较。同理，一级活度相互作用系数 $e^{Cr}_{Al(Fe)}$ 为 0.0096 ± 0.0027。

表 4-6 1873K 基于纯铁的相互作用系数

i	j	$e^j_i(r^j_i)$	含 量	参考文献
O	Ni	0.003(0.00011)		(1)
	Cr	−0.0431(0.0003)	<40%Cr	(24)
	Al	−0.83	<1%Al	
	Mn	−0.021		(14)
	O	−0.2		(14)
Al	Ni	−0.029	<40%Ni	
	Cr	0.0096	<40%Cr	
	Al	0.045(−0.001)		(14)
	Mn			
	O	−1.4		
Mn	Ni	−0.0085	<40%Ni	
	Cr	0.0042	<40%Cr	
	Al			
	Mn	0		(14)
	O	−0.083		(14)

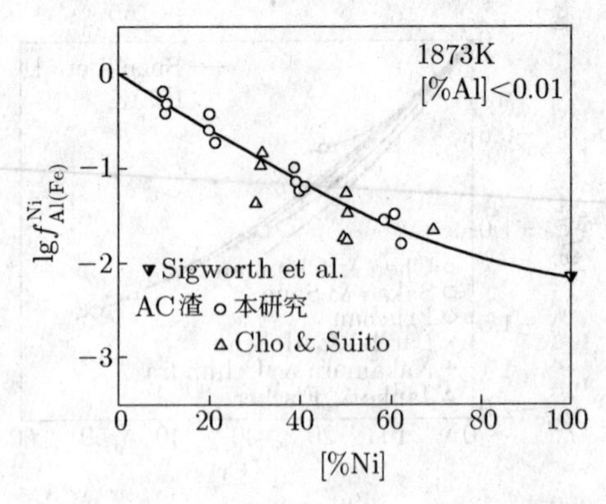

图 4-20　1873K 条件下 Fe-Ni 合金中 $\lg f_{\mathrm{Al(Fe)}}^{\mathrm{Ni}}$ 与镍含量的关系

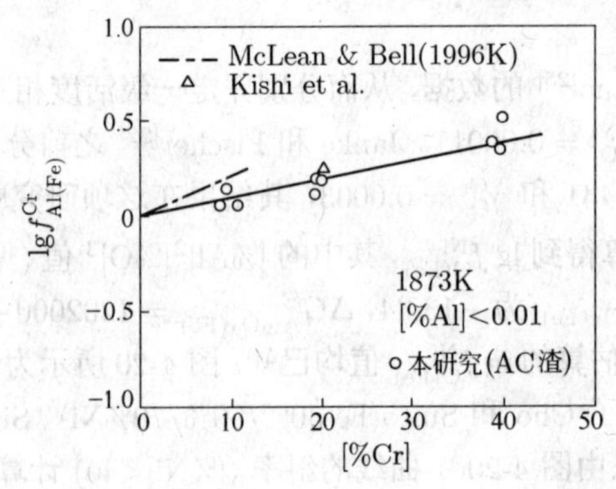

图 4-21　1873K 条件下 Fe-Cr 合金中 $\lg f_{\mathrm{Al(Fe)}}^{\mathrm{Cr}}$ 与铬含量的关系

c　$e_{\mathrm{O(Fe)}}^{\mathrm{Al}}$ 和 $e_{\mathrm{Al(Fe)}}^{\mathrm{O}}$

在 1873K 条件下，进行了 Fe-Ni、Fe-Cr(其中有 Al 和 O 存在) 与 AC 渣 ($a_{\mathrm{Al_2O_3}} = 0.33$) 或 CA 渣 ($a_{\mathrm{Al_2O_3}} = 0.0048$) 的平衡实验。并利用实验结果评估 Fe-Ni 和 Fe-Cr 合金中铝和氧的相互作用系数。

由式 (4-107) 可以推导得到：

$$2\lg f_{\mathrm{O(Fe)}}^{\mathrm{Al}} = \lg K_{\mathrm{Al_2O_3(Fe)}} - \lg([\%\mathrm{Al}]^2[\%\mathrm{O}]^3/a_{\mathrm{Al_2O_3}}) - 2\lg f_{\mathrm{Al(Fe)}}^{X} - 3\lg f_{\mathrm{O(Fe)}}^{X} - 3\lg f_{\mathrm{O(Fe)}}^{\mathrm{Ca}} - A \tag{4-109}$$

式中，A 具有与式 (4-108) 中相同的含义；i 代表除 X 和 O 外的组分；j 代表除 X、Al 和 Ca 以外的组分。本小节就 X 对 Al 活度系数、X 和 Ca 对 O 的活度系数的影响进行了探讨。在估算 $f_{\mathrm{O(Fe)}}^{\mathrm{Al}}$ 的过程中，式 (4-109) 中的 A 可以忽略不计。

Fe-Ni 合金中 $\lg f_{\mathrm{O(Fe)}}^{\mathrm{Al}}$ 可以通过式 (4-109) 中的 $K_{\mathrm{Al_2O_3(Fe)}}$(见图 4-18)、$\lg f_{\mathrm{O(Fe)}}^{\mathrm{Ni}}$ 和 $\lg f_{\mathrm{Al(Fe)}}^{\mathrm{Ni}}$ (见图 4-20) 以及 $\lg f_{\mathrm{O(Fe)}}^{\mathrm{Ca}}$ 确定。Fe-20%～70%Ni 合金中 $\lg f_{\mathrm{O(Fe)}}^{\mathrm{Al}}$ 和铝含量的关系如图 4-22(a) 所示 (为了简化，采用 [%Al]>0.01 范围的数据)。然而，由 [%Al]>0.01 范围的数据得到的结果与所有数据得到的一致。Fe-Cr 合金中 $\lg f_{\mathrm{O(Fe)}}^{\mathrm{Al}}$ 和铝含量的关系如图 4-22(b) 所示。由图 4-22 可知，尽管数据点的范围很大，但是 $\lg f_{\mathrm{O(Fe)}}^{\mathrm{Al}}$ 与合金中镍或铬的含量无关。$e_{\mathrm{O(Fe)}}^{\mathrm{Al}}$ 由 [%Ni]<70 和 [%Cr]<40 范围内数据的斜率中可以估算为 −0.83。根据 $e_{\mathrm{Al(Fe)}}^{\mathrm{O}} = M_{\mathrm{Al}}/M_{\mathrm{O}} \cdot e_{\mathrm{O(Fe)}}^{\mathrm{Al}}$($M_i$ 为元素 i 的摩尔质量)，可以确定 $e_{\mathrm{O(Fe)}}^{\mathrm{Al}}$ 为 −1.4。由 Fe-20%～70%Ni 合金中估算得到的 $\lg f_{\mathrm{O(Fe)}}^{\mathrm{Al}}$

值与 Sigworth 和 Elliott[34] 通过纯铁估算的有所不同。然而，本小节中得到 $e_{O(Fe)}^{Al}$ 为 −0.83 与 Zhao 等人[24] 得到的 −0.89 和 Janke 等人[37] 得到的 −1.06 非常接近。也就是说，当镍含量大于 20%时，合金中 Al 和 O 的相互作用系数与纯镍中非常吻合。

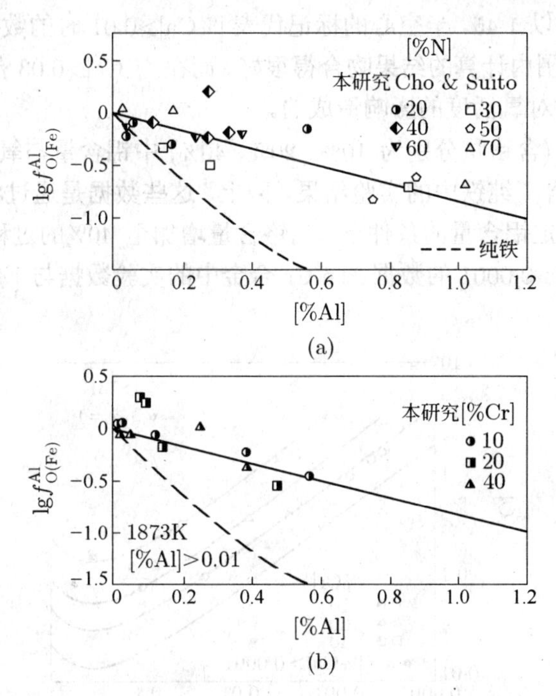

图 4-22 1873K 条件下 Fe-20%~70%Ni 冶金 (a)、Fe-Cr 合金 (b) 中 $\lg f_{O(Fe)}^{Al}$ 与铝含量的关系

d 铝含量和氧含量之间的关系

在与 Al_2O_3 平衡的 Fe-Ni 合金 (含镍分别为 10%、20%、40%和 60%) 中，铝和氧的含量关系如图 4-23 所示。图 4-23 中不同的线代表不同的镍含量，是在 1873K 条件下通过迭代法计算得到的。在计算过程中，使用了 $K_{Al_2O_3(Fe)}$、表 4-6 中的相互作用系数、本小节估算得到的 $e_{O(Fe)}^{Al}$、$e_{Al(Fe)}^{O}$ 和 $e_{Al(Fe)}^{Ni}$ 以及 [%Ni] = 60 时由图 4-20 得到的 $f_{Al(Fe)}^{Ni}$。图 4-23 中也包含了纯铁和纯镍的结果。可以看出，当镍含量取 50%时，在当前的铝含量条件下氧含量达到了最大值。

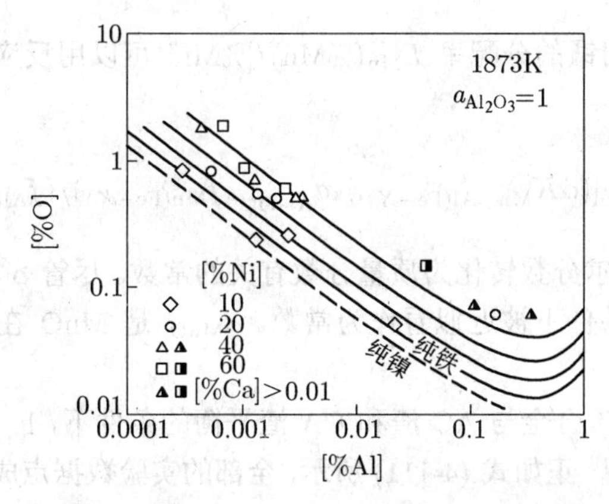

图 4-23 1873K 条件下 Fe-Ni 合金中铝含量和氧含量的关系

图 4-23 中的数据点对应于 Fe-Ni 合金 (Ni 含量分别为 10%、20%、40%和 60%) 与 AC 渣平衡 ($a_{Al_2O_3}=0.33$) 的实验结果。假设氧的活度系数在铝含量确定的前提下为常数，则 $[\%O]=[\%O]_{meas.}(1/a_{Al_2O_3})^{1/3}$($[\%O]_{meas.}$ 为氧的测量值)。从而为了得到 $a_{Al_2O_3}=1$ 时的结果，将氧含量的值均乘以 1.45。半空心的标记代表 [%Ca]>0.01 时的数据。Fe-Ni 合金的实验数据与 [%Ca]<0.03 范围内计算的结果吻合得很好。而在 [%Ca]>0.03 范围内，实验数据与计算值不符，这是由于钙对氧活度的影响造成的。

同样，Fe-Cr 合金 (含铬量分别为 10%、20%、40%) 中铝含量与氧含量的关系如图 4-24 所示。图 4-24 中还包含了纯铁中的实验结果。同上，这些数据是通过将氧含量乘以 1.45 得到的。可以看出，在给定铝含量的条件下，当铬含量增加至 40%的过程中，氧含量升高。半空心的标记代表 [%Ca]>0.0001 的数据。Fe-Cr 合金中的实验数据与 [%Al]<0.03 范围内的计算结果非常吻合。

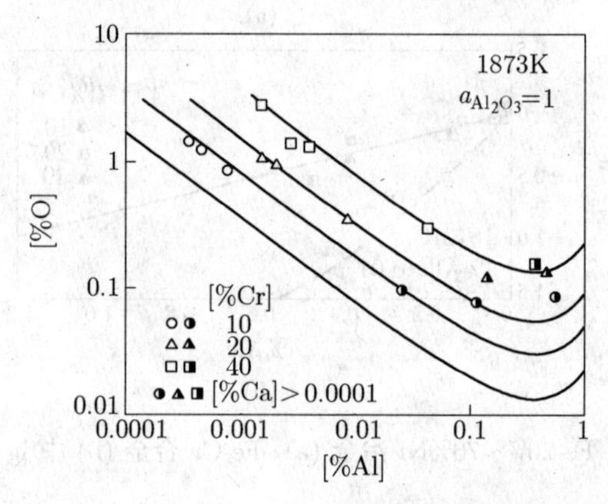

图 4-24　1873K 条件下 Fe-Cr 合金中铝含量和氧含量的关系

B　锰在 $CaO-Al_2O_3$ 渣和 Fe-Ni 合金或 Fe-Cr 合金间的分配

1873K 时，含锰和铝的 Fe-Ni 合金和 Fe-Cr 合金与 AC 渣和 CA 渣平衡实验中测量了锰的分配率，将在下面讨论。

渣金界面之间，锰和铝的置换反应表示如下：

$$Al_2O_{3(s)}+3Mn_{(Fe-X)}=\!=\!=3MnO_{(s)}+2Al_{(Fe-X)} \tag{4-110}$$

在渣和 Fe-X 合金间锰的分配率 $L_{Mn}(\%Mn)/[\%Mn]$ 可以用反应式 (4-110) 的平衡常数表示如下：

$$\lg L_{Mn}=-2/3\lg[\%Al]+\lg[(\alpha K_{Mn-Al(Fe-X)^{1/3}}a_{Al_2O_3^{1/3}}f_{Mn(Fe-X)})/(f_{Al(Fe-X)^{2/3}}\gamma_{MnO})] \tag{4-111}$$

式中，α 为与 MnO 的摩尔分数转化为质量分数有关的常数。尽管 α 是炉渣组组分的一个函数，但是它在当前实验条件下被近似看作为常数。γ_{MnO} 是 MnO 在纯物质标准态 (摩尔分数) 下的活度系数。

1873K 条件下，Fe-Ni 合金与 AC 渣和 CA 渣平衡的条件下，$\lg L_{Mn}$ 值与铝含量的关系如图 4-25 所示。结果发现，正如式 (4-111) 所示，全部的实验数据点成线性，且斜率为 $-2/3$。这表明式 (4-111) 中等号右边第二项为常数。1873K 条件下纯铁与 AC 渣和 CA 渣平衡时的

L_{Mn} 与铝含量之间的关系如图 4-25 所示，表明在铝含量一定的条件下，锰分配率随镍含量的增加而增大。

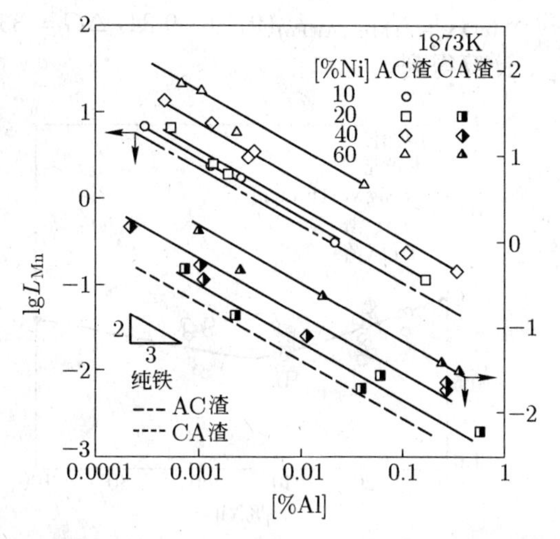

图 4-25 锰在渣和 Fe-Ni 合金间分配率与铝含量的关系

对于 Fe-Cr(Cr 含量分为 10%、20%和 40%) 合金，$\lg L_{Mn}$ 的结果如图 4-26 所示。可以看出，分别对应 AC 渣和 CA 渣的实验数据各自成线性，且斜率为 −2/3。在给定铝含量的前提下，L_{Mn} 与铬含量 ([%Cr]<40) 无关。

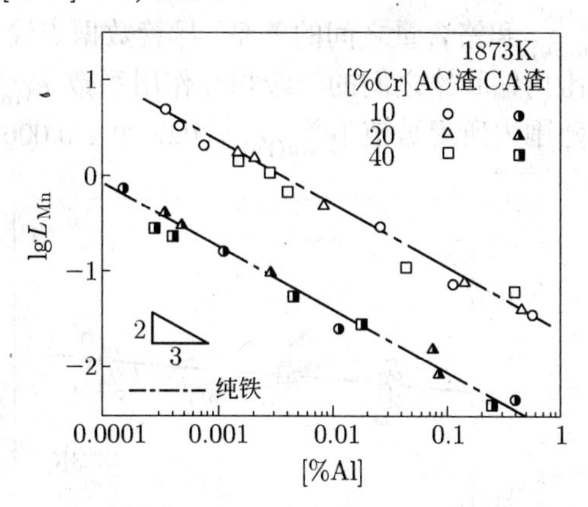

图 4-26 锰在渣和 Fe-Cr 合金间分配率与铝含量的关系

对于纯铁液，反应式 (4-110) 的平衡常数 $K_{Mn-Al(Fe)}$ 可以表示为：

$$\begin{aligned}\lg K_{Mn-Al(Fe)} &= \lg[(a_{Al(Fe)}^2 a_{MnO}^3)/(a_{Mn(Fe)}^3 a_{Al_2O_3})]\\ &= \lg[([\%Al]^2 f_{Al(Fe)}^2 \gamma_{MnO}^3 N_{MnO}^3)/([\%Mn]^2 f_{Mn(Fe)}^3 a_{Al_2O_3})]\end{aligned} \tag{4-112}$$

在 Fe-Ni 合金中，由式 (4-112) 可推导出以下关系：

$$\begin{aligned}\lg f_{Mn(Fe)}^{Ni} =& 2/3(\lg[\%Al] + \lg f_{Al(Fe)}^{Ni}) - \lg[\%Mn] -\\ & 1/3\lg K_{Mn-Al(Fe)} - 1/3\lg a_{Al_2O_3} + \lg\gamma_{MnO} + \lg N_{MnO} + B\end{aligned} \tag{4-113}$$

式中，B 为 $2/3\left(\sum e_{Al(Fe)}^i[\%i] + \sum r_{Al(Fe)}^i[\%i]^2\right) - \left(\sum e_{Mn(Fe)}^i[\%i] + \sum r_{Mn(Fe)}^i[\%i]^2\right)$；$i$ 为

除 Ni 以外的组分。

根据式 (4-113)，$\lg f_{Mn(Fe)}^{Ni}$ 可以由表 4-3 中的实验结果、表 4-6 中的相互作用系数、AC 渣和 CA 渣中的 $a_{Al_2O_3}$ 和 γ_{MnO}、$\lg K_{Mn-Al(Fe)}$(值为 -9.34，$\Delta G = 337700 - 1.4T$ J/mol[34,35]) 以及图 4-27 中的 $\lg f_{Al(Fe)}^{Ni}$ 计算得到。

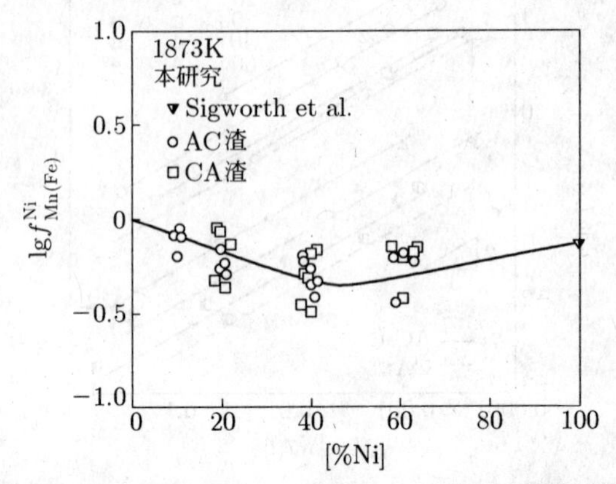

图 4-27 Fe-Ni 合金中 $\lg f_{Mn(Fe)}^{Ni}$ 和镍含量的关系

Fe-Ni 合金中 $\lg f_{Mn(Fe)}^{Ni}$ 和镍含量之间的关系如图 4-27 所示。尽管数据点十分分散，但是锰和镍的一级相互作用系数 $e_{Mn(Fe)}^{Ni}$ 可由 [%Ni]<40 范围内的直线斜率确定为 -0.0085 ± 0.0038。

图 4-28 所示为 $\lg f_{Mn(Fe)}^{Cr}$ 和铬含量之间的关系。尽管数据点较为分散，由直线的斜率可以计算得到 [%Cr]<40 范围内锰和铬之间的一级相互作用系数 $e_{Mn(Fe)}^{Cr}$ 为 0.0039，该数值与在 1843K 下、[%Cr]<3.2 范围内所得数值 ($e_{Mn(Fe)}^{Ni} = 0.0039 \pm 0.0065$) 相吻合。

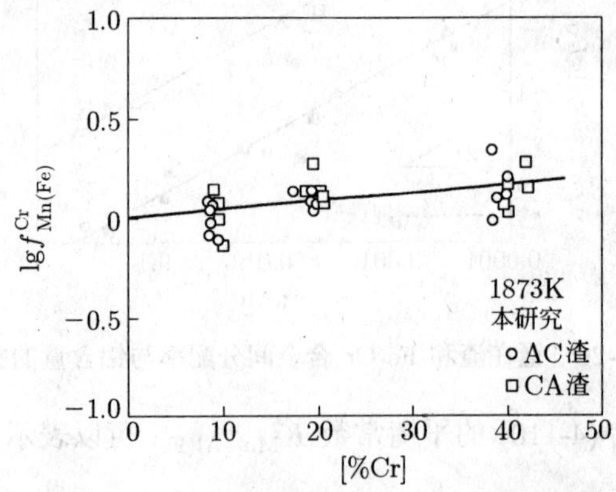

图 4-28 Fe-Cr 合金中 $\lg f_{Mn(Fe)}^{Cr}$ 和铬含量的关系

C Fe-Cr-Ni 合金中氧、铝、锰热力学

1873K 条件下，含有 Al 和 Mn 的 Fe-18%Cr-8%Ni 合金与 AC 渣平衡实验的结果讨论如下。

在 Fe-Cr-Ni 合金中铝脱氧的平衡常数可以从式 (4-107) 中获得：

$$\lg K_{Al_2O_3(Fe)} = \lg([\%Al]^2[\%O]^3/a_{Al_2O_3}) + 2(\lg f_{Al(Fe)}^{Cr} + \lg f_{Al(Fe)}^{Ni} + \lg f_{Al(Fe)}^{Al} + \lg f_{Al(Fe)}^{O}) +$$

$$
\begin{aligned}
&3(\lg f_{O(Fe)}^{Cr}+\lg f_{O(Fe)}^{Ni}+\lg f_{O(Fe)}^{Al}+\lg f_{O(Fe)}^{O})\\
&=\lg([\%Al]^2[\%O]^3/a_{Al_2O_3})+\\
&2\left(\sum e_{Al(Fe)}^{i}[\%i]+\sum r_{Al(Fe)}^{i}[\%i]^2\right)+\\
&3\left(\sum e_{O(Fe)}^{j}[\%j]+\sum r_{O(Fe)}^{j}[\%j]^2\right)
\end{aligned}
\qquad (4\text{-}114)
$$

1873K 条件下，Fe-18%Cr-8%Ni 合金与 Al_2O_3 平衡时铝含量与氧含量之间的关系如图 4-29 所示，图 4-29 中的直线是通过迭代法处理基于纯铁等式 (4-108) 中的平衡常数、本小节中估算的相互作用系数以及表 4-6 已经给定的数据得到的。纯铁和纯镍的结果也在图 4-29 中显示。为了将 $a_{Al_2O_3}$ 从 0.33 转化为 1，这些数据点是利用 1.45 倍的氧含量计算得到的。半空心的图标代表 [%Ca]>0.01 时的数据。可以看出，这些 Fe-Cr-Ni 合金的实验数据点成线性。

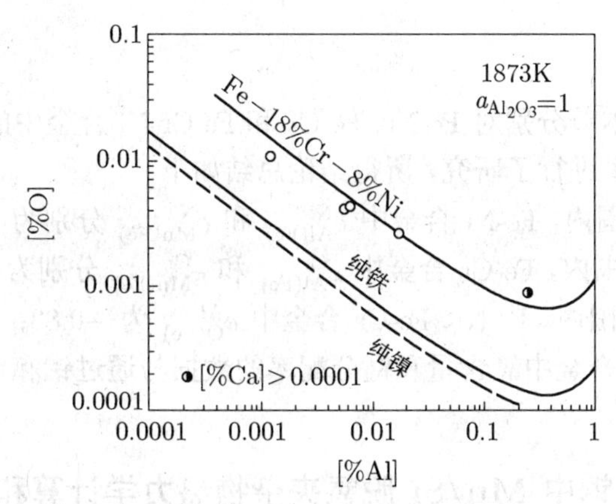

图 4-29 Fe-18%Cr-8%Ni 合金与 Al_2O_3 平衡时铝含量和氧含量的关系

锰在 CaO-Al_2O_3 渣和 Fe-18%Cr-8%Ni 合金之间的分布率可以由式 (4-111) 中的平衡常数推导得出：

$$
\begin{aligned}
\lg L_{Mn}=&-2/3\lg[\%Al]+\lg(\alpha K_{Mn-Al(Fe)}a_{Al_2O_3}/\gamma_{MnO})+\\
&\lg f_{Mn(Fe)}^{Cr}+\lg f_{Mn(Fe)}^{Ni}+\lg f_{Mn(Fe)}^{Al}+\lg f_{Mn(Fe)}^{O}+\lg f_{Mn(Fe)}^{Mn}-\\
&2/3(\lg f_{Al(Fe)}^{Cr}+\lg f_{Al(Fe)}^{Ni}+\lg f_{Al(Fe)}^{Al}+\lg f_{Al(Fe)}^{O}+\lg f_{Al(Fe)}^{Mn})\\
=&-2/3\lg[\%Al]+\lg(\alpha K_{Mn-Al(Fe)}a_{Al_2O_3}/\gamma_{MnO})+\\
&\left(\sum e_{Mn(Fe)}^{i}[\%i]+\sum r_{Mn(Fe)}^{i}[\%i]^2\right)-\\
&2/3\left(\sum e_{Al(Fe)}^{i}[\%i]+\sum r_{Al(Fe)}^{i}[\%i]^2\right)
\end{aligned}
\qquad (4\text{-}115)
$$

1873K 条件下，Fe-18%Cr-8%Ni 合金与 AC 渣和 CA 渣平衡时，$\lg L_{Mn}$ 值与铝含量的关系如图 4-30 所示。这些线是通过迭代的方法使用等式 (4-111) 中基于纯铁的平衡常数以及表 4-6 中的相互作用系数来计算得到的。相同温度条件下，纯铁液与 AC 渣和 CA 渣平衡时 $\lg L_{Mn}$ 和 [%Al] 的关系显示在图 4-30 中。AC 渣 (空心) 和 CA 渣 (半空心) 的实验数据点分别分布在两条计算的直线上。

实验结果表明，本小节中得到的相互作用参数是合理的。

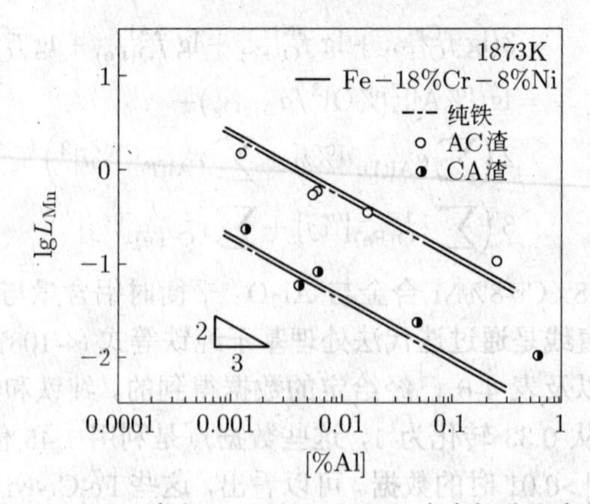

图 4-30 锰在 CaO-Al_2O_3 渣和 Fe-18%Cr-8%Ni 合金间分配率与铝含量的关系

4.7.3.4 结论

在 1873K 条件下，本节分别对 Fe-Ni、Fe-Cr 和 Fe-Cr-Ni 合金中的铝脱氧平衡热力学和锰在渣金两相中的分布率进行了研究，所得结论总结如下：

(1) 在 [%Ni]<40 范围内，Fe-Ni 合金中 $e_{\mathrm{Al(Fe)}}^{\mathrm{Ni}}$ 和 $e_{\mathrm{Mn(Fe)}}^{\mathrm{Ni}}$ 分别为 −0.029 和 −0.0085；

(2) 在 [%Cr]<40 范围内，Fe-Cr 合金中 $e_{\mathrm{Al(Fe)}}^{\mathrm{Cr}}$ 和 $e_{\mathrm{Mn(Fe)}}^{\mathrm{Cr}}$ 分别为 0.0096 和 0.0039；

(3) 在 [%Al]<1.0 范围内，Fe-Ni、Fe-Cr 合金中 $e_{\mathrm{O(Fe)}}^{\mathrm{Al}}$ 为 −0.83；

(4) Fe-18%Cr-8%Ni 合金中氧含量和锰分配率的数据与通过铝和锰的活度系数计算得到的数值非常吻合。

4.7.4 应用实例三：钢中 Mn/Si 脱氧夹杂物热力学计算和实验研究

4.7.4.1 研究背景

在精炼期过程中，从钢水中完全移除有害杂质是很难达到的。一个可行的方法就是消除或者最小化残余夹杂物的有害影响，还可以通过合理控制和改变从而有效利用这些夹杂物。在冶炼过程中，这种方法需要精炼过程中不同化学和热力学条件下相转变以及钢中夹杂物成分关系的准确信息。

在 Mn/Si 脱氧过程中，钢水中的主要夹杂物是 MnO、SiO_2 和少量的 Al_2O_3。CaO 也会由于钢包或中间包中钢液与钙基渣的相互作用出现在钢水中。对 MnO-Al_2O_3-SiO_2 系夹杂物已经做了许多研究[38~46]。另外，为了有利于控制 MnO-Al_2O_3-SiO_2 系夹杂物，基于钢中炉渣的活度以及合金元素的相互作用系数，已经做了几个热力学计算[47~55]。然而，截至目前，已报道的工作在炼钢生产的实际应用中存在一定的局限性：这些工作只是研究了部分组分的和有限的热力学条件，这并不足以满足实际生产中的一般性条件；更重要的是，在体系组成和热力学条件上，研究的准确性不够高，所以精确预测和控制该系夹杂物的目的难以达到。

最近，许多研究者[56] 已经开始针对复杂相平衡热力学模型以及数据库开发进行积极的研究，这也可以应用到炼钢过程来，极大地帮助准确预测和控制夹杂物在复杂过程 (如钢–渣–耐火材料之间的反应等) 中的成分改变。关于 Mn/Si 脱氧钢，可以将热力学方法应用在控制和改变夹杂物成分和相上，为体系及时提供可利用的和可靠的热力学数据库。之前大部分研究主要集中在液态渣/夹杂物和钢水[47~55] 的活度成分关系上，并没有同时考虑夹杂物相平衡。热力学方法可以克服包含热处理 (如固化、冷却和再加热等) 的实际炼钢生产应用中的局限。

当前工作的目标在于通过计算热力学和实验验证两种手段，研究钢水、炉渣以及夹杂物之间相和成分的关系。因为在冶炼过程中通常包含液态和固态夹杂物，所以选择 Mn/Si 脱氧钢作为目标钢。对于热力学计算，使用的是由本书作者优化了的炉渣和夹杂物的热力学数据库，并且使用 FactSage 热力学软件进行计算。

4.7.4.2 热力学基础 —— 模型和数据库

A 钢水

大部分研究者使用的是由 Wagner[57] 开发的、Sigworth 和 Elliott[58] 扩展的相互作用参数模型。这种形式广泛运用于计算钢水溶质的活度/活度系数。为了评估铁水中金属及 O、C、S、N 等元素之间的相互作用参数做了许多实验，并且得到了很好的证实[58,59]。然而，有时候这些数据会失效，尤其在以下情形下：(1) 高浓度区；(2) 含强脱氧剂，如 Al、Ca、Mg。为了用热力学方式解决这些问题，Pelton 和 Bale[60~62] 发明了 UIPM(unified interaction parameter formalism)，修改了 Wagner 模型[57,58] 和 Darken 模型[63]。而且，为了再现强脱氧元素存在时的脱氧现象，Jung 等人[64] 提出 UIPM 应用于熔钢中 Al* O、Ca* O、Si* O 结合物 (微粒) 的观点，UIPM 与结合物共用显示较少模型参数下钢液中计算和实验的脱氧现象之间一致性很好。因此，UIPM 与结合物用于表征钢液的热力学特性。对于 Mn、Si、Al、Ca 的脱氧所需的所有相互作用参数由 Jung 等人[64] 进行了评估，并且运用到本小节中。

B 液态渣/夹杂物

经过几十年的努力，许多研究者已经开发了几个关于渣系的热力学模型，一些模型与实验数据呈现出良好的一致性，并且可以方便地使用电脑计算。在本小节中使用了修正的 Quasichemical 模型[65,66]。这一模型考虑了短程排列。这种模型的细节在其他文献[65,66] 中有详细描述。对于 $CaO\text{-}MnO\text{-}SiO_2\text{-}Al_2O_3$ 系的所有模型参数已经由本书作者进行了优化，热力学优化的细节和模型参数见文献 [67]。

C 固态钢

使用 SGTE 数据库计算有关固体钢 (如 FCC 和 BCC 相) 的热力学特性。

4.7.4.3 实验方法

实验设备原理如图 4-31 所示。电阻炉采用 $MoSi_2$ 棒、PID 温控仪以及 Pt/6Rh-Pt/30Rh 热电偶。

与钢液平衡时，夹杂物的相和化学成分通过两种不同的方法研究：(1) 钢液中夹杂物的直接形成；(2) 渣金两相平衡。对于第一种方法，在脱氧的氩气气氛中，将事先确定好质量的高纯度电解铁、电解锰 (99.99%)、电解硅 (99.999%) 和 Fe-Al(1%) 合金放入 MgO 坩埚中 (外径 40×10^{-3}m，内径 35×10^{-3}m，体积 130×10^{-3}mL)，熔融得到要求组分的合金 (0.3kg)；待均匀后，淬火，切成碎片。取 0.04kg 合金放入一个小的 MgO 坩埚 (外径 25×10^{-3}m，内径 19×10^{-3}m，体积 50×10^{-3}mL)，并且加入适量的 Fe_2O_3 粉末作为氧源；然后将填充好的坩埚放入炉中，在氩气气氛中 1550°C 加热；氩气在 450°C 条件下经 $Mg(ClO_4)_2$ 干燥和充满镁条的管中脱氧处理；坩埚恒温 30min 后，从炉内取出，并且在氦气中快速淬火，接着在冰水中淬火；截掉淬火样品的上部，制样、抛光，最后观察夹杂物和检测成分。采用电子微探针和能谱仪 (JEOL JXA-8100) 来检测夹杂物成分，其加速电压为 15kV，探头电流为 40nA。由 JEOL 公司提供的纯 MnO、SiO_2 和 Al_2O_3 作为电子探针测量的标准。

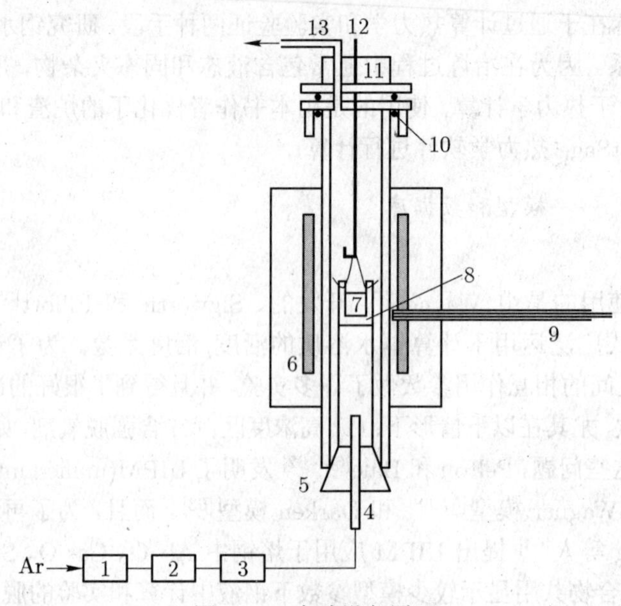

图 4-31　实验设备原理

1— 还原炉 (镁片)；2—$Mg(ClO_4)_2$；3— 质量流量控制器；4— 气体进口；5— 硅胶；6— 加热元件 ($MoSi_2$)；7— 样品 (熔体或熔体和渣)；8— 坩埚 (Al_2O_3 或 MgO)；9— 热电偶 (Pt/6Rh-Pt/30Rh)；10—O 型环；11— 黄铜水冷却套；12— 钼丝；13— 气体出口

对于第二种方法，在铂坩埚中熔融 MnO、SiO_2 和 Al_2O_3 的混合物，从而得到饱和 Al_2O_3 渣；然后将合成渣和 0.04kg 高纯电解铁、适量锰 (99.99%)、硅 (99.999%)、Fe-Al(1%) 合金以及 Fe_2O_3 放在氧化铝坩埚 (外径 32×10^{-3}m，内径 28×10^{-3}m，体积 60×10^{-3}mL) 中；再把坩埚放在电阻炉的高温区，在 1600°C、纯氩保护气氛下达到平衡。初步的实验结果显示，恒温 2h 足够确保钢水和炉渣相平衡。如果是 SiO_2 含量较高的渣，则另需 4h 使渣金平衡。整个坩埚淬火后，金属和渣样进行化学分析。合金中硅和渣中 SiO_2 可以通过重量法分析。合金中 Mn、Al 及渣中 MnO、Al_2O_3 可以通过 ICP 光谱法分析。渣中 Fe_tO 可以通过滴定方法分析，合金相中的全氧使用红外线吸收仪分析。

4.7.4.4　研究结果

A　Mn/Si 脱氧钢中夹杂物的特性

在精炼阶段夹杂物保持液态以及在轧制和塑性变形阶段夹杂物保持较低的硬度，这种情况是希望看到的。取决于冷却速率，液态夹杂物可能形成玻璃相，玻璃相一般很容易在塑性变形阶段被拉长。

因此，在 Mn/Si 脱氧情况下，$MnO-SiO_2-Al_2O_3$ 三元渣系的低液相区内的夹杂物成分是较好的。图 4-32 所示为 $MnO-SiO_2-Al_2O_3$ 渣系不同温度条件下的液相线，它是经过本书作者优化后的结果。用粗线表示锰铝榴石主要相区以及 1100~1200°C 范围内临近区域的液相线温度。众所周知，锰铝榴石的硬度足够低，所以结晶后是容易变形的，如 $MnSiO_3$ 和

Mn_2SiO_4 包含低的或没有 Al_2O_3 的晶体的硬度也是低的。如果夹杂物位于 1200°C 两相区 (50%液相 +50%固相)，夹杂物成分的目标区域将会变得更大，如图 4-33 所示。

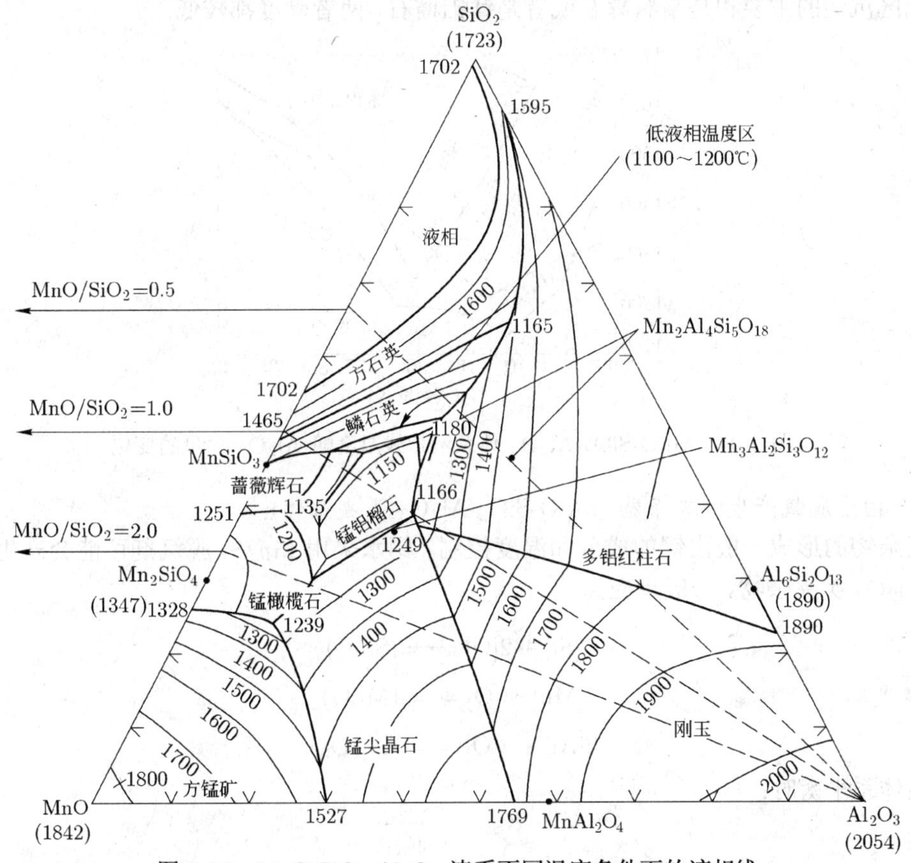

图 4-32 $MnO-SiO_2-Al_2O_3$ 渣系不同温度条件下的液相线

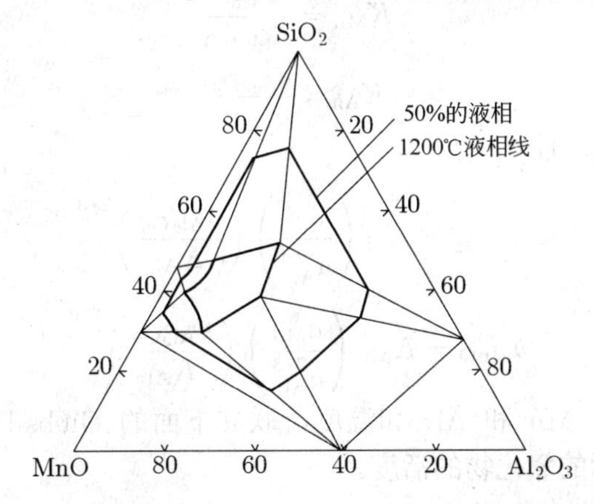

图 4-33 $MnO-SiO_2-Al_2O_3$ 体系 1200°C 液相和液固区

从图 4-32 中可以看出，低的液相线温度区位于 MnO/SiO_2 为 0.5~2(质量比) 的范围内。图 4-34 显示了确定 MnO/SiO_2 比 (0.5、1.0 和 2.0) 时，液相线温度随 Al_2O_3 含量的变化。冷却过程中首先出现的固相也显示在液相线上。夹杂物中 Al_2O_3 含量高于 20%时将导致氧化铝、多铝红柱石或锰尖晶石 ($MnAl_2O_4$) 的结晶化。当 $MnO/SiO_2 = 0.5$ 时，温度较低的液相区很窄，并且 1250°C 附近的液相线温度只出现在 Al_2O_3 含量为 20%左右。另外，当 $MnO/SiO_2=1$ 时，在 Al_2O_3 含量为 5%~20%的范围内显示出广阔的低温液相区域；此外，在此液相区沉淀的主要相是蔷薇辉石或者是锰铝榴石，两者硬度都较低。

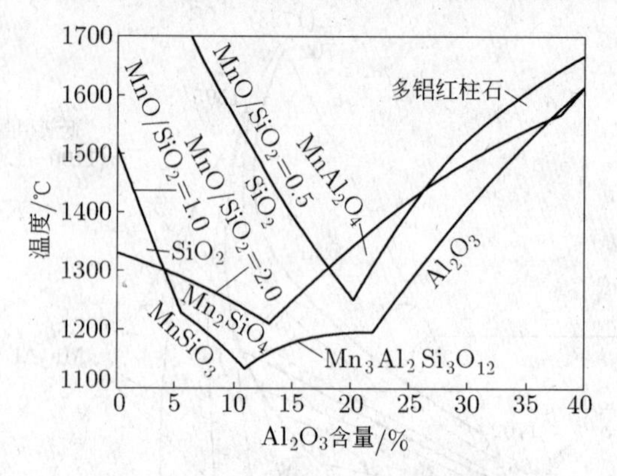

图 4-34 $MnO-SiO_2-Al_2O_3$ 体系液相线温度随 Al_2O_3 含量的变化

B 由于脱氧产生的夹杂物 ($MnO-SiO_2-Al_2O_3$ 类夹杂物)

夹杂物的形成一般由钢的成分和温度控制。钢水采用 Mn/Si 脱氧剂可能会产生 $MnO-SiO_2-Al_2O_3$ 类夹杂物。一般反应为：

$$[Si]+2[O] = (SiO_2) \tag{4-116}$$

$$[Mn]+[O] = (MnO) \tag{4-117}$$

$$2[Al]+3[O] = (Al_2O_3) \tag{4-118}$$

当体系平衡时：

$$K_{Si}=\frac{a_{SiO_2}}{a_{Si}a_O^2} \tag{4-119}$$

$$K_{Mn}=\frac{a_{MnO}}{a_{Mn}a_O} \tag{4-120}$$

$$K_{Al}=\frac{a_{Al_2O_3}}{a_{Al}^2a_O^3} \tag{4-121}$$

氧化物活度可以推导如下：

$$a_{SiO_2}=K_{Si}\left(\frac{a_{Si}}{a_{Al}^{4/3}}\right)\left(\frac{a_{Al_2O_3}}{K_{Al}}\right)^{2/3} \tag{4-122}$$

$$a_{MnO}=K_{Mn}\left(\frac{a_{Mn}}{a_{Al}^{2/3}}\right)\left(\frac{a_{Al_2O_3}}{K_{Al}}\right)^{1/3} \tag{4-123}$$

已知金属成分 (Si、Mn 和 Al) 和温度，联立下面的 Gibbs-Duhem 等式即可计算式 (4-122)、式 (4-123) 表示的氧化物的活度。

$$x_{SiO_2}\mathrm{dln}a_{SiO_2}+x_{MnO}\mathrm{dln}a_{MnO}+x_{Al_2O_3}\mathrm{dln}a_{Al_2O_3}=0 \tag{4-124}$$

同时，平衡条件可以通过自由能最小方法得出，即：

$$\frac{\partial G}{\partial n_{i,p}}=0 \tag{4-125}$$

式中，G 为整个体系的吉布斯自由能，$n_{i,p}$ 为 p 相中 i 的物质的量，同时服从质量平衡原理。

图 4-35 所示为金属相在 [Si] 和 [Mn] 总含量为 1.0%、温度为 1550°C 条件下形成的氧化物夹杂物之间的成分关系。在图 4-36 中金属成分由 Mn/Si(质量百分比) 比、Al($\times10^{-6}$) 和 O($\times10^{-6}$) 给定的。可以看出，在给定 Mn/Si 比前提下，氧化物夹杂物的成分应该位于对应的等 Mn/Si 线上。例如，在钢中 Mn/Si 比为 1.0 时，夹杂物成分应该在 Mn/Si 比为 1.0 的线上，即在线的准确位置上，准确的夹杂物平衡成分通过钢中铝和氧含量决定。通过参照图 4-32 和图 4-35 可以产生低的液相夹杂物的金属成分范围是容易识别的。对于低液相线夹杂物，理想金属成分是在 Mn/Si = 2~5 范围内。

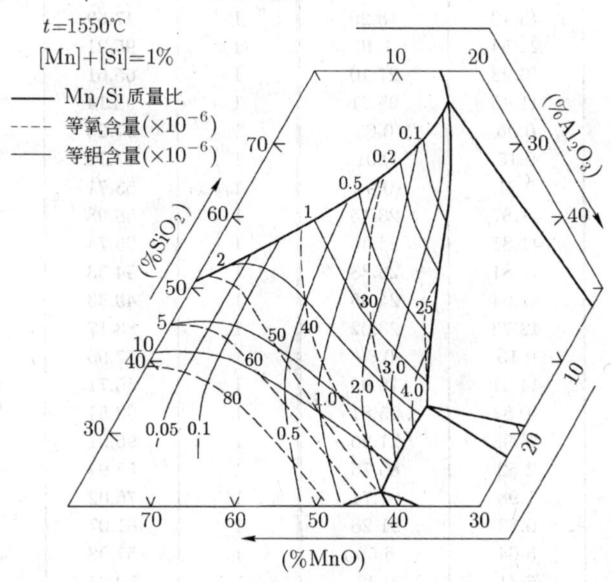

图 4-35 1550°C 时金属相与液态氧化物相之间的成分关系

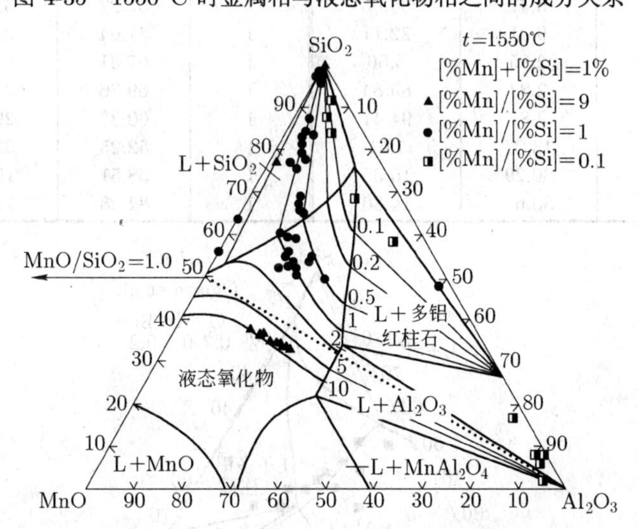

图 4-36 1550°C 时 Mn/Si 脱氧钢中实验和计算夹杂物成分的比较

为了通过热力学计算验证以上预测结果的准确性，分别针对于三个不同的金属成分即 Mn/Si=0.1、1.0、9，开展了实验研究，结果如图 4-36 所示。图 4-36 中所有数据点也列在表 4-7 中。尽管数据点有一定的分散性，但是大部分点趋向位于等 Mn/Si 线上。在等 Mn/Si 线上数据点离散的原因是铝含量波动导致的氧含量变化。由图 4-35 可知，铝含量的微小变化可能导致氧化物成分大的改变。Ogawa 等人[43] 报道了 Mn/Si 脱氧钢中的夹杂物成分。图 4-37 所示为叠加热力学预测图的结果，这些数据与预测很一致。

表 4-7 钢水直接形成的夹杂物电子探针检测结果

Mn/Si	SiO_2/%	MnO/%	Al_2O_3/%	Mn/Si	SiO_2/%	MnO/%	Al_2O_3/%
9	34.71	41.92	23.36	1	59.13	28.12	12.75
9	34.29	42.34	23.37	1	65.12	22.10	12.78
9	34.89	42.56	22.55	1	80.87	14.37	4.76
9	37.85	46.51	15.64	1	87.30	9.36	3.34
9	36.31	45.40	18.29	1	47.69	2.20	50.11
9	77.06	21.54	1.40	1	95.21	3.51	1.28
9	32.62	40.28	27.10	1	65.61	22.84	11.55
9	33.34	41.45	25.21	1	98.14	1.81	0.05
9	99.92	0.05	0.03	1	97.23	2.44	0.33
9	99.84	0.15	0.01	1	77.75	18.79	3.46
9	99.74	0.21	0.04	1	53.71	26.52	19.77
9	34.98	41.87	23.15	1	58.98	26.54	14.48
9	33.64	41.81	24.55	1	95.74	3.18	1.09
9	34.12	41.81	23.38	1	54.33	25.84	19.83
9	33.91	41.64	24.45	1	49.83	24.75	25.42
9	34.22	42.76	23.02	1	83.17	10.67	6.16
9	99.85	0.13	0.02	1	77.90	15.39	6.71
9	36.76	44.34	18.90	1	55.71	29.75	14.54
9	33.32	40.87	25.81	1	63.51	36.49	0.00
9	34.76	43.98	21.26	1	96.91	3.09	0.00
0.1	16.72	2.52	80.76	1	55.94	44.06	0.00
0.1	6.31	1.98	91.71	1	76.02	18.25	5.74
0.1	7.89	0.83	91.28	1	81.07	14.21	4.72
0.1	83.80	5.64	6.56	1	51.98	30.32	17.70
0.1	84.17	6.41	9.42	1	50.34	30.65	19.02
0.1	58.57	6.47	34.96	1	52.22	31.36	16.41
0.1	68.58	9.31	22.11	1	51.64	31.19	17.17
0.1	91.60	2.85	5.56	1	67.31	21.96	10.74
0.1	7.94	2.23	89.84	1	69.26	20.59	10.15
0.1	1.71	3.87	94.41	1	60.32	29.12	10.57
1	83.13	13.27	1.61	1	52.25	33.51	14.25
1	53.36	30.29	16.35	1	38.51	15.89	5.59
1	55.02	30.67	14.30	1	84.28	11.57	4.16

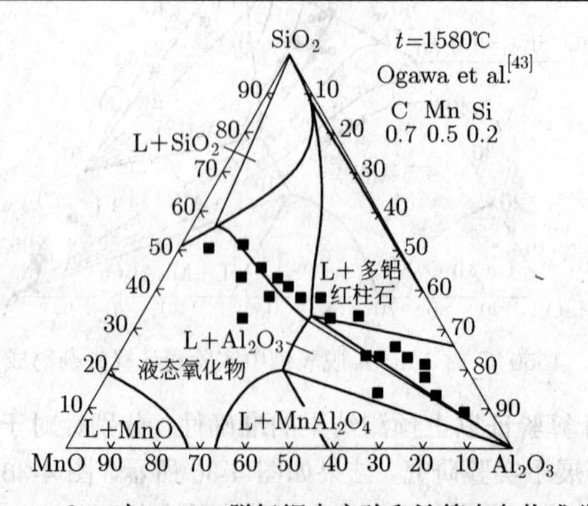

图 4-37 1580°C 时 Mn/Si 脱氧钢中实验和计算夹杂物成分的比较

(所有的线是由热力学模型计算得到的)

C 钢-渣平衡

从热化学的角度来看，与钢水平衡时渣和夹杂物之间没有差别。当与钢液平衡的夹杂物组成由坩埚中与钢平衡的氧化物熔渣决定时，渣必然已与坩埚材质中氧化物饱和。因此，这种方法强制限制了氧化物组成的变化。然而，这种方法可以获得与固体坩埚材料 (如 Al_2O_3、MgO 或 CaO) 饱和时以及与钢液平衡时的氧化物组成。

在本小节中，钢和一系列不同成分的氧化物渣在 1600°C 下铝坩埚中达到平衡，结果见表 4-8。图 4-38 所示为相同条件下的与钢水平衡的实验渣和热力学预测中渣的成分比较，两者吻合得很好。如图 4-39 所示为 Ohta 和 Suito[42] 报道的渣成分和本小节研究结果，其中 Mn 和 Si 的总量在 1%左右。许多邻近的数字表示 Mn/Si 比。由图 4-39 可以清晰地看出，两种实验结果表明了热力学预测的准确性。

表 4-8 1600°C 时金属和渣相的平衡组分

样品号	时间/h	金属相/%						渣相			
		[Mn]	[Si]	[Al]	[O]			(MnO)	(SiO_2)	(Al_2O_3)	(Fe_tO)
					最大值	最小值	平均值				
1	2	0.643	0.019	0.00050	0.00729	0.00711	0.00721	31.2	23.9	41.1	3.9
2	2	0.686	0.028	0.00064	0.00640	0.00627	0.00633	30.6	24.3	41.4	3.6
3	2	0.399	0.045	0.00096	0.00612	0.00595	0.00605	25.5	31.1	39.4	4.1
4	4	0.280	0.377	0.00102	0.00568	0.00535	0.00555	22.1	37.0	36.7	4.2
5	4	0.290	0.433	0.00072	0.00525	0.00511	0.00518	21.9	37.8	36.8	3.5
6	2	0.911	0.082	0.00118	0.00528	0.00511	0.00519	36.0	22.0	39.3	2.6
7	2	0.991	0.100	0.00197	0.00441	0.00432	0.00438	33.8	24.2	39.7	2.6
8	2	0.664	0.598	0.00247	0.00465	0.00387	0.00440	26.8	32.4	40.8	—
9	4	0.357	0.662	0.00103	0.00363	0.00349	0.00357	23.1	38.1	36.4	2.5
10	4	0.376	0.775	0.00069	0.00362	0.00352	0.00356	21.8	38.6	36.6	3.0
11	2	1.389	0.118	0.00116	0.00382	0.00367	0.00372	35.1	22.4	40.3	2.2
12	2	1.565	0.540	0.00131	0.00333	0.00292	0.00310	34.3	24.4	39.7	1.6
13	2	1.008	0.964	0.00185	0.00322	0.00284	0.00303	29.2	31.2	38.1	1.4
14	4	0.577	1.368	0.00213	0.00304	0.00297	0.00301	23.5	37.7	37.1	1.8
15	4	0.571	1.480	0.00152	0.00285	0.00280	0.00282	21.9	39.6	36.6	1.9

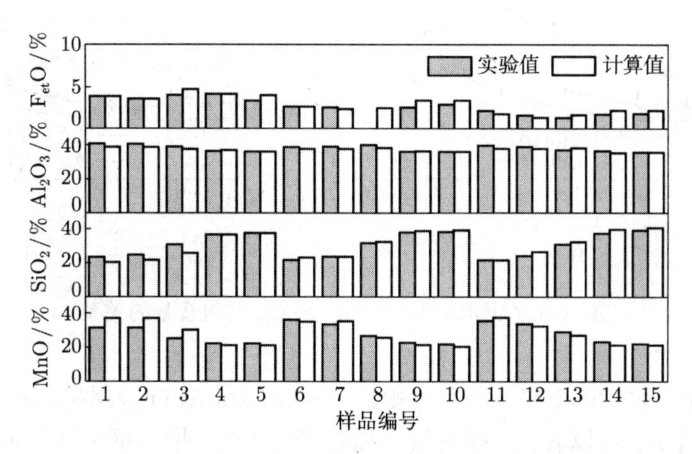

图 4-38 $MnO-SiO_2-Al_2O_3$ 渣与金属平衡时各成分实验结果与计算结果比较

(横坐标的样品号与表 4-8 对应)

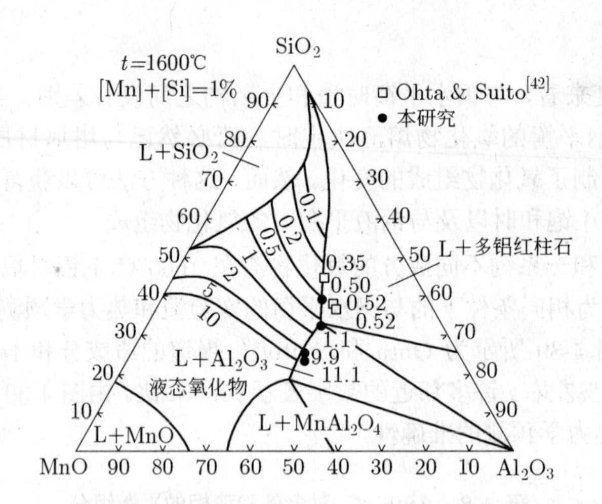

图 4-39　Mn/Si 脱氧钢实验和计算夹杂物成分的比较

(所有的线由热力学模型计算得到；与实验点临近的数据代表钢水中的 Mn/Si 质量比)

表 4-8 中与渣 (或夹杂物) 平衡的金属成分如图 4-40 所示。由 Ohta 和 Suito[42] 以及 Fujisawa 和 Sakao[40] 得出的数据也包含在图 4-40 中。图 4-40 中的线代表给定 Si 和 Mn 浓度条件下锰硅比和溶解氧之间的平衡关系。除了硅含量较低，即 [Mn]+[Si]=0.5%和 Mn/Si>10 的情况下，合理的热力学预测很好地反映了实验的结果。这一矛盾无法解释，但要归因于低硅含量时化学分析的准确性较低。应该指出的是，应用于本书计算的热力学数据库是经过作者[67] 和 Jung 等人[64] 优化的。因此，本小节中的计算结果未经核实，只是预测的结果。考虑到 (数据计算中) 遗传的不确定性在此类实验中是无法避免的，图 4-40 中的一些分散数据是可以接受的。

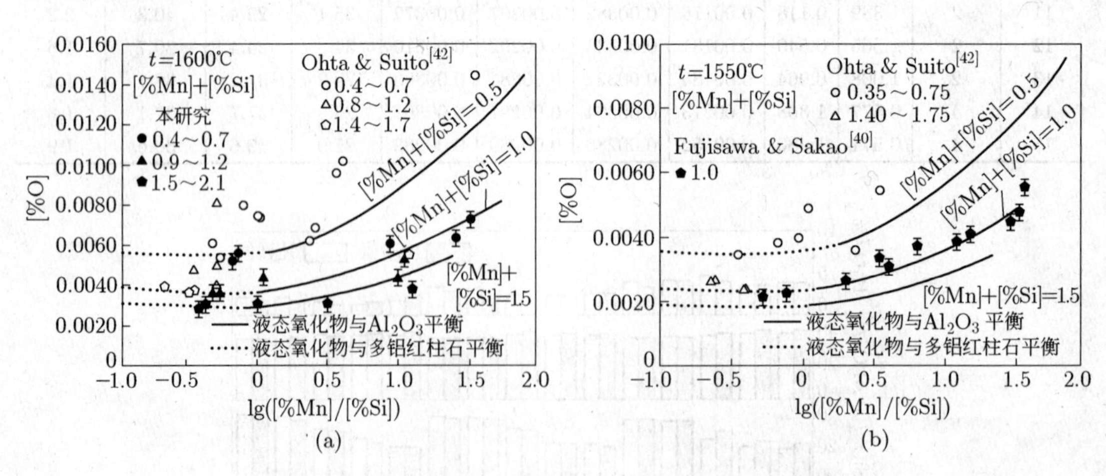

图 4-40　钢水中 lg([%Mn]/[%Si]) 与氧含量的关系

热力学上，在 1550°C 下夹杂物平衡相是由 Fe-Si-Mn-Al-O 金属相的不同组分所决定的，结果如图 4-41 所示。可以看出，锰对稳定相有重大影响，增加钢中锰含量明显扩大了液态氧化物区域。

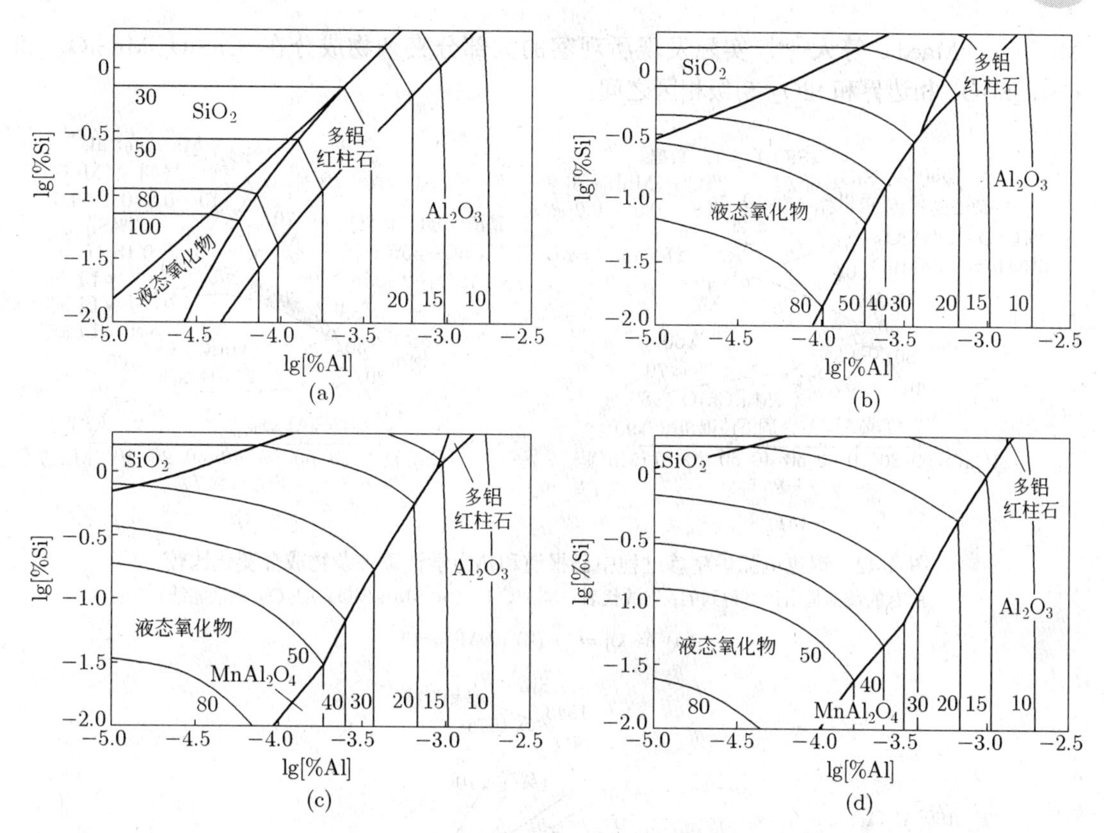

图 4-41 1550°C 时 Fe-Mn-Si-Al-O 系夹杂物相图 (每条线附近的数据表示钢水中的平衡氧含量 (ppm))

(a) [%Mn] = 0; (b) [%Mn] = 0.5; (c) [%Mn] = 1.0; (d) [%Mn] = 1.5

D 顶渣的影响

在 Mn/Si 脱氧钢中形成的夹杂物成分可以用 $CaO-MnO-SiO_2-Al_2O_3$ 四元渣系表示。Al_2O_3 来源于包含铝杂质的铁合金，CaO 来源于顶渣。一旦夹杂物由于脱氧过程产生，它们的成分将通过与顶渣的直接或间接相互作用改变。将脱氧后伴随精炼过程夹杂物成分的变化绘制成如图 4-42(a)(Al_2O_3 含量为 5%) 和图 4-42(b)(Al_2O_3 含量为 15%) 所示的四元系 $CaO-MnO-SiO_2-Al_2O_3$。图 4-42 中的数据来源于实际生产。可以看到两种 Al_2O_3 含量的最初的夹杂物成分均逐渐朝着顶渣成分移动。这一改变也许可以通过热力学模拟。首先，最初的夹杂物与钢水平衡，随后少量的顶渣逐渐加入到钢中。计算每一次添加过程中的热力学平衡，从而得到夹杂物的新组分。重复该过程可以追踪夹杂物的成分变化路线。夹杂物成分将最终接近于顶渣成分。图 4-42(a) 和 (b) 中的线是热力学计算得来的。可以看出，热力学预测与实际生产数据非常吻合。

E 在冷却过程中夹杂物相的转化

夹杂物，尤其是其液相，在铸造和随后钢的冷却期间将发生相的转化。夹杂物相的转化程度主要依赖于冷却速率。只要冷却速率足够慢，钢和夹杂物之间热化学关系近似平衡。然而，在不同温度下，夹杂物平衡相的计算将是一种有效的工具来预测夹杂物可能出现的相。图 4-43 是在含 $15\%Al_2O_3$ 的 $CaO-MnO-SiO_2-Al_2O_3$ 四元相图下，$CaO-MnO-SiO_2$ 三元图区的投影。位于图 4-43 阴影区液态夹杂物的成分首先结晶成 SiO_2，$CaAl_2Si_2O_8$，$CaSiO_3$-

$MnSiO_3$。Maeda 等人[68] 实际发现所观察的大部分夹杂物成分在 $CaSiO_3$-$MnSiO_3$ 和 $CaAl_2Si_2O_8$ 相边界和 SiO_2 初级相区之间。

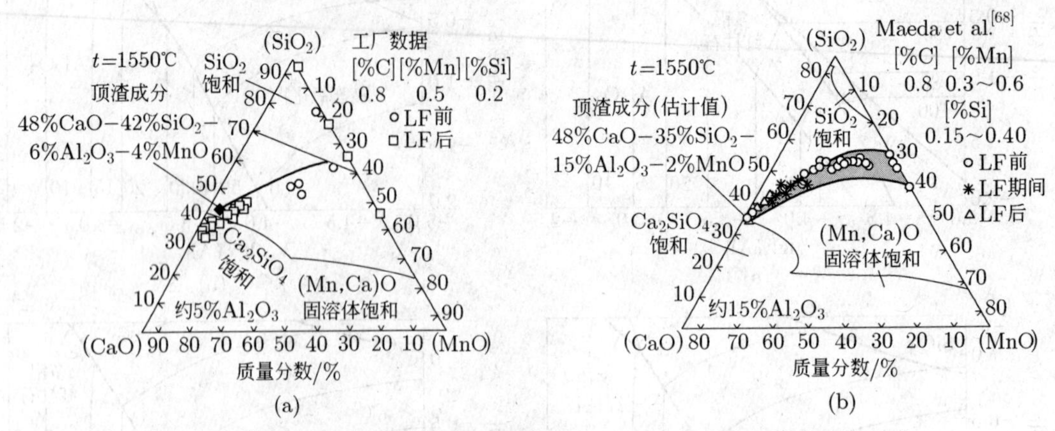

图 4-42　钢包电弧炉精炼过程中已报道和热力学计算夹杂物成分变化比较
(所有的线都是由计算得到的；细线代表 1550°C 时 CaO-Mn-SiO_2-Al_2O_3 系液相线)
(a) [%Al] = 5; (b) [%Al] = 15

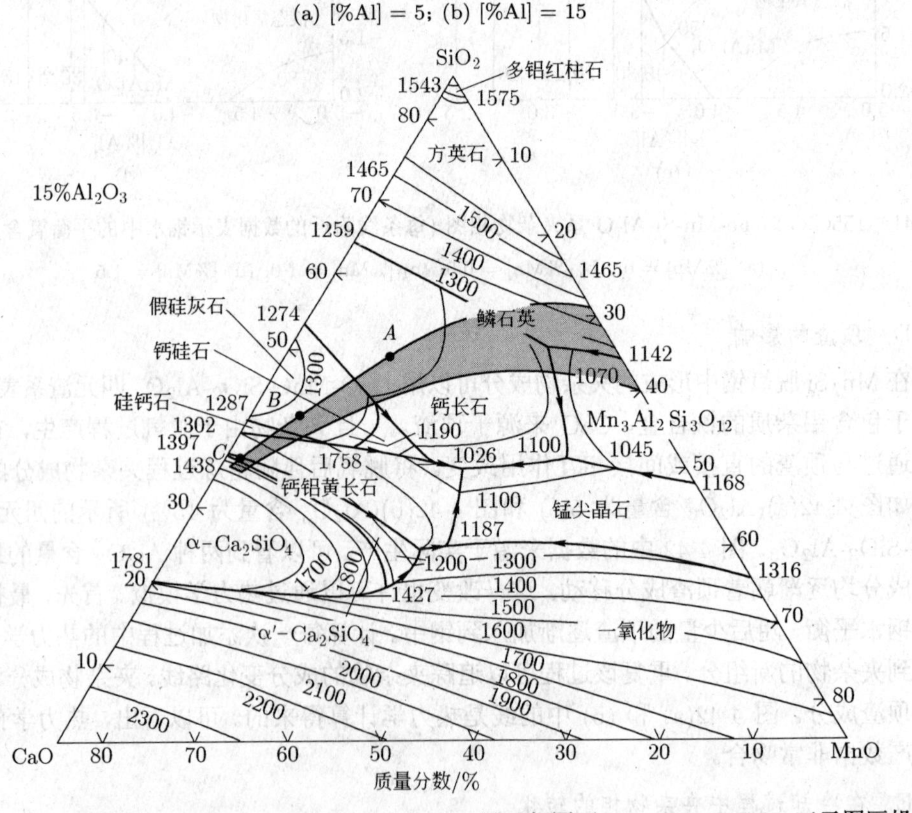

图 4-43　含 15%Al_2O_3 的 CaO-MnO-SiO_2-Al_2O_3 四元相图下，CaO-MnO-SiO_2 三元图区投影
(阴影区表示同图 4-42(b) 相同的含义)

然而，为了更加精确，应该考虑在冷却期间可能出现的金属和氧化物相之间的质量传递。冷却时，由于钢中氧化物的溶解度随温度降低，钢中溶解的氧将向液态夹杂物移动并且与夹杂物附近的 Mn、Si 和 Al 形成新的氧化物。液态夹杂物的成分从而发生改变，因此夹

杂物成分将偏离图 4-43 中的相图 (Al_2O_3 含量为 15%的截面)。为了适应这种质量交换，计算了在不同温度条件下包括钢水 (Fe-Si-Mn-Al-O) 和夹杂物 (SiO_2-MnO-Al_2O_3-CaO) 的整个体系平衡关系。图 4-43 中代表夹杂物初始组分的 A、B 和 C 点的结果分别如图 4-44(a)、(b) 和 (c) 所示。在图 4-44 中，1550°C 时存在的每一相的含量是由相对液态夹杂物的含量给定的。在图 4-44(a) 中看到夹杂物的量随温度降低而增加。这是由于随着温度的降低在钢中溶解的金属元素 Al、Si 和 Mn 在高温下与溶解氧反应形成氧化物。夹杂物量随温度的改变程度主要取决于金属液中可利用的氧量。如果大量的氧可利用，夹杂物量随温度改变将是很大的。可以看出，当温度低于液相线并且高于钢的固相线时，固体 SiO_2 相从液态夹杂物中沉淀出。这意味着 SiO_2 沉淀甚至在连续冷却期间都是很有可能发生的。其他如硅灰石和钙长石等相实际上不可能出现，因为他们的沉淀温度太低。一般不希望出现 SiO_2 夹杂物，因为它硬度很高。直到钢完成凝固，图 4-44(b) 位置 B 也不会有固相从液态夹杂物中沉淀出现。进一步冷却并随钙长石出现的初始固相将会是钙硅石。这些固相在连续冷却过程中更可能沉淀出现，尤其轧钢中的再加热期间 (一般在 1200°C 左右)。这些固体普遍较软，所以塑性变形中它们随基体钢被轻易拉长。至于图 4-44(c) 中的位置 C，钙铝黄长石在相对高的温度下趋向于沉淀，并且这一固相的硬度较高。

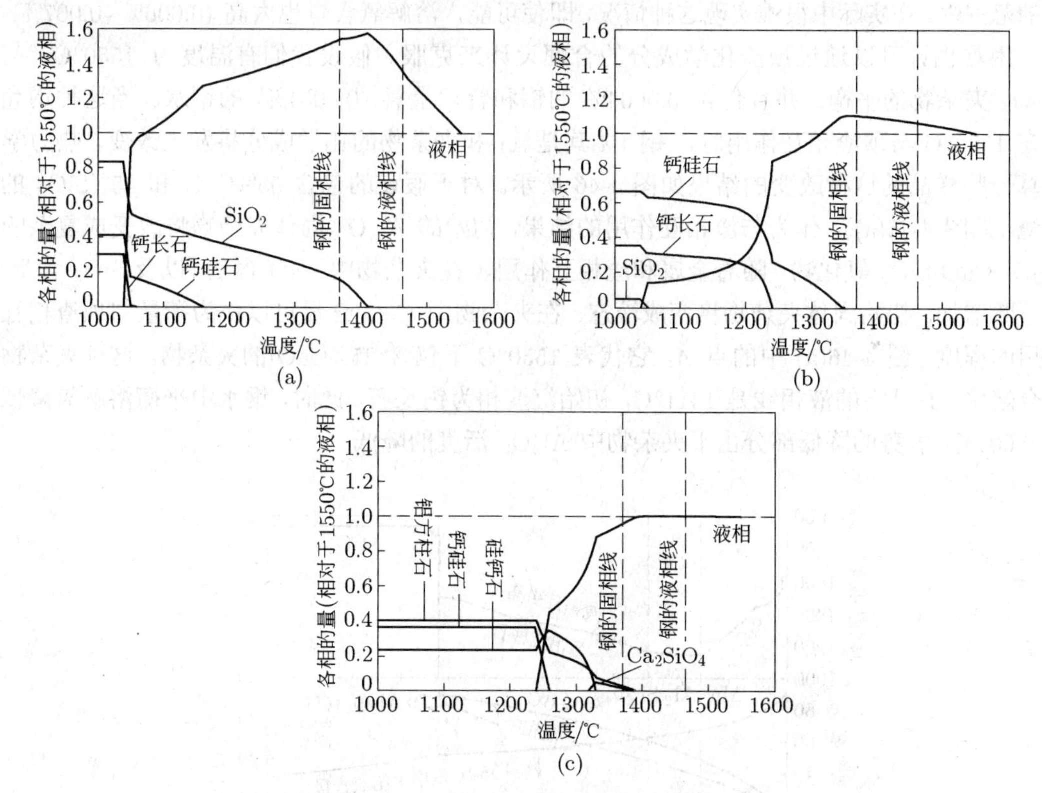

图 4-44 分别从图 4-43 中 A、B 和 C 三点开始冷却时钢和夹杂物的相传递

(每一相的含量是相对于 1550°C 下液态氧化物的含量)

F 实际应用上的一些考虑

帘线钢对夹杂物/沉淀物在尺寸、形态以及化学成分上有严格要求。在钢在轧制和拉伸过程中，要求控制夹杂物和沉淀物，使他们的物理性能适合变形，这样就不会施加过多的压

力或破坏。Al_2O_3 夹杂物是硬度很高且不易变形，$MnO-SiO_2-CaO-Al_2O_3$ 类型夹杂物的变形能力受 Al_2O_3 含量影响很大。对于 $MnO-SiO_2-Al_2O_3$ 类型夹杂物，合理控制 MnO/SiO_2 能够确保夹杂物在低的液相线温度沉淀出硬度较低的初始相 (见图 4-34)。反过来，可以通过调整 Mn 和 Si 的含量控制 MnO/SiO_2。Ekerot[69] 报道了当 Al_2O_3 含量约为 15%时，$MnO-SiO_2-Al_2O_3$ 夹杂物的变形能力指数 (定义为夹杂物应变对于钢应变的比例) 出现最大值。当夹杂物中含有 CaO 时 (通常源自钢液与渣相的相互作用)，液态 $MnO-SiO_2-CaO-Al_2O_3$ 夹杂物的成分范围很大程度上取决于 Al_2O_3 含量，如图 4-42 所示。Maeda 等人[68] 报道了在帘线钢中夹杂物的不变形指数随 Al_2O_3 含量增加而降低，并且在 Al_2O_3 含量约为 20%时出现最小值，这与由 Ekerot[69] 报道的结果一致。因此，热力学计算在寻找夹杂物最优化成分以及随后的导致最优化夹杂物成分的终钢化学成分确定方面提供了一种有效的工具。

假设要生产含碳 0.7%、硅 0.3%、锰 0.7%的钢，并且希望优化渣的化学成分以便夹杂物有低的液相线温度，同时沉淀硬度较低的初始相。图 4-45 所示为该钢水中铝浓度对液相线温度、初始相平衡氧含量以及液态夹杂物中 Al_2O_3 浓度的影响。可以看出，假设与渣没有相互作用，低液相线以及硬度较低的夹杂物的形成只可能在铝含量 (0.0001%~0.00017%) 非常狭窄的范围内。在实际中很难实现这种情况，即使可能，溶解氧含量也太高 (0.006%~0.007%)。这一困难也许可以通过顶渣化学成分的合理设计来克服。假设我们有温度为 1550°C，与 Al_2O_3 夹杂物的平衡，并且包含 0.0004% 的铝和合理量氧 (0.0051%) 的钢水。当这种钢允许在 1550°C 与顶渣相互作用时，钢 (尤其是氧) 和夹杂物的化学成分将发生改变。热力学计算一些样品的这种改变的结果如图 4-46 所示。对于假设的包含 55%CaO 和 45%SiO_2 的顶渣 (见图 4-46(a))，作为与渣相互作用的结果，初始的 Al_2O_3 固体夹杂物将改变成复杂的 $Al_2O_3-CaO-SiO_2$ 氧化物。随着金属和渣相互作用，在夹杂物中 CaO 含量 (以及 SiO_2 含量) 将不断增加。初始固体夹杂物将变成液态。在夹杂物中 CaO 含量可以作为衡量与顶渣相互作用的程度。图 4-46(a) 中的点 *A*，它代表 1550°C 下包含 25%CaO 的夹杂物。这种夹杂物完全熔化，并且它的液相线是 1311°C，初始沉淀相为钙长石。此时，钢水中平衡溶解氧降低到 0.004%。氧势的降低部分由于夹杂物中 Al_2O_3 活度的降低。

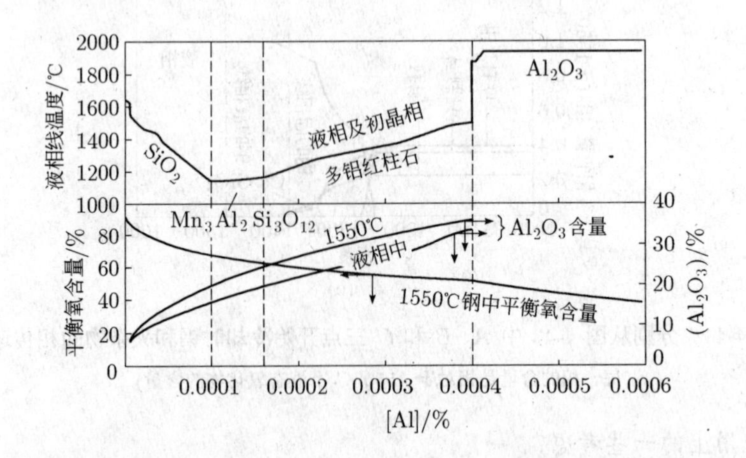

图 4-45　1550°C 钢水 (0.7%C-0.7%Mn-0.3%Si) 中铝浓度对液相温度、夹杂物初相、平衡氧含量以及液态夹杂物中 Al_2O_3 浓度的影响

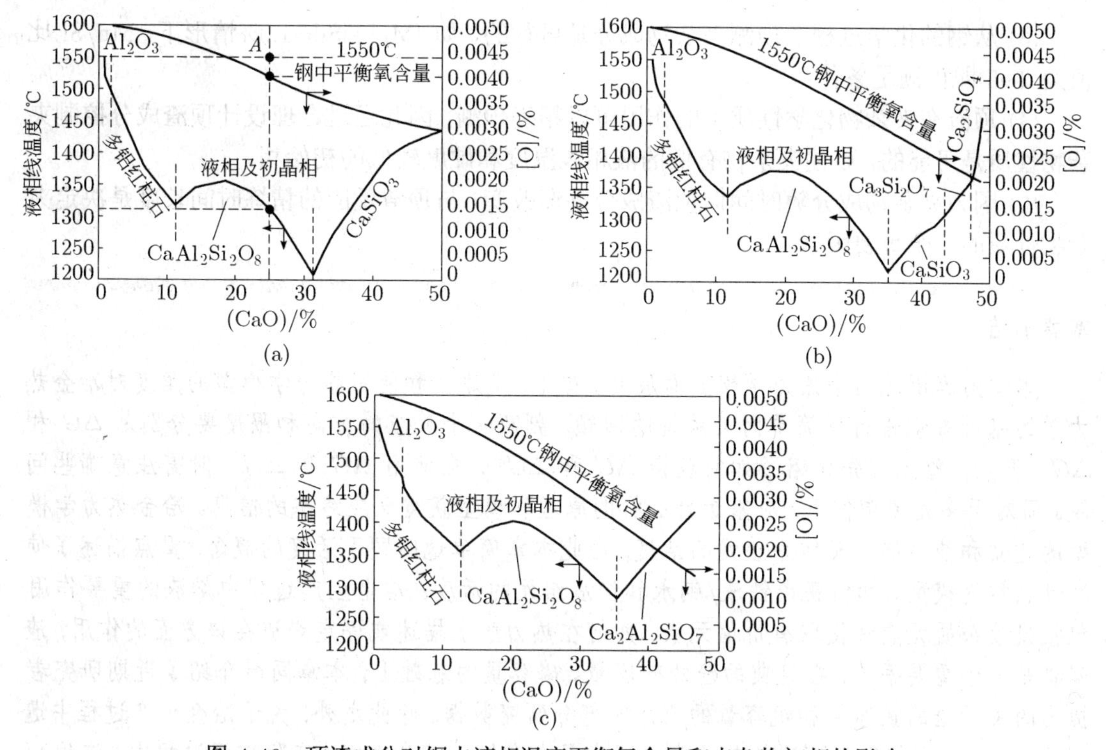

图 4-46　顶渣成分对钢水液相温度平衡氧含量和夹杂物初相的影响

(a) 55%CaO-45%SiO_2；(b) 52.5%CaO-40%SiO_2-7.5%Al_2O_3；(c) 50%CaO-35%SiO_2-15%Al_2O_3

对于在 Si/Mn 脱氧钢中夹杂物 (有低的液相线温度和较低的硬度) 正是所希望的。在钢中低氧量也是所希望的。为了降低钢中氧含量，需要增加夹杂物中的 CaO 含量，如图 4-46 所示。然而，在 1550°C 下的液态夹杂物 CaO 含量过高会导致高的液相线温度，以及不希望的固体初始相，如 Ca_2SiO_4 或 $Ca_2Al_2SiO_7$(见图 4-46(b)、(c))。

在预测钢精炼过程中 (如钢包精炼、RH 脱气和中间包) 夹杂物的行为时，虽然动力学、流体动力学、扩散、凝固、热力学等知识是必需的，但是炼钢过程中涉及的是极高温度 (大于 1550°C) 以致化学反应极易达到热力学平衡状态。因此，尽管应该从流体动力学方面考虑钢水的流动，但是热力学平衡状态的预测是最重要的因素。由于 CALPHAD 类型[56] 的热力学计算使用的是小尺寸的热力学数据，占用较少的电脑资源，在当前工作中热力学预测可以在短时间内准确地做到。这意味着关于夹杂物的这种类型的热力学预测可以在炼钢实际生产中作为有效的工具。

4.7.4.5　结论

本小节通过热力学计算和实验验证两种方法研究了 Mn/Si 脱氧钢的夹杂物化学成分。已经证明了计算热力学可以作为计算钢中夹杂物和沉淀的一种有效工具。总结如下：

(1) 对于 Mn/Si 脱氧钢，在夹杂物中 MnO/SiO_2 比例和 Al_2O_3 含量是决定液相线温度和夹杂物初相的重要因素。

(2) 假设在冷却期没有和钢的进一步的相互作用，MnO/SiO_2 一致和 Al_2O_3 含量在 10%~20%的夹杂物有低的液相线温度 (1150~1200°C) 以及初始相 ($MnSiO_3$ 和 $Mn_3Al_2Si_3O_{12}$)，硬度较低。

(3) 从钢的化学过程上预测夹杂物成分是可行的，如 [Mn]+[Si]=1.0%情形下，Mn/Si 比值为 2~5 即可满足条件。

(4) 顶渣在夹杂物化学性质上的作用可以精确预测，因此通过合理设计顶渣成分控制夹杂物性质是可能的，以便夹杂物有低的液相线温度和硬度较低的初始相。

(5) 因为夹杂物成分随时间向顶渣成分逐渐改变，与顶渣反应的精炼时间长度是决定夹杂物性质的一个重要因素。

本章小结

本章内容围绕冶金热力学模型而展开。首先，从建立和使用热力学模型的角度对冶金热力学的基础知识进行了简单而又系统的回顾。判断一个反应的方向和限度要分别从 ΔG 和 $\Delta G^{\ominus}$ 开始，借此首先介绍了如何获得 ΔG 和 $\Delta G^{\ominus}$，在使用 ΔG 和 $\Delta G^{\ominus}$ 时需注意哪些问题。而对于多元多相体系，应基于什么样的原理和模型获得反应终态的信息。冶金热力学模型的建立和使用离不开体系组元的活度，由此本章简单地回顾了活度的概念，重点描述了使用什么样的模型、如何获得铁液/钢水和炉渣组元的活度。冶金生产过程中炉渣的重要作用包括吸收杂质元素和提取有价值元素，如何在热力学上描述或评定炉渣在该方面的作用，渣容量是一个重要手段，在经典的渣的硫容量、磷容量的基础上，本章同时介绍了近期研究者提出的关于渣的氯容量和钒容量的概念和部分研究数据。除此之外，关于冶金生产过程中遇到的、具有不同特征的溶液的热力学描述也是本章的一部分内容。实际应用过程中，应用冶金热力学模型解决问题最多的领域是在选择性氧化和选择性还原问题方面，本章在应用实例部分简单介绍了关于这两类问题的求解思路和方法，同时结合近期公开发表的研究成果，重点关注相对较为复杂的热力学应用问题，实例一和实例二分别描述了高合金熔体如铁合金熔体、高合金钢水中某些组元活度系数的预测模型及其在实践中的应用，实例三介绍的是关于复杂体系中夹杂物的形成及形态控制等方面的内容。

思 考 题

4-1 下列哪些热力学参数据标准态的选择不同而数值不同？

a_i、ΔG、$\Delta G^{\ominus}$、$K_P^{\ominus}$

4-2 什么是活度的标准态？活度为 1 的状态一定是标准态么，为什么？

4-3 钢液/铁液中组元活度的计算通常采用什么模型？如何表示？

4-4 炉渣组元活度计算通常采用什么模型？其假设条件是什么？

4-5 简述 Wagner 模型中活度相互作用系数 e_i^j 数值的正负及大小反映了什么问题？

4-6 Wagner 模型的主要适用条件是什么？UIP(unified interaction parameter) 模型与 Wagner 模型有哪些区别和联系？

4-7 正规溶液有哪些主要的热力学特征？

4-8 已知 1540°C 反应式 $[C]+CO_2=2CO$ 的平衡常数 $K=\dfrac{p_{CO}^2}{a_{\%,C}p_{CO_2}}=430$。在铁液中含碳量为 1.5% 条件下，加入不同含量的 Si，平衡的 p_{CO}^2/p_{CO_2} 值见下表，求 e_C^C 及 e_C^{Si}。

[%Si]	0	0.55	1.02	1.55	2.00
p_{CO}^2/p_{CO_2}	1046	1158	1264	1392	1512

参考文献

[1] Pehlke R D, Elliott J F. Trans. TMS-AIME, 1960, 218: 1088~1101.

[2] Steelmaking Data Sourcebook, Japan Society for the Promotion of Science, eds., Gordon and Breach Science Publishers, New York, NY, 1988: 27~34, 278~293.

[3] Beer S Z. Trans. TMS-AIME, 1961, 221: 2~8.

[4] Gokeen N A. Trans. TMS-AIME, 1961, 221: 200~201.

[5] Dodd R A, Gokcen N A. Trans. TMS-AIME, 1961, 221: 233~236.

[6] Baratashvili I B, Fedotove V P, Samarin A M, Berezhiani V M. Dolk. Akad. Nauk SSSR, 1961, 139: 1354~1355.

[7] Gomersall D W, McLean A, Ward R G. Trans. TMS-AIME, 1968, 242: 1309~1315.

[8] Opravil O, Pehlke R D. AFS Cast Met. Res. J., 1969, 5(4): 197~199.

[9] Uda M, Pehlke R D. Trans. Am. Foundrymen's Soc., 1971, 79: 577~583; National Research Institute of Metals, Tokyo, 1975.

[10] Grigorenko G M, Pomarin Y M, Lakomskiy V I, Sherevera A V. Russ. Metall. (Metally), 1974(6): 9~13.

[11] Kor G J W. Metall. Trans. B, 1978, 9B: 97~99.

[12] Wada H, Lee S W, Pehlke R D. Metall. Trans. B, 1985, 17B: 238~239.

[13] Kim E J, You B D, Pak J J. Metall. Mater. Trans. B, 2001, 32B: 659~668.

[14] Lee Y E. Iron Steel Inst. Jpn. Int., 2003, 43(2): 144~152.

[15] Pelton A D, Bale C W. Metall. Mater. Trans. A, 1986, 17A: 1211~1215.

[16] Bale C W, Pelton A D. Metall. Mater. Trans. A, 1990, 21A: 1997~2002.

[17] Cho S W, Suito H. Steel Res., 1995, 66: 237.

[18] Kishi M, Inoue R, Suito H. ISIJ Int., 1994, 34: 859.

[19] Ohta H, Suito H. Metall. Mater. Trans. B, 1995, 26B: 295.

[20] Ohta H, Suito H. ISIJ Int., 1996, 36: 983.

[21] Ohta H, Suito H. Metall. Mater. Trans. B, 1998, 29B: 119.

[22] Ishii F, Banya S. ISIJ Int., 1992, 32: 1091.

[23] Fujiwara H, Hattori A, Ichise A. Tetsu-to-Hagané, 1999, 85: 201.

[24] Zhao Y, Morita K, Sano N. Metall. Mater. Trans. B, 1998, 29B: 197.

[25] Sakao H, Sano K. Trans. Jpn. Inst., Met., 1962, 26: 30.

[26] Fischer W A, Janke D, Ackermann W. Arch. Eisenhüttenwes., 1970, 41: 361.

[27] Chen H M, Chipman J. Trans. Am. Soc. Met., 1947, 38: 70.

[28] Sakao H, Sano K. J. Jpn. Inst., Met., 1962, 26: 236.

[29] Fruhan R J. Trans. Metall. Soc. AIME, 1969, 245: 1215.

[30] Larche F C L, McLean A. Trans. Iron Steel Inst. Jpn., 1973, 13: 71.

[31] Nakamura Y, Uchimura M. Trans. Iron Steel Inst. Jpn., 1973, 13: 343.

[32] Janke D, Fischer W A. Arch. Eisenhüttenwes., 1976, 47: 147.

[33] Suzuki K, Ban-ya S, Fuwa T. Tetsu-to-Hagané, 1970, 56: 20.

[34] Sigworth G K, Elliott J F. Met. Sci., 1974, 8: 298.

[35] Elliott J F, Gleiser M, Ramakrishna V. Thermochemistry for Steelmaking, Addison Wesley, London, 1963, II.

[36] McLean A, Bell H B. J. Iron. Steel Inst., 1965, 203: 123.

[37] Janke D, Fischer W A. Arch. Eisenhüttenwes., 1975, 46: 297.
[38] Gaye H, Gatellier C, Nadif M, Riboud P V, Saleil J, Faral M. Rev. Métall., Cah. Inf. Tech., 1987: 759.
[39] Sakao H. Tetsu-to-Hagané, 1970, 56: S621.
[40] Fujisawa T, Sakao H. Tetsu-to-Hagané, 1977, 63: 1494.
[41] Fujisawa T, Sakao H. Tetsu-to-Hagané, 1977, 63: 1504.
[42] Ohta H, Suito H. Metall. Mater. Trans. B, 1996, 27B: 263.
[43] Ogawa K, Onoe T, Matsumoto H, Narita K. Tetsu-to-Hagané, 1985, 71: A29.
[44] Woo D H, Kang Y B, Lee H G. Metall. Mater. Trans. B, 2002, 33B: 915.
[45] Sharma R A, Richardson F D. Trans. TMS-AIME, 1965, 233: 1586.
[46] Abraham K P, Davies M W, Richardson F D. J. Iron SteelInst., 1960, 196: 82.
[47] Kay D A R, Junpu J. Proc. 3rd Int. Conf. on Molten Slags and Fluxes, ed. by H. B. Bell, The Institute of Metals, London, 1989: 263.
[48] Suito H, Inoue R. ISIJ Int., 36, 1996: 528.
[49] Zhang X B, Jiang G C, Xu K D. Calphad, 1997, 21: 311.
[50] Zhang X, Subramanian S V. Wire J. Int., 1999, 32: 102.
[51] Zhang X, Subramanian M. Steelmaking Conf. Proc., Vol. 85, ISS, Warrendale, PA, 2002: 102.
[52] Gaye H, Rocabois P, Lehmann J, Wintz M. Proc. of the Alex McLean Symp., ISS, Warrendale, PA, 1998: 67.
[53] Kobayashi S. ISIJ Int., 1999, 39: 664.
[54] Oertel L C, Silva A C. Calphad, 1999, 23: 379.
[55] Galindo V C, Morales R D, Romero J A, Chaves J F, Toledd M V. Steel Res., 2000, 71: 107.
[56] Calphad (Calculation of Phase diagrams): The International Research Journal for Calculation of Phase Diagrams, Elsevier.
[57] Wagner C. Thermodynamics of Alloys, Addison-Wesley, Reading, MA, (1962), 51.
[58] Sigworth G K, Elliott J F. Met. Sci., 1974, 8: 298.
[59] Steelmaking Data Sourcebook, Japan Society for the Promotion of Science, 19th Comm. on Steelmaking, Gordon & Breach Science,New York, NY, 1988.
[60] Pelton A D, Bale C W. Metall. Trans. A. 1986, 17A: 1211.
[61] Bale C W, Pelton A D. Metall. Trans. A. 1990, 21A: 1997.
[62] Pelton A D. Metall. Mater. Trans. B. 1997, 28B: 869.
[63] Darken L S. TMS-AIME, 1967, 239: 90.
[64] Jung I H, Decterov S A, Pelton A D. "A Thermodynamic Modelfor Deoxidation Equilibria in Steel", Metall. Mater. Trans., accepted.
[65] Pelton A D, Blander M. Metall. Trans. B, 1985, 17B: 805.
[66] Pelton A D, Decterov S A, Eriksson G, Robelin C, Dessureault Y. Metall. Mater. Trans. B, 2000, 31B: 651.
[67] Kang Y B, Jung I H, Decterov S A, Pelton A D, Lee H G. ISIJ Int., 2004, 44: 975.
[68] Maeda S, Soejima T, Saito T, Matsumoto H, Fujimoto H, Mimura T. Steelmaking Conf. Proc., Vol. 77, ISS, Warrendale, PA, 1989: 379.
[69] Ekerot S. Scand. J. Metall., 1974, 3: 21.

5　冶金动力学模型基础及应用实例

本章概要：本章在介绍宏观反应动力学处理方法的基础上，重点描述了几种典型的冶金反应动力学模型的建模思路，并结合具体实例介绍了动力学模型的应用。

热力学探讨的是反应进行的可能性，反应方向及限度。而动力学研究的核心问题是反应速率和反应机理。传统的物理化学中的化学动力学是从分子运动和分子结构等微观概念出发，在其发展过程中，主要形成了两大理论体系：(1) 建立在气体分子运动论基础上的分子有效碰撞理论；(2) 量子力学和统计热力学发展过程中形成的过渡状态 (活化配合物) 理论，又称为绝对反应速度理论。这些理论都不研究反应物如何到达反应区和如何离开反应区。因此，传统的化学动力学研究是以反应体系均匀分散为条件的，即它是研究纯化学反应的微观机理、步骤和速度的科学，通常称为微观动力学。微观动力学主要涉及的是均相反应。

实际的冶金反应过程除化学反应外，总是伴随着物质和热量的传递，而物质和热量的传递又都与流体流动 (动量传递) 密切相关。

宏观动力学考虑了伴随反应发生的各种传递过程，其研究方法是把决定上述各传递过程速度的操作条件与反应进行速度之间的关系，用数学公式联系起来，从而确定一个综合反应速度来描述过程的进行，而不追究化学反应本身的机理。宏观动力学可以是均相的、也可以是非均相的。冶金过程多涉及的是非均相的、多相的化学反应。因此，冶金动力学模型除了考虑化学反应本身的速率，还要考虑各传递过程的速率，它隶属宏观动力学体系。

5.1　冶金反应动力学模型基础及常用处理方法

5.1.1　冶金反应动力学特点

冶金反应是典型的多相反应体系，宏观动力学适用于多相反应体系，这类反应一般包括下列环节：

(1) 反应物向反应界面扩散；

(2) 在界面处发生化学反应，通常伴随吸附、脱附和新相生成；

(3) 生成物离开反应界面。

对于有显著热效应的化学反应还包括有流体参加反应时的对流传热，有时还有辐射传热以及某相内部的传导传热。可见多相反应的共同特征是反应发生在两相的界面上，因此反应速度与界面的状态有着密切关系。对于多相反应，由于其界面的大小、界面的性质以及有无新相产生等因素不同，其反应速度也不同。一般来讲，界面积是非常关键的参数。

研究冶金反应动力学主要是确定反应速率。结合多相反应体系的三个环节，不难看出，宏观动力学模型的一个共同特点是其速度方程的复杂化。在其速度方程中除去一般的化学反应速度项外，还包括表示物质传递的速度项。通常冶金反应过程涉及的体系中，物质传递通常以两种形式进行：扩散和对流传质。扩散指的是由于热运动导致体系中任何一种物质的质点 (原子、分子或离子等) 由化学势高的区域向化学势低的区域转移的运动过程；对流指的是由于流体的体运动造成的物质迁移。固体中只存在分子或原子等质点的扩散，流体 (液体及气体) 中的传质，既有微观质点扩散传质，也有流体中自然对流或强制对流传质。

鉴于宏观反应动力学的特点，要研究宏观反应动力学模型，必须首先了解关于化学反应速率、物质的传递速率的数学描述。物质的传递速率包含物质扩散速率 (菲克第一定律、菲克第二定律) 和对流传质速率，而关于对流传质速率，则主要了解基于某种假设条件下的传质系数的数学描述方程 (有效边界层理论、溶质渗透理论和表面更新理论等)。以上所有这些在很多物理化学的经典教材中均有论述，请读者自行参阅，在此不再赘述。

5.1.2　宏观反应动力学常用处理方法

5.1.2.1　稳态法和准稳态法

A　常用原理

用化学动力学研究分析复杂反应通常应用两条原理：反应独立性原理；稳态和准稳态近似原理。反应独立性原理是指体系中发生由几个基元反应组合成的复杂反应，这些基元反应各自服从质量作用定律，而相互不产生影响，也即体系中某种物质的浓度变化率等于体系内各基元反应中该种物质浓度变化率的代数和。稳态或准稳态近似原理是指对中间产物的浓度变化率采用为零或近似为零的方法，也称为稳态法或准稳态法。

B　稳态或准稳态处理法

宏观动力学在上述基础上进一步提出，一个多相复杂的反应过程中各个环节速度经过相互制约和调整，最终达到各环节的速度相等或近似相等，而发展成稳态或准稳态法。其实，任何多相复杂的反应过程不外是由相内传质和界面化学反应两类反应组成，如界面化学反应速度较快，结果界面上物质浓度下降快，从而引起化学反应速度减慢而扩散传质速度由于浓度差增大而加快，两者之间的速度就这样相互制约和调整，直到两者速度相等。但是，当两者速度相差非常悬殊时，则难以自动调整，此时整个过程由最慢的环节控制。

5.1.2.2　多相反应过程速度方程的合并

多相反应体系的实际状态与平衡状态的差距是反应过程的推动力，而各个环节的速度常数的倒数就是该环节的阻力。当一个反应过程是由一连串的环节组成时，其总阻力为各环节阻力之和。对于并联反应过程，其阻力的倒数等于各并联环节的阻力倒数之和，也即并联反应的总速度常数等于各环节的速度常数之和。对于各环节的速度及总速度的合并，应注意：

(1) 在将各环节速度合并时，一般不知道中间状态物质浓度 (如界面浓度)，需要用可以测得的浓度值把速度表示出来。

(2) 进行速度合并时，若每一环节的速度与浓度呈线性关系，是比较容易实现的。因此若传质过程为分子扩散，化学反应为一级反应，两者的合并便很方便。

对于复杂问题，需要进行以下简化：对界面的化学反应经常按一级反应处理；对边界层非线性的浓度分布，按有效边界层概念转化成线性关系。

5.1.2.3 速度限制环节

在多个环节串联的反应过程中，如果某一环节的阻力比其他环节的阻力大得多，则反应过程的速度就由这一环节来决定，这一环节即为反应速度的限制环节或速度控制步骤。

为了解决非线性速度方程合并的困难，避免所得最终速度方程复杂，除采取非线性速度方程的线性化简化处理之外，另一种简化处理方法就是确定反应过程的限制环节，当确定限制环节之后，就以其速度表示反应过程的总速度。因此，分析反应的限制性环节很重要。

掌握确定限制性环节的方法是重要的，可使很多复杂的问题简单化。限制性环节一般可用分析方法加以确定。钢铁冶金的反应过程由于都是在高温下进行的，因此一般化学反应速度很快，而传质过程往往是限制环节；对于气、液、固三态中传质过程，一般其传质速度是依次下降的；熔渣与金属液体相比，传质速度较慢。但对于复杂过程需要专门加以确定。常用方法有：虚设的最大速度处理法(得到理论上各环节的最大速度，观察它们之间有无数量级的差别) 以及实验确定或验证法。

5.1.2.4 局部平衡

多个串联的反应过程的限制环节以外的其他环节，由于其阻力小，在同样的推动力下，这些环节的速度快得多，因此，对这些阻力小的环节可近似认为达到了平衡。但由于整个反应过程没有达到平衡状态，只有某些环节达到的平衡则称为局部平衡。

当界面化学反应环节达到局部平衡时，可以用化学反应平衡常数计算各种物质的界面浓度。当传质环节达到局部平衡时，则意味着有关物质的浓度差消失，即其浓度的分布是均匀的。

5.1.2.5 建立冶金反应动力学模型的步骤

通常建立冶金反应动力学模型主要分为以下几步：

(1) 确定所研究问题的物理模型，明确界面形状和界面积。例如，后面提到的气固反应模型通常将固相颗粒简化为球形(当然也可以根据实际情况简化为片状、圆柱状等颗粒)，因而球的表面积即为气固反应界面积；气液反应中的界面为液相中生成的气泡的外表面；液液反应中的双膜理论也非常形象地给出了界面的形状和面积描述。

(2) 分析各反应物要通过哪种或哪几种方式到达反应界面，并写出各步骤的速率表达式(扩散速率或传质速率描述)。

(3) 写出界面化学反应速率的数学描述。

(4) 分析产物离开界面的方式及速率描述。

(5) 根据已有的知识判断或寻找限制性环节，并以该步骤的速率代替总速率；若不确定或不存在限制性环节，利用稳态或准稳态方法建立反应总速率方程。

(6) 将速率方程中无法观察、无法检测或分析的变量转变为可测、可获得的变量。例如，后文提到的气固未反应核模型中涉及的反应进程中的球形颗粒半径用可以分析获得的还原度或转化率来描述，进而利用该模型可对实际过程进行预测或控制。

(7) 利用可获得的实际或实验数据对模型进行验证和修正，若预测精度在可接受的范围内，可利用该模型分析各变量对反应进程的影响；也可以利用大量历史数据借助于统计回归获得模型中的关键参数，进而再利用该模型对未来数据进行预测、分析或控制。

5.2　气固反应动力学模型基础

在冶金过程中许多反应属气固反应，如铁矿石还原、石灰石分解、硫化矿焙烧、卤化冶金等。在材料制备及使用过程中，也有不少反应属气固反应，如金属及合金的氧化和用化学气相沉积法 (CVD) 制备超细粉或进行材料的涂层等。在气固反应动力学研究中，人们曾建立了多种不同的数学模型如未反应核模型、粒子模型等，其中最主要的是未反应核模型，它获得了较成功和广泛的应用。本小节重点介绍未反应核模型的基本原理、建立过程及其应用。

5.2.1　未反应核模型基础：单独控速

对气体与无孔隙固体反应物间的反应。反应发生在气固相的界面上，即具有界面化学反应特征。气固反应的一般反应式为：

$$aA_{(g)} + bB_{(s)} = gG_{(g)} + sS_{(s)} \tag{5-1}$$

假设固体产物层是多孔的，则界面化学反应发生在多孔固体产物层和未反应的固体反应核之间。随着反应的进行，未反应的固体反应核逐渐缩小。基于这一考虑建立起来的预测气固反应速率的模型称为缩小的未反应核模型，或简称为未反应核模型 (见图 5-1)。大量的实验结果证明了这个模型可广泛应用于矿石的还原、金属及合金的氧化、碳酸盐的分解、硫化物焙烧等气固反应。

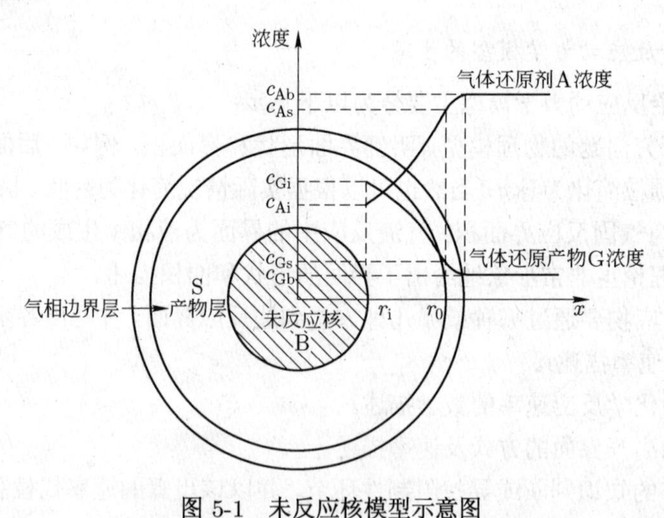

图 5-1　未反应核模型示意图

式 (5-1) 表示的反应一般由反应气体在气相中的传质、反应气体在固相中的传质、化学反应、生成物气体在固相中的传质、生成物气体在气相中的扩散五个串联步骤组成。其中，第一步及第五步为气体的外扩散步骤；第二步、第四步为气体通过多孔固体介质的内扩散步骤；第三步为界面化学反应。

下面分别分析这三种不同类型步骤的特点，推导其速率的表达式及由它们单独控速时反应时间与反应速率的关系。

5.2.1.1 外扩散控速

气体反应物通过球形颗粒外气相边界层的速率 r_g 为：

$$r_{\rm g}=-\frac{{\rm d}n_{\rm A}}{{\rm d}t}=4\pi r_0^2k_{\rm g}(c_{\rm Ab}-c_{\rm As}) \tag{5-2}$$

式中 r_0 —— 球形颗粒的半径；
$c_{\rm Ab}$ —— 气体 A 在气相内的浓度；
$c_{\rm As}$ —— 气体 A 在球体外表面的浓度；
$k_{\rm g}$ —— 气相边界层的传质系数，与气体流速、颗粒直径、气体的黏度和扩散系数有关。

层流强制对流流体通过球体表面可应用如下经验式：

$$\frac{k_{\rm g}d}{D}=2.0+0.6Re^{1/2}Sc^{1/3} \tag{5-3}$$

式中 D —— 气体反应产物的扩散系数；
d —— 颗粒的直径；
Re —— 雷诺数；
Sc —— 施密特数。

当外扩散控速时，其他步骤的速率较快，可认为达到局部平衡，即 $c_{\rm As}=c_{\rm Ai}$。对可逆反应，$c_{\rm Ai}$ 等于平衡浓度 $c_{\rm Ae}$，即 $c_{\rm As}=c_{\rm Ai}=c_{\rm Ae}$。

若界面上化学反应是不可逆的，可以认为 $c_{\rm Ai}\approx 0$，即 $c_{\rm As}=c_{\rm Ai}\approx 0$。

对于可逆反应：

$$r_{\rm g}=4\pi r_0^2k_{\rm g}(c_{\rm Ab}-c_{\rm Ae}) \tag{5-4}$$

对不可逆反应：

$$r_{\rm g}=4\pi r_0^2k_{\rm g}c_{\rm Ab} \tag{5-5}$$

此时，外扩散速率＝总反应速率，即 A 通过气相边界层的扩散速度应等于未反应核界面上化学反应消耗 B 的速率 $v_{\rm C}$，$r_{\rm g}=v_{\rm C}$。

$$v_{\rm C}=-\frac{{\rm d}n_{\rm B}}{b{\rm d}t}=-\frac{4\pi r_{\rm i}^2\rho_{\rm B}}{bM_{\rm B}}\frac{{\rm d}r_{\rm i}}{{\rm d}t} \tag{5-6}$$

假定反应不可逆：

$$-\frac{4\pi r_{\rm i}^2\rho_{\rm B}}{bM_{\rm B}}\frac{{\rm d}r_{\rm i}}{{\rm d}t}=4\pi r_0^2k_{\rm g}c_{\rm Ab} \tag{5-7}$$

将式 (5-7) 移相并作定积分 $(t:0\to t; r_{\rm i}:r_0\to r_{\rm i})$ 得到：

$$t=\frac{\rho_{\rm B}r_0}{3bM_{\rm B}k_{\rm g}c_{\rm Ab}}\left[1-\left(\frac{r_{\rm i}}{r_0}\right)^3\right] \tag{5-8}$$

从而得到完全反应时间：

$$t_{\rm f}=\frac{\rho_{\rm B}r_0}{3bM_{\rm B}k_{\rm g}c_{\rm Ab}} \tag{5-9}$$

用 X_B 表示反应消耗的反应物 B 的量与其原始量之比为反应分数或转化率，则：

$$X_B = \frac{\frac{4}{3}\pi r_0^3\rho_B - \frac{4}{3}\pi r_i^3\rho_B}{\frac{4}{3}\pi r_0^3\rho_B} = 1 - \left(\frac{r_i}{r_0}\right)^3 \tag{5-10}$$

所以：

$$\frac{t}{t_f} = 1 - \left(\frac{r_i}{r_0}\right)^3 = X_B$$

$$t = t_f X_B = aX_B \tag{5-11}$$

对片状颗粒：

$$t_f = \frac{\rho_B L_0}{bM_B k_g c_{Ab}} \tag{5-12}$$

$$t = t_f X_B = aX_B \tag{5-13}$$

对圆柱状颗粒：

$$t_f = \frac{\rho_B r_0}{2bM_B k_g c_{Ab}} \tag{5-14}$$

$$t = t_f X_B = aX_B \tag{5-15}$$

外扩散控速时的气固反应模型如图 5-2 所示。

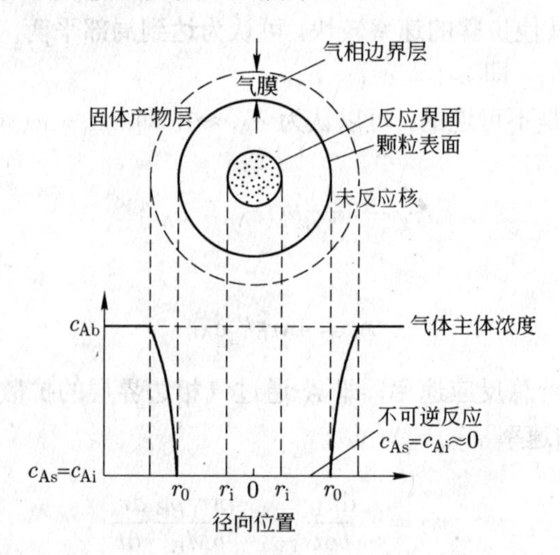

图 5-2　外扩散控速时的气固反应模型

5.2.1.2　气体反应物在固相产物层中的内扩散控速

气体反应物在固相产物层中的内扩散速率 r_D 可以表示为：

$$r_D = -\frac{dn_A}{dt} = 4\pi r^2 D_{eff}\frac{dc_A}{dr} \tag{5-16}$$

式中　D_{eff} —— 有效扩散系数，$D_{eff} = \frac{D\varepsilon_p}{\tau}$；

ε_p —— 气孔率；

τ —— 曲折度系数。

在稳态或准稳态条件下，内扩散速率 r_D 可看成一个常数，则：

$$\int_{c_{As}}^{c_{Ai}} dc_A = -\frac{1}{4\pi D_{eff}}\frac{dn_A}{dt}\int_{r_0}^{r_i}\frac{dr}{r^2}$$

$$r_D = -\frac{dn_A}{dt} = 4\pi D_{eff}\frac{r_0 r_i}{r_0 - r_i}(c_{As} - c_{Ai}) \tag{5-17}$$

由于 $\begin{cases} \text{内扩散控速有：} c_{Ab} = c_{As} \\ c_{Ai} = c_{Ae}, \text{可逆反应} \\ c_{Ai} \approx 0, \text{不可逆反应} \end{cases}$

因此，当反应由内扩散控制时，对不可逆反应：

$$r_D = -\frac{dn_A}{dt} = 4\pi D_{eff}\frac{r_0 r_i}{r_0 - r_i}c_{Ab} \tag{5-18}$$

同理，$r_D = v_C$，即：

$$-\frac{4\pi r_i^2 \rho_B}{bM_B}\frac{dr_i}{dt} = 4\pi D_{eff}\left(\frac{r_0 r_i}{r_0 - r_i}\right)c_{Ab}$$

对上式积分：

$$\int_0^t -\frac{bM_B D_{eff} c_{Ab}}{\rho_B}dt = \int_{r_0}^{r_i}\left(r_i - \frac{r_i^2}{r_0}\right)dr_i$$

$$t = \frac{\rho_B r_0^2}{6bD_{eff}M_B c_{Ab}}\left[1 - 3\left(\frac{r_i}{r_0}\right)^2 + 2\left(\frac{r_i}{r_0}\right)^3\right]$$

整理得：

$$t = \frac{\rho_B r_0^2}{6bD_{eff}M_B c_{Ab}}[1 - 3(1 - X_B)^{2/3} + 2(1 - X_B)] \tag{5-19}$$

$$t_f = \frac{\rho_B r_0^2}{6bD_{eff}M_B c_{Ab}} \tag{5-20}$$

令 $t_f = a$，则 $t = a[1 - 3(1 - X_B)^{2/3} + 2(1 - X_B)]$。

对片状颗粒：

$$t_f = \frac{\rho_B L_0^2}{2bD_{eff}M_B c_{Ab}} \tag{5-21}$$

$$t = t_f X_B^2 = aX_B^2 \tag{5-22}$$

圆柱状颗粒：

$$t_f = \frac{\rho_B r_0^2}{4bD_{eff}M_B c_{Ab}} \tag{5-23}$$

$$t = a[X_B + (1 - X_B)\ln(1 - X_B)] \tag{5-24}$$

内扩散控速时的气固反应模型如图 5-3 所示。

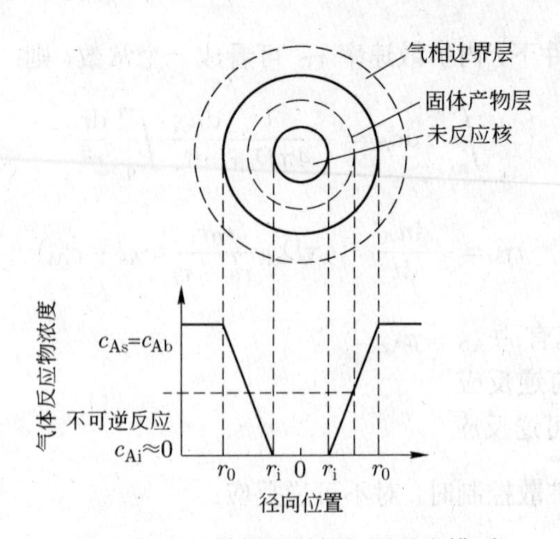

图 5-3 内扩散控速时的气固反应模型

5.2.1.3 界面化学反应控速

在未反应核及多孔产物层界面上，气固反应的速率为 (假定为一级不可逆反应):

$$r_C = -\frac{dn_A}{dt} = 4\pi r_i^2 k_{rea} c_{Ai} \tag{5-25}$$

界面化学反应控速时，有:

$$c_{Ab} = c_{As} = c_{Ai}$$

$$r_C = -\frac{dn_A}{dt} = 4\pi r_i^2 k_{rea} c_{Ab}$$

根据 $r_C = v_C$, 有:

$$-\frac{4\pi r_i^2 \rho_B}{bM_B}\frac{dr_i}{dt} = 4\pi r_i^2 k_{rea} c_{Ab} \tag{5-26}$$

积分得:

$$-\int_{r_0}^{r_i} dr_i = \int_0^t \frac{bM_B k_{rea} c_{Ab}}{\rho_B} dt$$

$$t = \frac{\rho_B r_0}{bM_B k_{rea} c_{Ab}}\left(1 - \frac{r_i}{r_0}\right)$$

所以:

$$t = \frac{\rho_B r_0}{bM_B k_{rea} c_{Ab}}[1 - (1 - X_B)^{1/3}] \tag{5-27}$$

$$t_f = \frac{\rho_B r_0}{bM_B k_{rea} c_{Ab}} \tag{5-28}$$

5.2.1.4 内扩散及界面化学反应混合控速

内扩散及界面化学反应混合控速时，可忽略外扩散阻力，$c_{Ab} = c_{As}$。则有:

$$r_D = -\frac{dn_A}{dt} = 4\pi D_{eff}\frac{r_0 r_i}{r_0 - r_i}(c_{As} - c_{Ai})$$

$$= 4\pi D_{eff}\frac{r_0 r_i}{r_0 - r_i}(c_{Ab} - c_{Ai}) \tag{5-29}$$

$$r_{\mathrm{C}} = -\frac{\mathrm{d}n_{\mathrm{A}}}{\mathrm{d}t} = 4\pi r_{\mathrm{i}}^2 k_{\mathrm{rea}} c_{\mathrm{Ai}} \tag{5-30}$$

当反应达到稳态时，$r_{\mathrm{D}} = r_{\mathrm{C}} = v_{\mathrm{C}}$，即：

$$4\pi D_{\mathrm{eff}}\left(\frac{r_0 r_{\mathrm{i}}}{r_0 - r_{\mathrm{i}}}\right)(c_{\mathrm{Ab}} - c_{\mathrm{Ai}}) = 4\pi r_{\mathrm{i}}^2 k_{\mathrm{rea}} c_{\mathrm{Ai}}$$

解得：

$$c_{\mathrm{Ai}} = \frac{D_{\mathrm{eff}} r_0 c_{\mathrm{Ab}}}{k_{\mathrm{rea}}(r_0 r_{\mathrm{i}} - r_{\mathrm{i}}^2) + r_0 D_{\mathrm{eff}}} \tag{5-31}$$

将式 (5-31) 代入式 (5-30) 得：

$$r_{\mathrm{C}} = -\frac{\mathrm{d}n_{\mathrm{A}}}{\mathrm{d}t} = 4\pi r_{\mathrm{i}}^2 k_{\mathrm{rea}} \frac{D_{\mathrm{eff}} c_{\mathrm{Ab}} r_0}{k_{\mathrm{rea}}(r_0 r_{\mathrm{i}} - r_{\mathrm{i}}^2) + r_0 D_{\mathrm{eff}}} \tag{5-32}$$

又：

$$-\frac{\mathrm{d}n_{\mathrm{A}}}{\mathrm{d}t} = -\frac{\mathrm{d}n_{\mathrm{B}}}{b\mathrm{d}t} = -\frac{4\pi r_{\mathrm{i}}^2 \rho_{\mathrm{B}}}{bM_{\mathrm{B}}}\frac{\mathrm{d}r_{\mathrm{i}}}{\mathrm{d}t}$$

所以：

$$-\frac{\rho_{\mathrm{B}}}{bM_{\mathrm{B}}}\frac{\mathrm{d}r_{\mathrm{i}}}{\mathrm{d}t} = \frac{D_{\mathrm{eff}} c_{\mathrm{Ab}} r_0 k_{\mathrm{rea}}}{k_{\mathrm{rea}}(r_0 r_{\mathrm{i}} - r_{\mathrm{i}}^2) + r_0 D_{\mathrm{eff}}} \tag{5-33}$$

对式 (5-33) 分离变量积分得：

$$\frac{k_{\mathrm{rea}} D_{\mathrm{eff}} r_0 c_{\mathrm{Ab}} b M_{\mathrm{B}}}{\rho_{\mathrm{B}}} t = \frac{1}{6} k_{\mathrm{rea}}(r_0^3 - 3r_0 r_{\mathrm{i}}^2 + 2r_{\mathrm{i}}^3) - r_0 r_{\mathrm{i}} D_{\mathrm{eff}} + r_0^2 D_{\mathrm{eff}} \tag{5-34}$$

整理得：

$$t = \frac{r_0^2 \rho_{\mathrm{B}}}{6bD_{\mathrm{eff}} c_{\mathrm{Ab}} M_{\mathrm{B}}}[1 + 2(1 - X_{\mathrm{B}}) - 3(1 - X_{\mathrm{B}})^{2/3}] + \frac{r_0 \rho_{\mathrm{B}}}{bk_{\mathrm{rea}} c_{\mathrm{Ab}} M_{\mathrm{B}}}[1 - (1 - X_{\mathrm{B}})^{1/3}] \tag{5-35}$$

式中 $\frac{r_0^2 \rho_{\mathrm{B}}}{6bD_{\mathrm{eff}} c_{\mathrm{Ab}} M_{\mathrm{B}}}[1 + 2(1 - X_{\mathrm{B}}) - 3(1 - X_{\mathrm{B}})^{2/3}]$ —— 内扩散单独控速公式；

$\frac{r_0 \rho_{\mathrm{B}}}{bk_{\mathrm{rea}} c_{\mathrm{Ab}} M_{\mathrm{B}}}[1 - (1 - X_{\mathrm{B}})^{1/3}]$ —— 化学反应单独控速公式。

式 (5-35) 表示的时间具有加和性，其他两步骤混合控速也一样。

5.2.1.5 一般的情况

在一般情况下，外扩散、内扩散及化学反应的阻力都不能忽略。这时我们用稳态法进行动力学处理，有：

$$r_{\mathrm{g}} = r_{\mathrm{D}} = r_{\mathrm{C}} = v_{\mathrm{C}}$$

采用类似的方式推导，对球形颗粒可得出下列方程式：

$$t = \frac{r_0 \rho_{\mathrm{B}}}{3bk_{\mathrm{g}} c_{\mathrm{Ab}} M_{\mathrm{B}}} X_{\mathrm{B}} + \frac{r_0^2 \rho_{\mathrm{B}}}{6bD_{\mathrm{eff}} c_{\mathrm{Ab}} M_{\mathrm{B}}}[1 + 2(1 - X_{\mathrm{B}}) - 3(1 - X_{\mathrm{B}})^{2/3}] + \frac{\rho_{\mathrm{B}} r_0}{bM_{\mathrm{B}} k_{\mathrm{rea}} c_{\mathrm{Ab}}}[1 - (1 - X_{\mathrm{B}})^{1/3}] \tag{5-36}$$

式 (5-36) 说明一般情况下反应时间同样具有加和性。

由稳态条件下各步骤的速率相等得：

$$4\pi r_0^2 k_{\mathrm{g}}(c_{\mathrm{Ab}} - c_{\mathrm{As}}) = 4\pi D_{\mathrm{eff}}\left(\frac{r_0 r_{\mathrm{i}}}{r_0 - r_{\mathrm{i}}}\right)(c_{\mathrm{As}} - c_{\mathrm{Ai}}) = 4\pi r_{\mathrm{i}}^2 k_{\mathrm{rea}} c_{\mathrm{Ai}} = V_{\mathrm{t}}$$

$$\frac{4\pi r_0^2(c_{\mathrm{Ab}}-c_{\mathrm{As}})}{\dfrac{1}{k_{\mathrm{g}}}}=\frac{4\pi r_0^2(c_{\mathrm{As}}-c_{\mathrm{Ai}})}{\dfrac{r_0(r_0-r_{\mathrm{i}})}{D_{\mathrm{eff}}r_{\mathrm{i}}}}=\frac{4\pi r_0^2 c_{\mathrm{Ai}}}{\dfrac{1}{k_{\mathrm{rea}}}\left(\dfrac{r_0}{r_{\mathrm{i}}}\right)^2}=\frac{总推动力}{总阻力}$$

由和分比性质，可得总反应速率与各步骤速率相等，用 V_{t} 表示为：

$$V_{\mathrm{t}}=\frac{4\pi r_0^2 c_{\mathrm{Ab}}}{\dfrac{1}{k_{\mathrm{g}}}+\dfrac{r_0(r_0-r_{\mathrm{i}})}{D_{\mathrm{eff}}r_{\mathrm{i}}}+\dfrac{1}{k_{\mathrm{rea}}}\left(\dfrac{r_0}{r_{\mathrm{i}}}\right)^2} \tag{5-37}$$

令：

$$\frac{1}{k_{\mathrm{t}}}=\frac{1}{k_{\mathrm{g}}}+\frac{r_0}{D_{\mathrm{eff}}}\left(\frac{r_0-r_{\mathrm{i}}}{r_{\mathrm{i}}}\right)+\frac{1}{k_{\mathrm{rea}}}\left(\frac{r_0}{r_{\mathrm{i}}}\right)^2$$

则：

$$V_{\mathrm{t}}=4\pi r_0^2 k_{\mathrm{t}} c_{\mathrm{Ab}} \tag{5-38}$$

式中　$\dfrac{1}{k_{\mathrm{t}}}$——总阻力；

$\dfrac{1}{k_{\mathrm{g}}}$——外扩散阻力；

$\dfrac{r_0}{D_{\mathrm{eff}}}\left(\dfrac{r_0-r_{\mathrm{i}}}{r_{\mathrm{i}}}\right)$——内扩散阻力；

$\dfrac{1}{k_{\mathrm{rea}}}\left(\dfrac{r_0}{r_{\mathrm{i}}}\right)^2$——界面反应阻力。

所以，总阻力＝外扩散阻力＋内扩散阻力＋界面反应阻力。

以上讨论中假设化学反应是一级不可逆反应，若界面化学反应是一级可逆反应，则化学反应速率为：

$$v_{\mathrm{C}}=k_{\mathrm{rea+}}4\pi r_{\mathrm{i}}^2 c_{\mathrm{Ai}}-k_{\mathrm{rea-}}4\pi r_{\mathrm{i}}^2 c_{\mathrm{Gi}} \tag{5-39}$$

$$K^{\ominus}=\frac{k_{\mathrm{rea+}}}{k_{\mathrm{rea-}}}=\frac{c_{\mathrm{Ge}}}{c_{\mathrm{Ae}}} \tag{5-40}$$

若反应前后气体分子数不变，则有：

$$c_{\mathrm{Ae}}+c_{\mathrm{Ge}}=c_{\mathrm{Ai}}+c_{\mathrm{Gi}}$$

$$v_{\mathrm{C}}=4\pi r_{\mathrm{i}}^2 k_{\mathrm{rea+}}\left(\frac{1+K^{\ominus}}{K^{\ominus}}\right)(c_{\mathrm{Ai}}-c_{\mathrm{Ae}}) \tag{5-41}$$

$$V_{\mathrm{t}}=\frac{4\pi r_0^2(c_{\mathrm{Ab}}-c_{\mathrm{Ae}})}{\dfrac{1}{k_{\mathrm{g}}}+\dfrac{r_0(r_0-r_{\mathrm{i}})}{D_{\mathrm{eff}}r_{\mathrm{i}}}+\dfrac{K^{\ominus}}{k_{\mathrm{rea+}}(1+K^{\ominus})}\left(\dfrac{r_0}{r_{\mathrm{i}}}\right)^2} \tag{5-42}$$

对片状和圆柱状颗粒，也可以推导出相应的动力学方程式。

5.2.2 未反应核模型的应用扩展

(1) 在上面的推导过程中，只考虑了前三步的速率，没有考虑气体产物的内扩散和外扩散两个步骤。由于这两个步骤与前三个步骤是串联关系，可以同样方式考虑五个步骤来推导速率公式，这时总的阻力是五个步骤阻力之和，而推动力不是 $c_{Ab}-c_{Ae}$ 而是 $(c_{Ab}-c_{Gb})/K$。

(2) 若反应级数 n 不等于 1, 则相应的微分速率方程中各反应物浓度的一次方项应以其 n 次幂代替。由此得出的计算结果表明，当化学反应不是一级时，再用一级反应的公式来处理就会带来一定的误差。

(3) 在分析中，都假设过程是在等温下进行的。实际上，大多数的气固反应都有明显的放热或吸热。这样，在固体颗粒内部可能出现温度梯度，这不仅要考虑气体和固体颗粒间的对流传热，还要考虑在固体颗粒内的传热。在非等温情况下可能在颗粒内部由于局部温度的升高产生烧结。另一个伴随发生的问题就是热不稳定性。

5.3 气液反应动力学模型

在冶金生产过程中，气液反应是一类很重要的反应，如转炉炼钢中的脱碳、钢液的真空脱气；有色冶金中的闪速熔炼、铜转炉吹炼得到粗钢等过程均属气液反应。气液反应动力学中有两种模型在实际应用中较为常见：一种是气泡冶金过程动力学模型，另一种为真空条件下的气液反应。

5.3.1 气泡冶金过程动力学模型

利用气泡和钢液的相互作用来去除钢中某些气体及杂质元素的工艺称为气泡冶金。例如，在电炉氧化期，碳氧反应产生大量一氧化碳气泡对去除钢中氢、氮等起重要作用。一氧化碳气泡对氢气、氮气相对于真空，氢和氮将扩散到一氧化碳气泡内并随气泡上浮最后排出钢液。钢水和夹杂物是不润湿的，夹杂物会吸附于气泡表面排出钢液。

除了碳氧反应外，从钢包底部鼓入氩气 (或氮气)，也可以降低钢中氢及夹杂物的含量，净化钢液。此外，在冶炼超低碳不锈钢时，采用 AOD 即氩氧混吹法，可加速碳氧反应，促进脱碳过程。

以下将应用气液反应动力学的基本原理，通过典型实例说明上述过程的基本规律。

5.3.1.1 吹氩冶炼超低碳不锈钢碳氧反应动力学模型

钢中鼓入氩气脱碳的机理是利用氩气的稀释作用，降低气泡中一氧化碳分压，促使碳氧反应的进行，以一氧化碳形式去除钢液中的碳。

A 反应机理

溶解在钢中氧和碳通过钢液边界层扩散到气泡的表面，即：

$$[O]\longrightarrow[O]^s \qquad [C]\longrightarrow[C]^s$$

在氩气泡表面上发生化学反应:

$$[O]^s+[C]^s\longrightarrow[CO]^s$$

生成的一氧化碳从气泡表面扩散到气泡内部，并随气泡上浮排出。

B 数学模型

吹氩冶炼超低碳不锈钢过程中，由于钢液中碳含量很低，可以认为碳在钢液边界层中的扩散是碳氧化反应过程的速控环节。根据传质理论，碳的传质速率为：

$$\frac{\mathrm{d}n_\mathrm{C}}{\mathrm{d}t} = Ak_\mathrm{d}(c_{[\mathrm{C}]} - c_{[\mathrm{C}],\mathrm{s}}) \tag{5-43}$$

$$k_\mathrm{d} = 2\sqrt{\frac{D}{\pi t_\mathrm{e}}} \tag{5-44}$$

式中 k_d —— 钢中碳的传质系数；

A —— 氩气泡的表面积；

D —— 钢中碳的扩散系数；

t_e —— 接触时间；

$c_{[\mathrm{C}]}$ —— 钢液中碳的浓度，$\mathrm{mol/m^3}$；

$c_{[\mathrm{C}],\mathrm{s}}$ —— 钢液和气泡界面处碳的浓度，$\mathrm{mol/m^3}$。

由于在 1600°C 高温下化学反应速率很大，在气泡与钢液界面化学反应达局部平衡，碳的界面浓度为：

$$[\mathrm{C}]_{\%}^{\mathrm{s}} = \frac{p_\mathrm{CO}/p^\ominus}{K_{1873}^\ominus[\mathrm{O}]_{\%}} \tag{5-45}$$

式中 $[\mathrm{O}]_{\%}$ —— 钢中氧的质量分数；

$[\mathrm{C}]_{\%}^{\mathrm{s}}$ —— 氩气泡表面处碳的质量分数；

p_CO —— 氩气泡中 CO 的分压，Pa；

$p^\ominus$ —— 标准大气压，等于 1.01325×10^5Pa；

$K_{1873}^\ominus$ —— 1873K 温度时碳氧反应的平衡常数，已知 $K_{1873}^\ominus=500$。

质量分数代替摩尔浓度 ($\mathrm{mol/m^3}$) 的换算关系为：

$$c = \frac{[\mathrm{C}]\rho}{M_\mathrm{C}} = 6\times10^5[\mathrm{C}] = 6000[\mathrm{C}]_{\%} \tag{5-46}$$

式中 M_C —— 碳的摩尔质量，取 $12\times10^{-3}\mathrm{kg/mol}$；

ρ —— 钢液密度，取 $7.2\times10^3\mathrm{kg/m^3}$。

将式 (5-46) 和式 (5-45) 代入式 (5-43)，得到：

$$\frac{\mathrm{d}n_\mathrm{C}}{\mathrm{d}t} = 6000Ak_\mathrm{d}\left([\mathrm{C}]_{\%} - \frac{p_\mathrm{CO}/p^\ominus}{K_{1873}^\ominus[\mathrm{O}]_{\%}}\right) \tag{5-47}$$

碳通过边界层的传质速率等于气泡中一氧化碳的生成速率，由此可得：

$$\frac{\mathrm{d}p_\mathrm{CO}}{\mathrm{d}t} = \frac{RT\mathrm{d}n_\mathrm{CO}}{V\mathrm{d}t} = \frac{RT\mathrm{d}n_\mathrm{C}}{V\mathrm{d}t} \tag{5-48}$$

将式 (5-48) 代入式 (5-47)，分离变量积分得：

$$\int_0^{p'_\mathrm{CO}} \frac{\mathrm{d}p_\mathrm{CO}}{[\mathrm{C}]_{\%} - \dfrac{p_\mathrm{CO}/p^\ominus}{500[\mathrm{O}]_{\%}}} = 6000\frac{RT}{V}Ak_\mathrm{d}\int_0^t \mathrm{d}t$$

计算得：

$$\ln \frac{[\mathrm{C}]_{\%}}{[\mathrm{C}]_{\%} - \dfrac{p'_{\mathrm{CO}}/p^{\ominus}}{500[\mathrm{O}]_{\%}}} = 12 \times \frac{RT}{p^{\ominus}V} A k_{\mathrm{d}} \frac{t}{[\mathrm{O}]_{\%}} \tag{5-49}$$

式中，p'_{CO} 为气泡在钢液中停留时间 t 秒后，其中的一氧化碳分压，A 可根据气泡的尺寸计算，k_{d} 由黑碧的溶质渗透理论得出：

$$k_{\mathrm{d}} = 2\sqrt{\frac{D}{\pi t}}$$

气泡与钢液的接触时间 t_{e} 可按式 (5-50) 计算：

$$t_{\mathrm{e}} = \frac{2r}{u_{\tau}} \tag{5-50}$$

式中 r—— 气泡的半径；

u_{τ}—— 气泡的上浮速度，对于直径大于 1cm 的球冠形气泡，u_{τ} 与气泡半径间的关系为：

$$u_{\tau} \approx 0.7\sqrt{gr}$$

g—— 重力加速度。

代入 A、k_{d} 的值以后，可以计算出一个氩气泡的脱氧效果。

若用 α 表示气泡中一氧化碳压力与碳氧平衡压力之比，则：

$$\alpha = \frac{p'_{\mathrm{CO}}/p^{\ominus}}{p'_{\mathrm{CO,eq}}/p^{\ominus}} = \frac{p'_{\mathrm{CO}}/p^{\ominus}}{500[\mathrm{C}]_{\%}[\mathrm{O}]_{\%}}$$

α 称为不平衡参数。在式 (5-49) 中引入不平衡参数得到：

$$\ln \frac{1}{1-\alpha} = 12 \times \frac{RT}{p^{\ominus}V} A k_{\mathrm{d}} \frac{t}{[\mathrm{O}]_{\%}} \tag{5-51}$$

式 (5-51) 表示不平衡参数和气泡上浮时间、气泡大小、钢中氧含量之间的关系，代表的是一个氩气泡的脱氧效果。

实际操作中关心的是，把钢中的碳含量由起始值 $[\mathrm{C}]^{0}_{\%}$ 降低到 $[\mathrm{C}]^{\mathrm{f}}_{\%}$ 需要鼓入多少氩气，以及需鼓入的氩气量与钢中氧含量的关系。

设一个氩气泡上浮到钢液面由于脱碳反应脱碳的物质的量为 $\mathrm{d}n_{\mathrm{C}}$，则：

$$\mathrm{d}n_{\mathrm{C}} = \mathrm{d}n_{\mathrm{CO}} = \frac{\dfrac{p'_{\mathrm{CO}}}{p^{\ominus}}\mathrm{d}V_{\mathrm{CO}}}{RT} \tag{5-52}$$

式中 p'_{CO} —— 上浮到钢液面时气泡中一氧化碳的分压；

$\mathrm{d}V_{\mathrm{CO}}$ —— 上浮到钢液面时一个气泡的体积。

设标准状态下该气泡的体积为 $\mathrm{d}V_{\mathrm{O}}$，则：

$$\frac{\mathrm{d}V_{\mathrm{O}}}{R \times 273} = \frac{\mathrm{d}V_{\mathrm{CO}}}{RT}$$

代入式 (5-52) 得：

$$\mathrm{d}n_{\mathrm{C}} = \frac{\dfrac{p'_{\mathrm{CO}}}{p^{\ominus}}\mathrm{d}V_{\mathrm{CO}}}{0.0224}$$

或

$$\mathrm{d}V_{\mathrm{O}} = \frac{0.0224}{\dfrac{p'_{\mathrm{CO}}}{p^{\ominus}}}\mathrm{d}n_{\mathrm{C}} \tag{5-53}$$

一个气泡上浮引起钢液中碳含量的下降为 $\mathrm{d}[\mathrm{C}]_{\%}$，$\mathrm{d}n_{\mathrm{C}}$ 与 $\mathrm{d}[\mathrm{C}]_{\%}$ 的关系为：

$$-\mathrm{d}[\mathrm{C}]_{\%} = \frac{M_{\mathrm{C}}\mathrm{d}n_{\mathrm{C}}}{1000W} \times 100 = \frac{12 \times 10^{-4}\mathrm{d}n_{\mathrm{C}}}{W}$$

或

$$\mathrm{d}n_{\mathrm{C}} = -\frac{W}{12 \times 10^{-4}}\mathrm{d}[\mathrm{C}]_{\%} \tag{5-54}$$

式中　W —— 钢液质量，t；

M_{C} —— [C] 的摩尔质量，kg/mol。

由不平衡参数的定义：

$$\frac{p'_{\mathrm{CO}}}{p^{\ominus}} = \alpha \cdot \frac{p_{\mathrm{CO,eq}}}{p^{\ominus}} = \alpha \cdot 500[\mathrm{C}]_{\%}[\mathrm{O}]_{\%} \tag{5-55}$$

将式 (5-54) 和式 (5-55) 代入式 (5-53)，整理后得出：

$$\mathrm{d}V_{\mathrm{O}} = \frac{0.0224\mathrm{d}n_{\mathrm{C}}}{\dfrac{p'_{\mathrm{CO}}}{p^{\ominus}}} = \frac{0.0224 \times \dfrac{-W}{12 \times 10^{-4}}\mathrm{d}[\mathrm{C}]_{\%}}{500\alpha[\mathrm{C}]_{\%}[\mathrm{O}]_{\%}} = -0.0373\frac{W}{\alpha[\mathrm{C}]_{\%}[\mathrm{O}]_{\%}}\mathrm{d}[\mathrm{C}]_{\%} \tag{5-56}$$

由碳氧反应的化学计量关系可得：

$$[\mathrm{O}]_{\%} = [\mathrm{O}]_{\%}^{0} - \frac{16}{12}([\mathrm{C}]_{\%}^{0} - [\mathrm{C}]_{\%}) \tag{5-57}$$

式中　$[\mathrm{C}]_{\%}^{0}$，$[\mathrm{O}]_{\%}^{0}$—— 分别表示初始的碳和氧的质量分数，代入式 (5-56) 并整理得到

$$\int_{0}^{V_{\mathrm{O}}}\mathrm{d}V_{\mathrm{O}} = 0.0373\frac{W}{\alpha}\int_{[\mathrm{C}]_{\%}^{0}}^{[\mathrm{C}]_{\%}^{\mathrm{f}}}\frac{-\mathrm{d}[\mathrm{C}]_{\%}}{([\mathrm{O}]_{\%}^{0} - 1.33[\mathrm{C}]_{\%}^{0} + 1.33[\mathrm{C}]_{\%}^{\mathrm{f}})[\mathrm{C}]_{\%}^{0}} \tag{5-58}$$

积分得：

$$V_{\mathrm{O}} = \frac{86 \times 10^{-5}W}{\alpha(1.33[\mathrm{C}]_{\%}^{0} - [\mathrm{O}]_{\%}^{0})} \times \lg\frac{[\mathrm{O}]_{\%}^{0}[\mathrm{C}]_{\%}^{\mathrm{f}}}{([\mathrm{O}]_{\%}^{0} - 1.33[\mathrm{C}]_{\%}^{0} + 1.33[\mathrm{C}]_{\%}^{\mathrm{f}})[\mathrm{C}]_{\%}^{0}} \tag{5-59}$$

式中　$[\mathrm{C}]_{\%}^{\mathrm{f}}$—— 鼓入 V_{O} m^3(标态) 氩气后钢液中碳的质量分数。为简化计算，可假设 α 值为常数。

$[\mathrm{C}]_{\%}^{\mathrm{f}}$ 与鼓入氩气体积 V_{O} 的关系：对于中、高碳钢，钢中碳含量都大于 0.2%，而氧含量低于碳含量，氧通过钢液边界层的传质是速控环节。

此时：

$$1.33[\mathrm{C}]_{\%}^{0} - [\mathrm{O}]_{\%}^{0} \approx 1.33[\mathrm{C}]_{\%}^{0}$$

$$[\mathrm{O}]_{\%}^{0} - 1.33[\mathrm{C}]_{\%}^{0} + 1.33[\mathrm{C}]_{\%}^{\mathrm{f}} = [\mathrm{O}]_{\%}^{\mathrm{f}}$$

$$[\mathrm{C}]_{\%}^{0} \approx [\mathrm{C}]_{\%}^{\mathrm{f}}$$

所以：

$$V_0 = 64.5 \times 10^{-5} \frac{W}{\alpha} \frac{1}{[\mathrm{C}]_{\%}^{0}} \times \lg \frac{[\mathrm{O}]_{\%}^{0}}{[\mathrm{O}]_{\%}^{\mathrm{f}}} \tag{5-60}$$

用相近方法可以推导得出式中的不平衡参数 α 的计算公式：

$$\ln \frac{1}{1-\alpha} = 9 \times \left(\frac{RT}{Vp^{\ominus}} \right) Ak_{\mathrm{d}} \frac{1}{[\mathrm{C}]_{\%}} t \tag{5-61}$$

5.3.1.2 吹氩脱氢过程动力学模型

A 反应机理

钢包吹氩是一个常用的钢液净化途径。钢液吹氩脱氢也包括 3 个主要步骤：

(1) 钢液中的氢通过钢液与气泡边界层扩散到氩气泡的表面，$[\mathrm{H}]^{\mathrm{s}}$；

(2) 在气泡 — 钢液界面上发生化学反应，$2[\mathrm{H}]^{\mathrm{s}} = \mathrm{H}_2^{\mathrm{s}}$；

(3) 反应生成的氢分子扩散到气泡内部，$\mathrm{H}_2^{\mathrm{s}} \rightarrow \mathrm{H}_2$。

B 数学模型

但由于 [H] 的扩散系数较大，上述 3 个步骤速度都较快，气泡中 H_2 的分压接近与 [H] 相平衡的压力。已知：

$$2[\mathrm{H}] =\!=\!= \mathrm{H}_{2(\mathrm{g})}$$

$$\Delta G^{\ominus} = -72950 - 60.90T \quad (\mathrm{J/\ mol})$$

$$\lg K^{\ominus} = \frac{3811}{T} + 3.18$$

1600°C 时，$K^{\ominus} = \dfrac{\dfrac{p_{\mathrm{H}_2}}{p^{\ominus}}}{[\mathrm{H}]_{\%}^{2}} = 1.64 \times 10^5$。

所以，H_2 的平衡压力：

$$p_{\mathrm{H}_2} = 1.64 \times 10^5 [\mathrm{H}]_{\%}^{2} \times 0.1013 \quad (\mathrm{MPa}) \tag{5-62}$$

一个氩气泡上浮过程中脱氢的量为：

$$\mathrm{d}n_{\mathrm{H}} = 2\mathrm{d}n_{\mathrm{H}_2} = 2\frac{p_{\mathrm{H}_2}\mathrm{d}V}{RT}$$

$$\mathrm{d}V = \frac{\mathrm{d}V_0}{273} T$$

$$\mathrm{d}n_{\mathrm{H}} = 2\mathrm{d}n_{\mathrm{H}_2} = 2\frac{p_{\mathrm{H}_2}\dfrac{\mathrm{d}V_0}{273}T}{RT} = 2p_{\mathrm{H}_2}\frac{\mathrm{d}V_0}{R \times 273}$$

一个气泡上浮引起钢液中氢含量的下降为 $\mathrm{d}[\mathrm{H}]_{\%}$，$\mathrm{d}n_{\mathrm{H}}$ 与 $\mathrm{d}[\mathrm{H}]_{\%}$ 的关系为：

$$-\mathrm{d}[\mathrm{H}]_{\%} = \frac{M_{\mathrm{H}}\mathrm{d}n_{\mathrm{H}}}{W \times 1000} \times 100 = \frac{2M_{\mathrm{H}}p_{\mathrm{H}_2}\dfrac{\mathrm{d}V_0}{R \times 273}}{W \times 1000} \times 100 \tag{5-63}$$

式中　W —— 钢液质量，t；

M_H —— 氢原子的摩尔质量，kg/mol；

dV_0 —— 氩气在标态下的体积，m^3。

将式 (5-62) 代入式 (5-63)，并整理得：

$$dV_0 = -\frac{8.314 \times 273 \times W \times 10}{1.64 \times 10^5 \times 1.013 \times 10^5 \times 2 \times 10^{-3} \times [H]_{\%}^2} d[H]_{\%}$$

$$= 6.83 \times 10^{-4} \frac{W d[H]_{\%}}{[H]_{\%}^2}$$

上式积分后得：

$$V_0 = 6.83 \times 10^{-4} W \left[\frac{1}{[H]_{\%}^f} - \frac{1}{[H]_{\%}^0} \right] \tag{5-64}$$

式中　$[H]_{\%}^0$ —— 吹氩开始时钢液中氢的质量分数；

$[H]_{\%}^f$ —— 吹氩结束时钢液中氢的质量分数。

讨论：

(1) 可以应用类似的方法推导出吹氩过程脱碳反应速率和脱氢反应速率的关系：

$$\frac{d[H]_{\%}}{dt} = 2.73 \times 10^4 [H]_{\%}^2 \frac{d[C]_{\%}}{dt} \tag{5-65}$$

(2) 对吹氩脱氮也可以导出类似的公式。但是气泡中氮分压远不能达到平衡。生产实践证明，吹氩没有明显的脱氮效果。原因可能是脱氮过程动力学规律较复杂，氮的扩散不是唯一的速控环节，界面化学反应也有较大的阻力。

5.3.2　真空冶金过程脱气动力学模型

真空技术在冶金生产中的应用大体上可以划分为两大类：一类用于钢水的处理，最常应用的有真空铸锭、钢包真空处理、RH 和 DH 真空精炼等，通常称为真空处理；另一类属于真空熔炼过程，如真空自耗熔炼、真空电渣熔炼。

在真空条件下，有良好的去除金属液中溶解的氢、氧等有害杂质的有利条件，提高冶金产品的质量。但是，真空也加速了合金元素的挥发。掌握真空冶金过程动力学有利于控制这些过程。

以下介绍真空去气的基本动力学规律。

5.3.2.1　*反应机理*

金属液去气过程的组成步骤为：

(1) 溶解于金属液中的气体原子通过对流和扩散迁移到金属液面或气泡表面。

(2) 在金属液或气泡表面上发生界面化学反应，生成气体分子。这一步骤又包括反应物的吸附、化学反应本身及气体生成物的脱附。

(3) 气体分子通过气体边界层扩散进入气相，或被气泡带入气相，并被真空泵抽出。

5.3.2.2 数学模型

根据大多数研究结果，钢液中吸氢、脱氢、脱氧过程由钢液边界层中的传质控制，若对组元 i，传质速率为：

$$\frac{\mathrm{d}n_i}{\mathrm{d}t} = Ak_\mathrm{d}(c_{[i]} - c_{[i]}^\mathrm{s}) \tag{5-66}$$

式中 A —— 表面积；

$c_{[i]}$ —— 钢液内部浓度；

$c_{[i]}^\mathrm{s}$ —— 气液界面处的浓度。

由物质平衡可得：

$$\frac{\mathrm{d}n_i}{\mathrm{d}t} = -V\frac{\mathrm{d}c_{[i]}}{\mathrm{d}t} \tag{5-67}$$

式中 V—— 钢液的体积。

式 (5-67) 说明传质速率等于去气 (氢或氧) 的速率。

联立式 (5-66) 和式 (5-67) 可得：

$$\frac{\mathrm{d}c_{[i]}}{\mathrm{d}t} = -\frac{A}{V}k_\mathrm{d}(c_{[i]} - c_{[i]}^\mathrm{s}) \tag{5-68}$$

假设表面浓度 $c_{[i]}^\mathrm{s}$ 为常数，积分式 (5-68) 得：

$$\ln\frac{c_{[i]} - c_{[i]}^\mathrm{s}}{c_{[i]}^0 - c_{[i]}^\mathrm{s}} = -\frac{A}{V}k_\mathrm{d}t \tag{5-69}$$

式中 $c_{[i]}^0$，$c_{[i]}$—— 钢液中组元 i 原始浓度及真空处理 t 时该元素的浓度，$\mathrm{mol/m^3}$。

式 (5-69) 中的浓度也可以用质量分数表示 (%)。该式说明，如果脱气过程为传质步骤控制，则表现为一级反应规律，如脱氢和脱氧过程属于这种机理。

5.4 液液反应动力学模型基础

液液反应是指两个不相溶的液相之间的反应。这类反应对冶金过程十分重要。例如，电炉炼钢过程，从炉内形成钢液熔体开始，直至出钢为止，液液反应贯穿于整个熔化、氧化和还原过程中。例如，熔化期和氧化期中钢液中 C、Si、Mn、P 及某些合金元素的氧化，就包含有渣中氧化铁和钢中这些元素之间的反应。还原期的脱硫也是渣钢之间的反应。有色冶金也有类似的情况，如湿法提取冶金中用萃取的方法进行分离和提纯就是典型的液液反应的例子。在火法冶金过程中，鼓风炉炼制粗铅及转炉吹炼粗铜都包含有熔渣和金属熔体之间的液液反应。

液液反应机理的共同特点在于：反应物来自两个不同的液相，然后在共同的相界面上发生界面化学反应，最后生成物再以扩散的方式从相界面传递到不同的液相中。寻求这类的反应的规律，较多地应用了双膜理论。

液液反应的限制性环节一般分为两类：一类以扩散为限制性环节；另一类是以界面化学反应为限制性环节。对这两类不同的反应过程，温度、浓度、搅拌速度等外界条件对速度的影响也是不同的，借此可用来判断限制性环节。

大量的事实说明，在液液反应中，尤其是高温冶金反应中，大部分限制性环节处于扩散范围，只有一小部分反应属于界面化学反应类型。尽管后者代表的反应不多，但是其机理的研究却很重要，处理的难度也较前者大。

通常应用双膜理论分析金属液 — 溶渣反应机理和反应速率。金属液 — 熔渣反应主要有以下两种反应：

$$[A] + (B^{z+}) === (A^{z+}) + [B] \tag{5-70}$$

$$[A] + (B^{z-}) === (A^{z-}) + [B] \tag{5-71}$$

式中　[A]，[B] —— 金属液中以原子状态存在的组元 A，B；

(A^{z+})，(A^{z-})，(B^{z+})，(B^{z-}) —— 熔渣中以正 (负) 离子状态存在的组元 A，B。

图 5-4 所示为组元 A 在熔渣、金属液中的浓度分布。

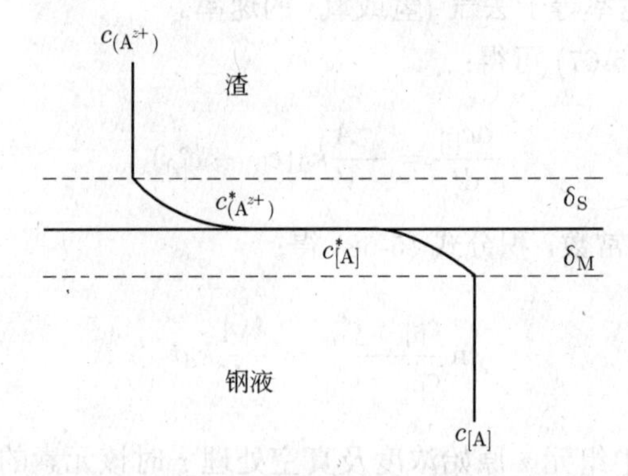

图 5-4　组元 A 在熔渣和金属液中的浓度分布

δ_S, δ_M— 渣相及金属液边界层的厚度；$c_{(A^{z+})}$, $c_{[A]}$— 组元 A 在渣相及金属液中的浓度；$c^*_{(A^{z+})}$— 组元 A 在渣膜一侧界面处的浓度；$c^*_{[A]}$— 组元 A 在金属液膜一侧界面处的浓度

就反应机理，整个反应包括如下步骤：

(1) 组元 [A] 由金属液内穿过金属液一侧边界层向金属液 — 熔渣界面迁移；

(2) 组元 (B^{z+}) 由渣相内穿过渣相一侧边界层向熔渣 — 金属液界面迁移；

(3) 在界面上发生化学反应 $[A]^*+(B^{z+})^* = (A^{z+})^*+[B]^*$；

(4) 反应产物 $(A^{z+})^*$ 由熔渣 — 金属液界面穿过渣相边界层向渣相内迁移；

(5) 反应产物 $[B]^*$ 由金属液 — 熔渣界面穿过金属液边界层向金属液内部迁移。

对于一般情况，若组元 A 在钢液和在渣中的扩散及在界面化学反应速率差不多，每一步的物质流密度如下：

在金属液边界层的物质流密度为：

$$J_{[A]} = k_{[A]}(c_{[A]} - c^*_{[A]}) \tag{5-72}$$

在渣相边界层的物质流密度为：

$$J_{(A^{z+})} = k_{(A^{z+})}(c^*_{(A^{z+})} - c_{(A^{z+})}) \tag{5-73}$$

若界面化学反应为一级反应时，则正反应速率为：

$$v_+ = k_{\text{rea}+} c^*_{[\text{A}]} \tag{5-74}$$

逆反应速率为：

$$v_- = k_{\text{rea}-} c^*_{(\text{A}^{z+})} \tag{5-75}$$

式中 $k_{\text{rea}+}$，$k_{\text{rea}-}$ —— 正、逆反应的速率常数；

v_+, v_- —— 正、逆反应速率。

当正、逆反应速率相等，达到动态平衡时，则：

$$\frac{c^*_{(\text{A}^{z+})}}{c^*_{[\text{A}]}} = \frac{k_{\text{rea}+}}{k_{\text{rea}-}} = K^\ominus \tag{5-76}$$

当正、逆反应速率不相等时，则化学反应净速率为：

$$v_\text{A} = k_{\text{rea}+} c^*_{[\text{A}]} - k_{\text{rea}-} c^*_{(\text{A}^{z+})} = k_{\text{rea}+}\left(c^*_{[\text{A}]} - \frac{c^*_{(\text{A}^{z+})}}{K^\ominus}\right)$$

总反应过程可以认为是稳态，则：

$$J_\text{A} = k_{[\text{A}]}(c_{[\text{A}]} - c^*_{[\text{A}]}) = k_{(\text{A}^{z+})}(c^*_{(\text{A}^{z+})} - c_{(\text{A}^{z+})}) = k_{\text{rea}+}\left(c^*_{[\text{A}]} - \frac{c^*_{(\text{A}^{z+})}}{K^\ominus}\right) \tag{5-77}$$

或

$$J_\text{A} = \frac{(c_{[\text{A}]} - c^*_{[\text{A}]})}{\dfrac{1}{k_{[\text{A}]}}} = \frac{\left(\dfrac{c^*_{(\text{A}^{z+})}}{K^\ominus} - \dfrac{c_{(\text{A}^{z+})}}{K^\ominus}\right)}{\dfrac{1}{K^\ominus k_{(\text{A}^{z+})}}} = \frac{\left(c^*_{[\text{A}]} - \dfrac{c^*_{(\text{A}^{z+})}}{K^\ominus}\right)}{\dfrac{1}{k_{\text{rea}+}}}$$

采用合分比的方法可以得出：

$$J_\text{A}\left(\frac{1}{k_{[\text{A}]}} + \frac{1}{K^\ominus k_{(\text{A}^{z+})}} + \frac{1}{k_{\text{rea}+}}\right) = c_{[\text{A}]} - \frac{c_{(\text{A}^{z+})}}{K^\ominus}$$

$$J_\text{A} = \frac{c_{[\text{A}]} - \dfrac{c_{(\text{A}^{z+})}}{K^\ominus}}{\dfrac{1}{k_{[\text{A}]}} + \dfrac{1}{K^\ominus k_{(\text{A}^{z+})}} + \dfrac{1}{k_{\text{rea}+}}} \tag{5-78}$$

式中 $\dfrac{1}{k_{[\text{A}]}}$ ——A 在钢液中的传质阻力；

$\dfrac{1}{K^\ominus k_{(\text{A}^{z+})}}$ ——A 在渣中的传质阻力；

$\dfrac{1}{k_{\text{rea}+}}$ ——A 在界面上化学反应的阻力。

这就是双膜理论在渣钢反应中应用的数学模型。可以看出，总反应速率与两相间的浓度差成正比，与总反应的阻力成反比。

讨论：

(1) 若 A 在钢液中的传质是限制环节，$\dfrac{1}{k_{[\text{A}]}} \gg \dfrac{1}{K^\ominus k_{(\text{A}^{z+})}} + \dfrac{1}{k_{\text{rea}+}}$，则在渣中的阻力和

化学反应的阻力可以忽略，此时，总过程的速率：

$$J_{\mathrm{A}}=\frac{c_{[\mathrm{A}]}-\dfrac{c_{(\mathrm{A}^{z+})}}{K^{\ominus}}}{\dfrac{1}{k_{[\mathrm{A}]}}}=k_{[\mathrm{A}]}\left(c_{[\mathrm{A}]}-\frac{c_{(\mathrm{A}^{z+})}}{K^{\ominus}}\right)$$

$$c_{(\mathrm{A}^{z+})}=c^{*}_{(\mathrm{A}^{z+})}$$

由 $\dfrac{c^{*}_{(\mathrm{A}^{z+})}}{c^{*}_{[\mathrm{A}]}}=\dfrac{k_{\mathrm{rea}+}}{k_{\mathrm{rea}-}}=K^{\ominus}$，得：

$$\frac{c_{(\mathrm{A}^{z+})}}{K^{\ominus}}=c^{*}_{[\mathrm{A}]}$$

所以

$$J_{\mathrm{A}}=k_{[\mathrm{A}]}(c_{[\mathrm{A}]}-c^{*}_{[\mathrm{A}]})$$

(2) 若 A 在渣中的传质是限制环节，$\dfrac{1}{K^{\ominus}k_{(\mathrm{A}^{z+})}}>>\dfrac{1}{k_{[\mathrm{A}]}}+\dfrac{1}{k_{\mathrm{rea}+}}$，则在钢液中的阻力和化学反应的阻力可以忽略，此时，总过程的速率：

$$J_{\mathrm{A}}=\frac{c_{[\mathrm{A}]}-\dfrac{c_{(\mathrm{A}^{z+})}}{K^{\ominus}}}{\dfrac{1}{K^{\ominus}k_{(\mathrm{A}^{z+})}}}=K^{\ominus}k_{(\mathrm{A}^{z+})}\left(c_{[\mathrm{A}]}-\frac{c_{(\mathrm{A}^{z+})}}{K^{\ominus}}\right)=k_{(\mathrm{A}^{z+})}(K^{\ominus}c_{[\mathrm{A}]}-c_{(\mathrm{A}^{z+})})$$

由

$$\frac{c^{*}_{(\mathrm{A}^{z+})}}{c^{*}_{[\mathrm{A}]}}=\frac{k_{\mathrm{rea}+}}{k_{\mathrm{rea}-}}=K^{\ominus}$$

$$c_{[\mathrm{A}]}=c^{*}_{[\mathrm{A}]}$$

得

$$c_{[\mathrm{A}]}K^{\ominus}=c^{*}_{(\mathrm{A}^{z+})}$$

所以

$$J_{\mathrm{A}}=k_{(\mathrm{A}^{z+})}(K^{\ominus}c_{[\mathrm{A}]}-c_{(\mathrm{A}^{z+})})=k_{(\mathrm{A}^{z+})}(c^{*}_{(\mathrm{A}^{z+})}-c_{(\mathrm{A}^{z+})})$$

(3) 若 A 在渣钢界面化学反应是限制环节，$\dfrac{1}{k_{\mathrm{rea}+}}>>\dfrac{1}{k_{[\mathrm{A}]}}+\dfrac{1}{K^{\ominus}k_{(\mathrm{A}^{z+})}}$，则在钢液和渣中的阻力可以忽略，此时，总过程的速率：

$$J_{\mathrm{A}}=k_{\mathrm{rea}+}\left(c_{[\mathrm{A}]}-\frac{c_{(\mathrm{A}^{z+})}}{K^{\ominus}}\right)=k_{\mathrm{rea}+}c_{[\mathrm{A}]}-k_{\mathrm{rea}+}\frac{c_{(\mathrm{A}^{z+})}}{\dfrac{k_{\mathrm{rea}+}}{k_{\mathrm{rea}-}}}=k_{\mathrm{rea}+}c_{[\mathrm{A}]}-k_{\mathrm{rea}-}c_{(\mathrm{A}^{z+})}$$

在炼钢的高温情况下，化学反应速率是很快的，不是过程的限制性环节。总的速率多决定于组元的传质速率。

5.5　应用实例

冶金过程涉及的多相反应基本可分为气固、气液、液固、液液、固固五大类，各类反应的相关机理大都已被研究过，也已经初步形成了各类反应的动力学模型 (由于篇幅关系，本章内容只重点介绍了应用相对广泛的气固、气液及液液反应模型)。但与相对成熟和完善的冶金热力学理论相比，由于动力学问题的复杂性，各类动力学模型和相关参数的普适性和可靠性相对较差。各种工况条件下的动力学模型必须根据具体情况具体分析。本章内容借助于公开发表文献中的实例，拟重点阐述建模思路，并力图介绍当多种反应共同发生时，其在动力学方面的相互影响。由前文叙述可知，动力学模型其实是建立在大量机构假设的基础上的，复杂的数学推演是其重要特征。而在实际应用中，动力学模型需要根据不同情况具体分析，并没有统一或固定的格式可循。

5.5.1 应用实例一：VD 过程脱硫动力学模型

VD 是利用真空和吹氩等措施脱除钢液杂质元素的一种常见精炼工艺，它具有造渣、脱硫、脱氧、去夹杂等重要功能。

5.5.1.1 模型建立

根据渣和钢的液液相反应双膜理论，钢液的熔渣脱硫包括以下 5 个环节：

(1) [S] 由钢液内部向渣钢界面传质，并经过界面层钢侧向渣钢界面扩散；

(2) (O^{2-}) 由熔渣内部向渣钢界面传质，并经过界面层渣侧向渣钢界面扩散；

(3) 在渣钢界面进行化学反应，$[S]+(O^{2-})=[O]+(S^{2-})$；

(4) (S^{2-}) 离开界面在界面层渣侧扩散，向渣内部传质；

(5) [O] 离开界面在界面层钢侧扩散，向钢液内部传质。

大量前人研究结果显示，熔渣脱硫过程的限制性环节通常是硫在钢液内的传质。因此脱硫速度可表示为：

$$\frac{d[\%S]}{d\tau} = -k\frac{F}{V}\left([\%S] - \frac{(\%S)}{L_S}\right) \tag{5-79}$$

式中 [%S]，(%S) —— 分别为钢液、渣中的硫含量；

F, V —— 分别表示钢液表面积，体积；

k —— 脱硫速率常数，取 3m/s；

L_S —— τ 时刻硫在渣钢间的分配系数。

注：由于硫分配系数 L_S 是受渣性质及钢液脱氧程度而定，在反应过程中变化较小，可认为 L_S 不随时间而变，可由下面公式计算确定：

据脱硫反应式为：[S]+(CaO)=(CaS)+[O]，得：

$$L_S = \frac{(\%S)}{[\%S]} = 32K\frac{x_{CaO}\gamma_{CaO}\sum n}{\gamma_{CaS}}\frac{f_S}{a_O} \tag{5-80}$$

或者，对 $CaO\text{-}MgO\text{-}SiO_2\text{-}Al_2O_3$ 渣系，可利用前人给出的计算公式：

$$\lg L_S = -2.78 + 0.86 \times \frac{(\%CaO) + 0.5(\%MgO)}{(\%SiO_2) + 0.6(\%Al_2O_3)} - \lg a_O + \lg f_S \tag{5-81}$$

其中，钢液中 S、O 的活度系数可利用 Wagner 模型计算得到。

据物料平衡可得出：

$$(\%S) = (\%S)_0 + ([\%S]_0 - [\%S])W_m/W_S \tag{5-82}$$

式中 W_m, W_S—— 分别为钢液及渣的质量。

代入式 (5-79) 可得：

$$\frac{\mathrm{d}[\%\mathrm{S}]}{\mathrm{d}\tau}=-k\frac{F}{V}\left[[\%\mathrm{S}]\left(1+\frac{W_\mathrm{m}}{L_\mathrm{S}W_\mathrm{S}}\right)-\frac{(\%\mathrm{S})_0}{L_\mathrm{S}}-[\%\mathrm{S}]_0\frac{W_\mathrm{m}}{L_\mathrm{S}W_\mathrm{S}}\right]$$

积分后得：

$$[\%\mathrm{S}]=\frac{1}{L_\mathrm{S}W_\mathrm{S}+W_\mathrm{m}}\left[([\%\mathrm{S}]_0L_\mathrm{S}-(\%\mathrm{S})_0)W_\mathrm{S}\mathrm{e}^{-k\frac{F}{V}\left(1+\frac{W_\mathrm{m}}{L_\mathrm{S}W_\mathrm{S}}\right)\tau}+W_\mathrm{S}(\%\mathrm{S})_0+W_\mathrm{m}[\%\mathrm{S}]_0\right] \tag{5-83}$$

此即为熔渣脱硫的动力学模型。已知 L_S、钢渣质量及初始硫含量的情况下，钢液的最终硫含量由 $k\left(\frac{F}{V}\right)\tau$ 所决定。定义 $k'=k\frac{F}{V}$ 为表观速率常数，与钢渣搅拌有关。如能确定 k'，即可求出 τ 时刻的 $[\%\mathrm{S}]$。

5.5.1.2 表观速率常数 k'

表观速率常数的影响因素很多，通过理论计算出它的值几乎是不可能的。通常，VD 过程中脱硫反应的表观速率常数与真空度、搅拌等密切相关。某研究者利用试验方法确定了表观速率常数与搅拌功率的关系：

$$k'=-\frac{1}{\tau}\frac{L_\mathrm{S}W_\mathrm{S}}{L_\mathrm{S}W_\mathrm{S}+W_\mathrm{m}}\times\ln\frac{W_\mathrm{m}([\%\mathrm{S}]-[\%\mathrm{S}]_0)+W_\mathrm{S}(L_\mathrm{S}[\%\mathrm{S}]-(\%\mathrm{S})_0)}{W_\mathrm{S}(L_\mathrm{S}[\%\mathrm{S}]_0-(\%\mathrm{S})_0)} \tag{5-84}$$

只要测得某一渣系下钢中硫含量随时间的变化值，即可确定该过程的实际表观速率常数，该过程的表观速率常数通常由搅拌功率 ε 决定，后者可由真空度和吹氩流量计算得出。

具体试验数据见表 5-1。

表 5-1 VD 脱硫试验数据

编号	t/°C	真空度/kPa	Q/L·min^{-1}	$\tau_{吹氩}$/min	[%O]	L_S	$[\%\mathrm{S}]_0$	[%S]	$(\%\mathrm{S})_0$	W_m/t	W_S/t	k'/min^{-1}	ε/W·t^{-1}
1	1529	6	150	11	0.00042	124	0.014	0.010	0.91	66	1.9	0.052	106.5
2	1554	6.25	180	25	0.0006	179	0.012	0.006	0.37	74	2.3	0.042	112
3	1543	70	156	13	0.0003	281	0.015	0.011	1.13	56.4	1.41	0.036	64.5
4	1554	1	180	30	0.00034	481	0.029	0.004	0.63	58	2	0.099	209.2
5	1571	1.02	30	27	0.00054	185	0.012	0.008	0.3	58.5	1.2	0.019	34.77
6	1576	7.6	186	28	0.00025	303	0.021	0.006	0.7	65	1.8	0.073	130.2
7	1567	3	90	28	0.0004	266	0.008	0.003	0.42	60.5	2.18	0.042	82.6
8	1545	22	186	22	0.00035	448	0.009	0.005	1.41	64.8	1.8	0.056	96.85
9	1552	20	120	22	0.0004	504	0.018	0.009	1.93	62.7	2.35	0.048	66.64
10	1576	12	180	38	0.0003	1264	0.013	0.003	1.26	55.4	1.88	0.049	131.9

回归得：

$$k'=0.005333+0.000435\varepsilon$$

代入式 (5-84) 可得到该工况条件下的脱硫动力学模型为：

$$[\%\mathrm{S}]=\frac{1}{L_\mathrm{S}W_\mathrm{S}+W_\mathrm{m}}[([\%\mathrm{S}]_0L_\mathrm{S}-(\%\mathrm{S})_0)W_\mathrm{S}\mathrm{e}^{-(5.333+0.435\varepsilon)\left(1+\frac{W_\mathrm{m}}{L_\mathrm{S}W_\mathrm{S}}\right)\times10^{-3}\tau}+ \\ W_\mathrm{S}(\%\mathrm{S})_0+W_\mathrm{m}[\%\mathrm{S}]_0] \tag{5-85}$$

5.5.1.3 模型验证

为了验证上述模型的准确性，对 VD 结束时的终点硫含量采用式 (5-85) 进行计算。计算结果与精炼结束的实际 [%S] 比较，结果如图 5-5 所示。可以看出，采用动力学模型计算结果与实际值非常接近，说明了模型的可靠性。还可以通过对模型的分析，指出各因子的变化趋势对脱硫的影响。

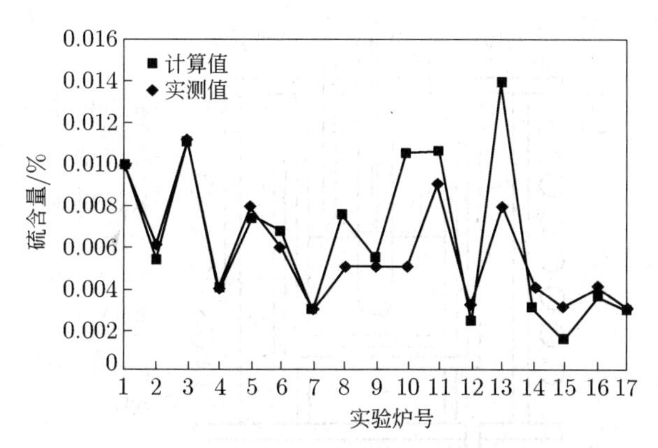

图 5-5 VD 脱硫过程中硫含量计算值与实测值的比较

5.5.2 应用实例二：真空吸脱气法用于铁水同时脱碳和脱氮

5.5.2.1 研究背景

通过脱气处理，如喷吹惰性气体和真空脱气，能得到超低碳钢和超低氮钢。然而，这些方法需要大量的惰性气体以及/或者大的真空室。

Sano 等人提出了一个更简单的 VSD 法 [1]，该方法成功地应用于低碳含量和氧含量下的铁水脱碳 [1]。在 VSD 法的条件下，平衡时杂质 (比如碳和氮) 的含量极低并且强大的反应推动力使杂质脱除速度极快，而且一种气体的形成 (如 CO) 能够降低反应界面上其他气体的分压，这也增强了杂质的脱除速度。

该研究利用 VSD 法研究铁水同时脱碳和脱氮，检测了氧化物组成、透气性、多孔透气试管内部压力对碳和氮的脱除速度的影响。

5.5.2.2 研究过程

用一台 15kW 的高频感应炉来熔化置于内径为 38mm、高度为 100mm 的氧化镁坩埚中的 400g 电解铁。通过喷吹氩气获得惰性气氛，氩气以 1000cm^3/min 的速度通过直径为 4.2mm、距熔体表面 10mm 的氧化铝氧枪喷向熔体表面。实验装置如图 5-6 所示。浸入熔体的多孔透气试管 (外径 14mm、内径 6mm) 的组成为 Al_2O_3 和 SiO_2。试管内部通过一台旋转泵排空 (排出速度 60L/min，真空极限 6.7×10^{-2}Pa)。试管达到一个稳定状态之后的内部压力称为空气中的 p_{min}(将试管中的气体排入空气)。空气中的 p_{min} 视作评估气体通向多孔试管的透气性指数。试管的构成和它在空气中的 p_{min} 见表 5-2，表中的 $p_{in,av}$ 是试验期间试管的内部平均压力。为使铁水不会渗透进入试管中，一些实验中试管的内部压力调整得比较高。

熔体熔化之后，Ar 和 H_2 的混合气体喷向熔体表面使熔体还原。然后多孔透气试管浸入熔体中，浸入深度在 35~50mm 之间。熔体的氮含量通过喷吹 Ar-N_2 混合气体进行调整，初始碳含量通过添加石墨进行调节。适当的时间从熔体中取样分析 C、N、O、S，检测脱除过程。使用光学高温计测量熔体温度。用 Pt-Pt·Rh 热电偶对高温计进行校准。调整感应炉的供电量获得稳定的熔体温度 (1580±5)°C。

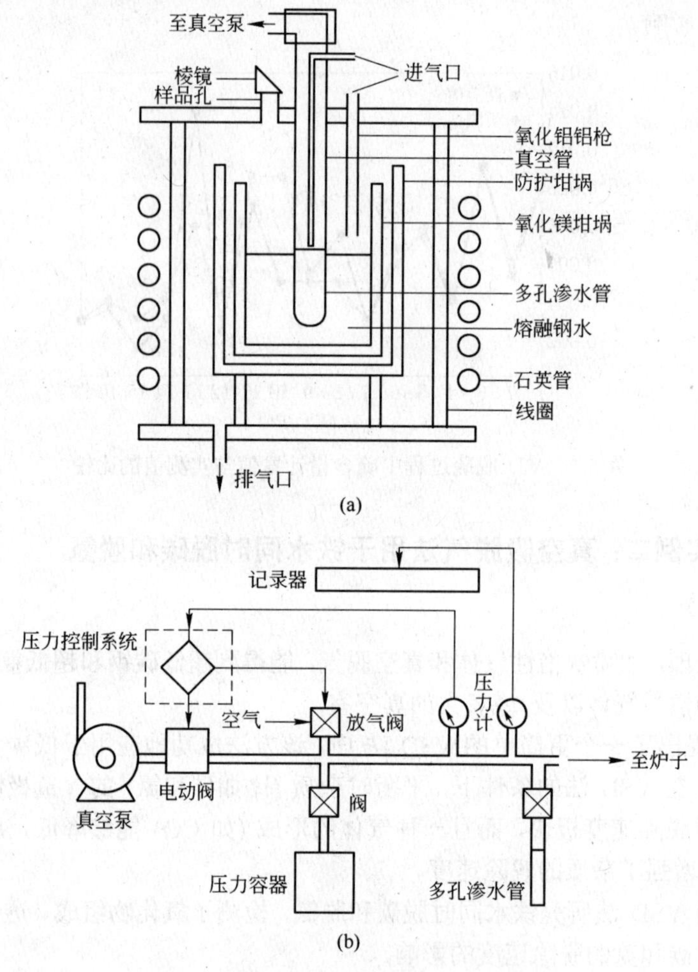

图 5-6　铁水同时脱碳和脱氮实验装置

(a) 炉子组成；(b) 气体吸收装置

表 5-2　多孔透气试管的组成和透气性

试管	p_{min}(空气中)/kPa	$p_{in,av}$/kPa	成分/%		多孔性/%
			Al_2O_3	SiO_2	
PA-A	2.7~3	0.3~0.5	99	0.6	30~35
HA-E	7.1~11.3	0.4~0.7	83	16	18~20
ASM-15	6.1	0.5	85	15	27
ASM-30	6.4	0.4	70	30	27
ASM-50	9.0	0.4	50	50	25
TOM-30	11~14.5	0.4~0.7	69	31	29

续表 5-2

试管	p_{min}(空气中)/kPa	$p_{in,av}$/kPa	成分/%		多孔性/%
			Al_2O_3	SiO_2	
TOM-50	8.5~9	0.5	51	48	20
TOS-30	12.3~16.7	16.8~20	69	31	37
TOS-50	11.8~16.8	11.7~20	51	48	35

注：实验过程中由于金属取样的原因，$p_{in,av}$ 有随着时间增加的趋势[1]。

5.5.2.3 研究结果

碳含量在 1800s 内达到约 0.001% 的水平。同样时间内氮的含量达到 0.002%。1800s 之后，由于碳和氮的含量接近平衡值，因此脱碳速度和脱氮速度很慢。实验的开始阶段氧含量是下降的，后来又慢慢增加。实验过程中硫含量几乎没有变化。

碳和氮的平衡含量取决于试管的内部压强，并可用式 (5-88) 和式 (5-89) 计算：

$$CO_{(g)} \xlongequal{} C + O \tag{5-86}$$

$$\frac{1}{2}N_{2(g)} \xlongequal{} N \tag{5-87}$$

$$[\%C]_e = \frac{p_{CO}K_{CO}}{f_C f_O[\%O]} \tag{5-88}$$

$$[\%N]_e = \frac{K_N\sqrt{p_{N_2}}}{f_N} \tag{5-89}$$

式中 [%C]，[%O] —— 熔体中碳含量和氧含量，%；

K_{CO}，K_N —— 反应式 (5-86)[1] 和反应式 (5-87)[2] 的平衡常数；

f_C，f_O，f_N —— 碳、氧、氮的活度系数；

p_{CO}、p_{N_2} —— CO 和 N_2 的分压。

图 5-7 给出了多孔透气试管内部压强对碳和氮同时脱除的影响。

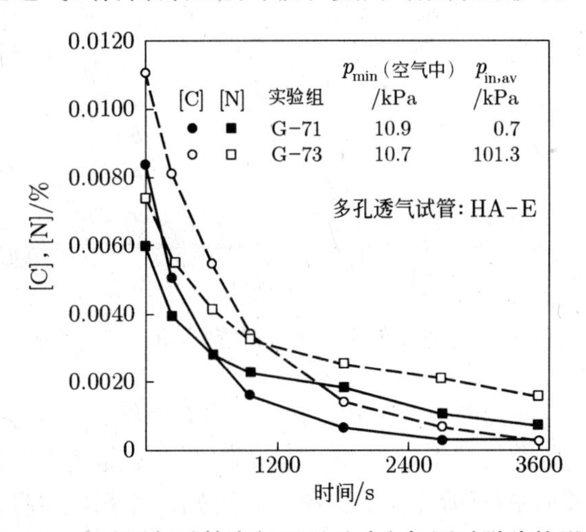

图 5-7 多孔透气试管内部压强对碳和氮同时脱除的影响

A 脱碳过程

总的表观一级速率常数 $k'_{\rm C}$ 可利用式 (5-90) 计算得到：

$$-\ln\frac{[{\rm C}]-[{\rm C}]_\infty}{[{\rm C}]_0-[{\rm C}]_\infty}=k'_{\rm C}\frac{A}{V}t \tag{5-90}$$

式中 [C] —— 熔体中的碳含量 ($\times10^{-6}$)；

A —— 反应界面的总面积 (包括多孔透气试管 — 铁水界面，熔体自由表面，坩埚 — 铁水界面)；

V —— 熔体的体积；

t —— 时间；

下标 0，∞ —— 初始值和最终值。

因为熔体中的碳含量低至几个 ppm，所以较初始碳含量，最终碳含量可以忽略。从而进一步得到式 (5-91)：

$$-\ln\frac{[{\rm C}]}{[{\rm C}]_0}=k'_{\rm C}\frac{A}{V}t \tag{5-91}$$

多孔透气试管和铁水界面以及 MgO 坩埚和铁水 (包括熔体表面) 界面的表观一级速率常数分别用 $k'_{\rm C,t}$ 和 $k'_{\rm C,C}$ 表示，界面面积用 $A_{\rm t}$ 和 $A_{\rm C}$ 表示，得到了 $k'_{\rm C}$ 的近似表示式 (5-92)：

$$k'_{\rm C}(A/V)=k'_{\rm C,t}(A_{\rm t}/V)+k'_{\rm C,C}(A_{\rm C}/V) \tag{5-92}$$

多孔透气试管的 SiO_2 含量对脱碳速度的影响如图 5-8 所示，由图 5-8 可知脱碳速度随着 SiO_2 含量的增加而增大。

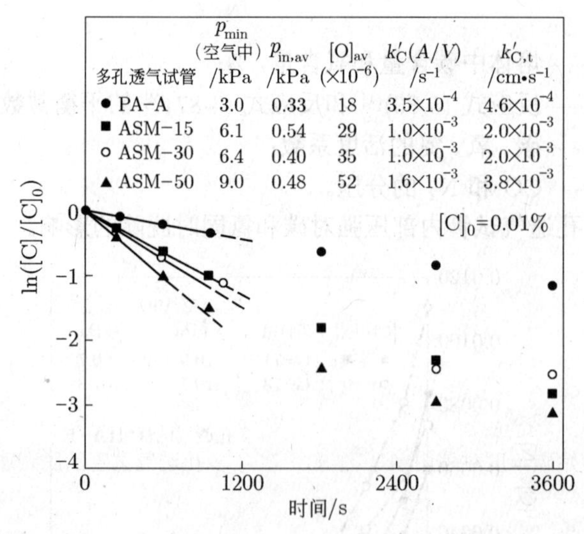

图 5-8 使用不同 SiO_2 含量的多孔透气试管时，$[{\rm C}]/[{\rm C}]_0$ 和时间之间的关系

在透气性处于较低范围内时 (空气中的 $p_{\rm min}$ <8kPa) 反应产物 (CO) 穿过试管小孔的传质对脱碳速度有影响。高透气性下，图 5-9 所示为使用含 $SiO_2$30%和 50%的多孔透气试管 (空气中的 $p_{\rm min}$ 为 15kPa) 的实验结果。由图 5-9 可知，含 $SiO_2$50%的试管的脱碳速度比含 $SiO_2$30%的试管快 1.5~1.6 倍。

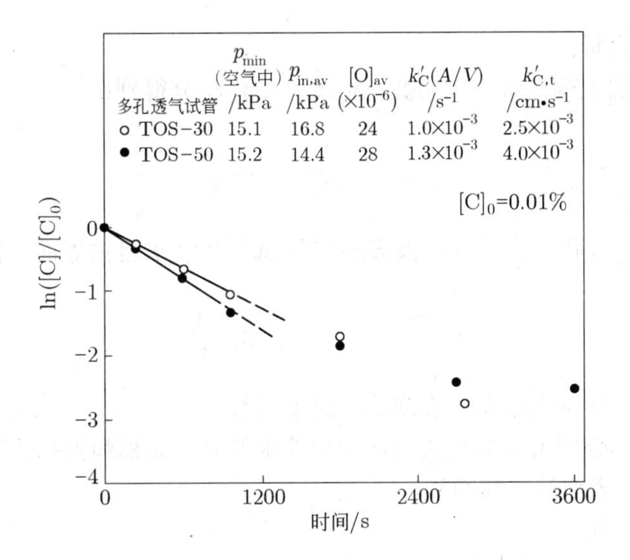

图 5-9 使用含 $SiO_2$30% 和 50% 的多孔透气试管时，$[C]/[C]_0$ 和时间之间的关系

初始碳浓度对使用 Al_2O_3-30%SiO_2 多孔透气试管的脱碳速度的影响如图 5-10 所示。表观脱碳速率常数 $k'_{C,t}$ 随着碳含量的增加急剧下降。这表明熔体中碳的传质并不是高碳含量下脱碳反应的主要速度控制环节。

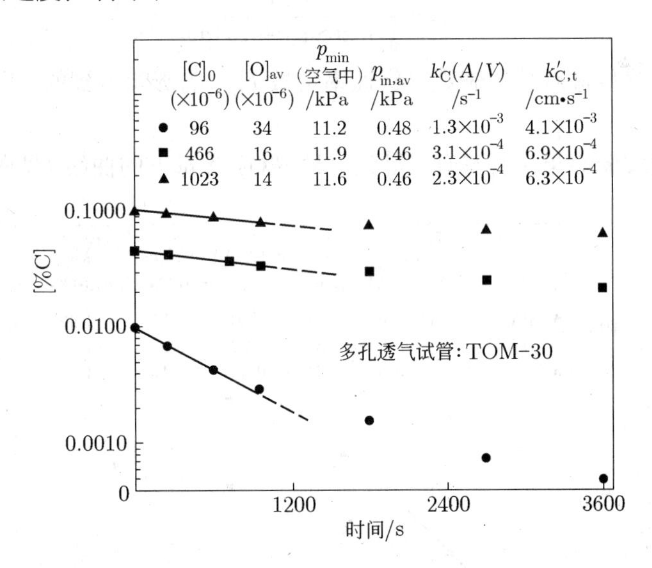

图 5-10 初始碳浓度对使用 Al_2O_3-30%SiO_2 多孔透气试管的脱碳速度的影响

B 脱氮过程

低氮含量范围内，氮的脱除速度可用二级速率方程表示。假设最终氮含量可忽略，因此得到式 (5-93)：

$$-\frac{d[\%N]}{dt}=k'_N\frac{A}{V}[\%N]^2 \tag{5-93}$$

式中 [%N] —— 氮含量;

k'_N —— 总的表观二级速率常数。对式 (5-93) 积分得到:

$$\frac{1}{[\%N]}-\frac{1}{[\%N]_0}=k'_N\frac{A}{V}t \tag{5-94}$$

考虑多孔透气试管和铁水界面以及多孔透气试管和铁水自由表面界面对脱氮速度的作用，则:

$$k'_N\frac{A}{V}=k''_{N,t}\frac{A_t}{V}+k'_{N,s}\frac{A_s}{V} \tag{5-95}$$

式中 $k''_{N,t},k'_{N,s}$ —— 分别表示总的表观二级速率常数;

A_t,A_s —— 分别表示多孔透气试管和铁水的界面面积和多孔透气试管和铁水自由表面的界面面积。

$k'_{N,s}$ 的值可表示为:

$$k'_{N,s}=\frac{1}{\dfrac{[\%N]+[\%N]_i}{k_{N,sl}}+\dfrac{1}{k_{N,s}}} \tag{5-96}$$

其中，$k_{N,sl}$ 为熔体表面的液体侧传质系数 (0.05cm/s[3])；$k_{N,s}$ 为二级速率常数，其表达式为 [4]:

$$k_{N,s}=\frac{3.16}{1+268a_O+134a_S} \tag{5-97}$$

式 (5-97) 是消除质量传输对总的表观二级速率常数 $k'_{N,s}$ 的影响得到的，其中 a_O、a_S 为氧和硫的活度 (%)。

用式 (5-94) 对实验结果进行整理，得到三种 SiO_2 含量下的曲线 (见图 5-11)。

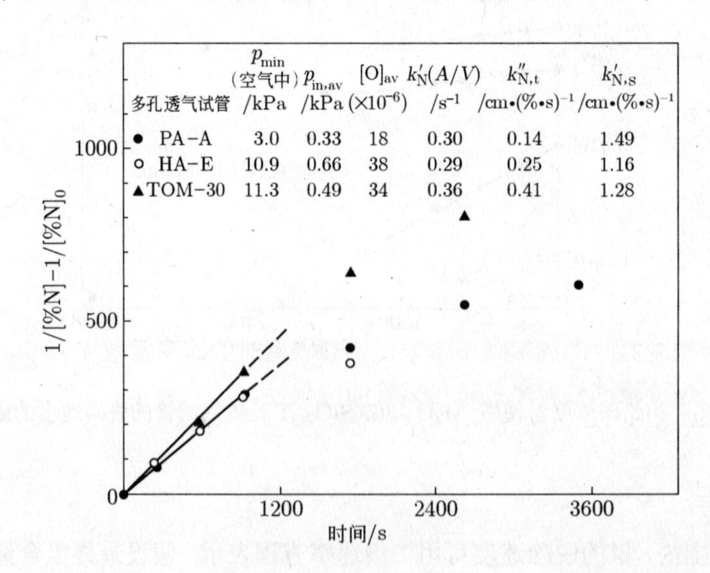

图 5-11 使用三种 SiO_2 含量多孔透气试管条件下，1/[%N]-1/[%N]$_0$ 与时间之间的关系

当使用透气性优良的试管的时候，脱氮受多孔透气试管的内压力控制方式的影响。使用压力控制系统 (MV) 时因不能降低试管 — 熔体界面的 p_{N_2} 而使脱氮速度最慢，使用 MV 的

同时通氩气的方法与使用通过试管小孔吸入空气的方式调整内压力的方法得到的脱氮效果接近。

C 脱碳对脱氮的影响

对比添加碳和不添加碳的实验结果，比较了脱碳对脱氮的影响，如图 5-12 所示。可以看出，$[C]_0=0.0108\%$ 时的脱氮速度十分大。假定添加碳的情况下由试管中 SiO_2 分解产生的氧消耗于脱碳反应，结果是多孔透气试管 — 铁熔体界面上的氧含量降低了，$[O]_{av}$ 因为碳的添加也降低了。这些导致了氮的去吸附速度的增加。另外 CO 的生成能够减小氮的分压从而增大了氮的去吸附速度。

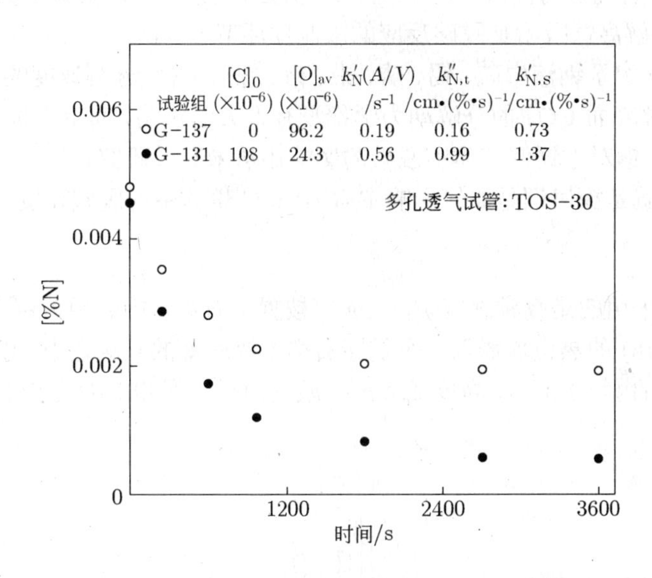

图 5-12 添加碳和不添加碳时，[%N] 随时间的变化

5.5.2.4 结论

使用真空吸脱气法 (VSD 法) 进行低碳含量范围内铁水同时脱碳和脱氮的动力学研究，发现：

(1) VSD 法能极大增强脱碳和脱氮速度。

(2) 脱碳速度随着试管透气性的增加而增大，随试管内压力的降低而增大。

(3) 高碳浓度下的脱碳反应受固体氧化物的分解影响很大。

(4) 同时脱碳和脱氮时的脱氮速率常数比单独脱氮时的速率常数大得多。

(5) 脱氮反应速度极其依赖多孔透气试管的透气性。

(6) 脱氮反应速度在低透气性时主要受气相中的质量传输控制，高透气性时主要受试管 — 熔体界面上的化学反应控制。

5.5.3 应用实例三：铜对高温下不锈钢熔体脱碳动力学的影响

5.5.3.1 研究背景

近年来，有研究发现含铜不锈钢的抗腐蚀性、成型性、抗菌性更优异 [5]。然而含铜不锈钢的脱碳速度在 AOD 过程中受到阻滞。因此，进行了理论计算和实验室实验以验证是热力学原因还是动力学原因阻滞了脱碳过程。1873K 时，熔体中合金元素对碳的活度系数的关系式为 [6,7]：

$$\lg \gamma_C = -0.36 + 6.9x_C - 5.1x_{Cr} + 4.1x_{Cu} \tag{5-98}$$

式中　x_i—— 熔体中元素 i 的摩尔分数。

铜和碳之间的相互作用系数 (ε_C^{Cu}) 为正，这样按照热力学理论，添加铜能够增强脱碳反应。而实际脱碳操作中观测到加入铜反应速度减慢了。因此，除了热力学因素，在研究铜对脱碳反应的影响时还应当考虑动力学因素。

Sain 和 Belton 研究认为高碳含量下就 CO_2 分压而言，Fe-Cr 熔体中的脱碳速度为一级反应，同时 CO_2 的解离性吸附是脱碳反应的限制性环节 [8,9]。

Fruehan 等人研究了钢液中硫、锡、磷、铅、铬、镍对 CO_2 分解速度的影响 [10,11]。他们发现，铬和镍对熔体表面 CO_2 的分解动力学都没有太大的影响，而硫会极大地减缓 CO_2 分解反应速度。然而，铜对不锈钢熔体中脱碳的影响还从未有过研究。

本研究的目的就是探讨铜是如何影响 Fe-Cr-Cu-C 熔体中的脱碳速度。

5.5.3.2　研究过程

本研究的实验采用的是高频感应炉，反应室被置于石英管中并用黄铜末端端盖密封。一只 R 型 (Pt-Pt/13Rh) 的热电偶嵌入一个贯穿石墨基座底部的孔洞之中，以使其能与氧化铝坩埚的底部相接触 (内径 14mm、高度 41mm)。温度由热电偶和 PID 控制器联合控制。实验装置如图 5-13 所示。

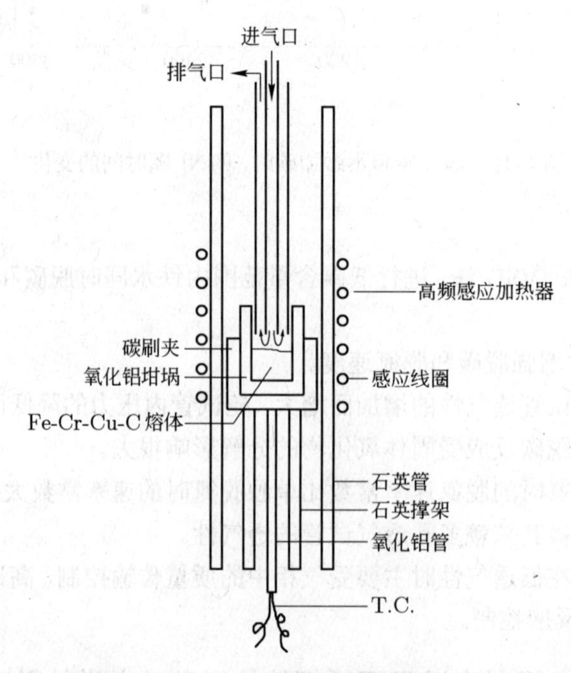

图 5-13　研究铜对 Fe-Cr-Cu-C 熔体中脱碳速度影响的实验装置

把电解铁和各阶段反应物的化学制品混合预熔制得了 Fe-Cr-C 合金并且切割成适当的尺寸。合金中原始碳浓度设置为大约 4%。加入一定量的铜屑和铁屑以达到各种实验条件。多数实验在 1873K 下进行。在加热到所需的温度之后，吹氩气转换为吹入 CO/CO_2 的混合气体。反应气体通过氧化铝质的喷枪 (内径 4mm、外径 6mm) 吹入熔体，喷枪口距熔体表面的距离为 5mm。气体的流速由质量流速控制器 (MFC，matheson model 8284) 控制，混合气体的总量 (标态) 保持在 1000mL/min。最终，脱碳反应的速度通过测量 CO/CO_2 的离子流比率确定，而 CO/CO_2 的离子流比率通过内置的质谱仪 (balzers quadstar 422) 测得。

5.5.3.3 研究结果

A 铜对 Fe-18%Cr-Cu-C 熔体脱碳速度的影响

铜对 Fe-18%Cr-Cu-C 熔体 (1873K) 脱碳速度的影响如图 5-14 所示。将其表示为不同铜含量时碳含量变化随时间的关系。在高碳浓度时 (质量浓度大于 1.5%)，关系曲线为直线，这与 Fe-C 熔体中脱碳结果相似。表明关于碳含量的零级反应仍在持续。然而，在较低碳含量的时候，曲线的斜率随着反应时间发生变化，这说明在相对较高的碳含量区域和低碳含量区域的反应机理各有不同。

Fruehan 研究了不锈钢熔体的脱碳动力学，认为熔体中碳的质量传输 (以碳含量表示时为一级反应) 在碳含量相对较低时是速度限制环节 [12]。因此其速度方程可表示为式 (5-99)[13]：

$$-r = -\frac{\mathrm{d}c_{\mathrm{C}}}{\mathrm{d}t} = kc_{\mathrm{C}} \tag{5-99}$$

式中，c_{C} 表示碳的浓度，其中速率常数可用低碳含量区域的实验结果计算得到并表示为铜含量的函数 (见图 5-15)。速率常数随着铜含量的增加缓慢减小并与 Fruehan 的研究所得结果表现出相似的量级规则 [12]。因此，可以得出在低碳区域，碳在熔体中的传质是速度限制环节。

高碳浓度情形下讨论界面反应速度时应当考虑铜的影响。铜对界面反应速度的影响如图 5-16 所示。在研究铜含量的区域内速率常数随着铜含量的增加而降低，并且没有残余速度。

通过引入铜的吸附系数即可将其对界面反应速度的影响关系进行量化。从图 5-17 中直线的斜率可得，k_{Cu} 的值约为 0.09。

$$\frac{1}{k_{\mathrm{Fe-Cr-Cu}}} - \frac{1}{k_{\mathrm{Fe-Cr}}} = \frac{k_{\mathrm{Cu}}}{k_{\mathrm{Fe-Cr}}}[\%\mathrm{Cu}] \tag{5-100}$$

式中 $k_{\mathrm{Fe-Cr-Cu}}$—— Fe-Cr-Cu-C 熔体的界面反应速率常数。

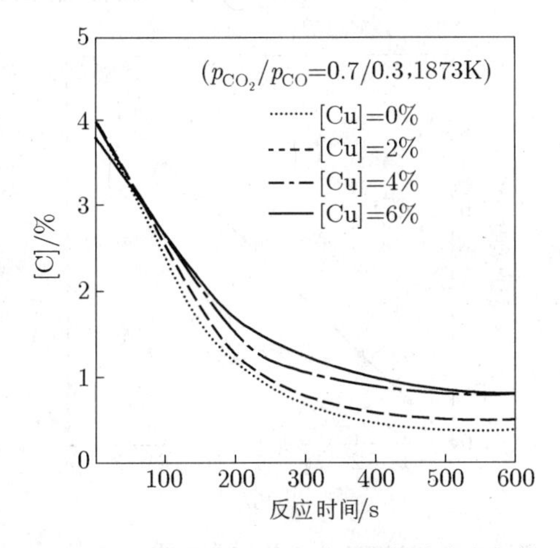

图 5-14 铜对 Fe-18%Cr-Cu-C 熔体脱碳速度的影响

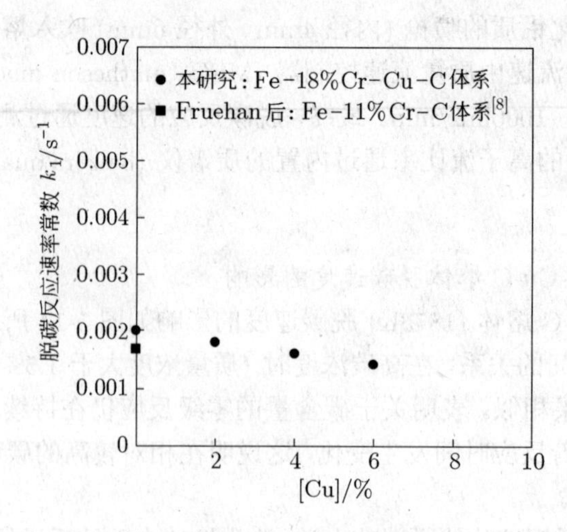

图 5-15　Fe-18%Cr-Cu-C 体系低碳浓度下的脱碳反应速率常数

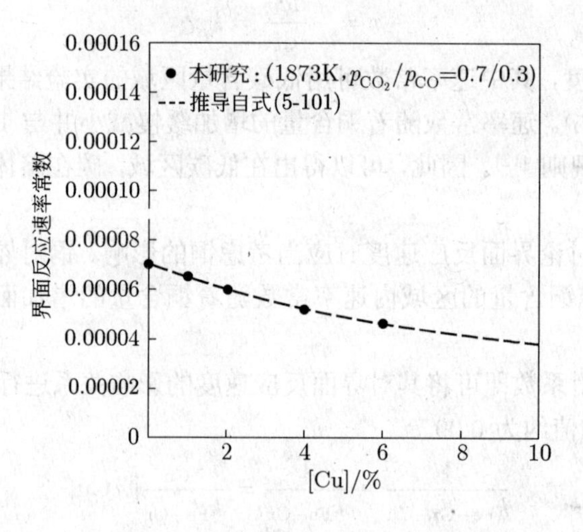

图 5-16　Fe-18%Cr-Cu-C 熔体中铜与界面反应速率的关系

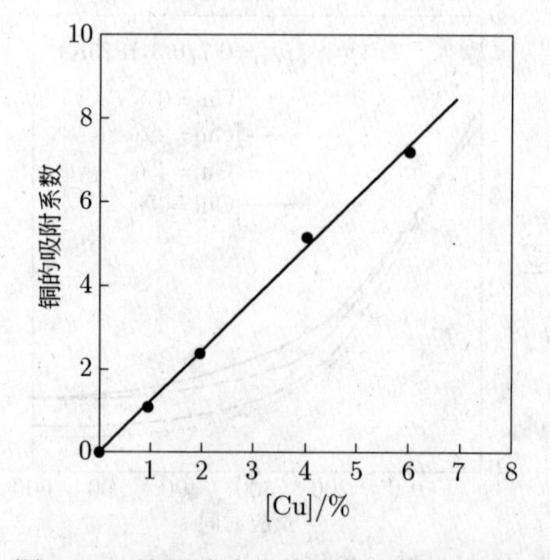

图 5-17　绘图法确定的铜的吸附系数 k_{Cu}

所以 Fe-Cr-Cu-C 熔体的界面反应速率常数可由试验结果表示为如下形式：

$$k_{\text{Fe-Cr-Cu}} = \frac{k_{\text{Fe-Cr}}}{1 + 0.09[\%\text{Cr}]} \tag{5-101}$$

然而，式 (5-101) 已由 Fe-18%Cr-Cu-C 熔体的试验结论得到验证，因此需要更进一步的研究以建立一个适用于更宽范围铬含量的一般性方程。

结果，由此认为铜的加入会影响低碳浓度下熔体中碳的传质同时影响高碳含量下的界面反应。因此，影响 Fe-Cr-Cu-C 熔体中脱碳总反应的决定性因素可通过引入转换级数的概念描述。

假如反应在高碳浓度区域是速率常数为 k_1/k_2 的零级反应，在低碳含量区域是速率常数为 k_1 的一级反应，那么总的速度方程可表示为式 (5-102)：

$$-r = -\frac{\mathrm{d}c_{\mathrm{C}}}{\mathrm{d}t} = \frac{k_1 c_{\mathrm{C}}}{1 + k_2 c_{\mathrm{C}}} \tag{5-102}$$

利用式 (5-102) 可得到如图 5-18 所示的整个碳含量下的脱碳反应速度。高碳含量下的反应速度随着铜含量的增加而减慢，而对于脱碳阶段的低碳含量熔体而言，铜的加入对脱碳速度的影响可以忽略。因此，不锈钢熔体中加入铜能够影响界面反应，从而延滞脱碳总反应的反应速度。

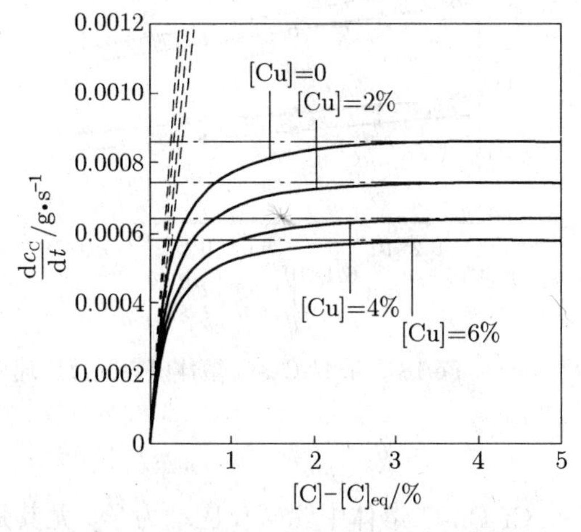

图 5-18 由式 (5-102) 得到的整个碳浓度区间的脱碳速度

B 反应速度与温度的关系

研究比较了 Fe-C、Fe-18%Cr-C 和 Fe-18%Cr-4%Cu-C 熔体在 1773~1923K 时脱碳反应与温度的关系 (见图 5-19)。对于 Fe-18%Cr-C 熔体，速率常数与温度的关系为：

$$\lg k_{\text{Fe-Cr}} = -\frac{2780}{T} - 2.42 \tag{5-103}$$

研究发现，铬以反应媒介的形式参与了脱碳反应。Fruehan 的报告中指出 AOD 流程中铬的氧化速度快于碳的氧化速度，使多数氧消耗于铬的氧化 [12,14]；他同时指出熔池里跟随 $\mathrm{Ar/O_2}$ 气泡一起上升的 $\mathrm{Cr_2O_3}$ 粒子可能充当以下反应的氧化剂：

$$2\mathrm{Cr} + \frac{3}{2}\mathrm{O_{2(g)}} = \mathrm{Cr_2O_{3(s)}} \tag{5-104}$$

$$Cr_2O_{3(s)} + 3C \Longleftrightarrow 2Cr + 3CO_{(g)} \tag{5-105}$$

因此，反应表面铬的存在确实会通过以上反应阻滞界面反应。同时，从热力学上讲铬和碳的相互作用会降低碳的活度。

当质量分数为 4%的铜加入 Fe-Cr-C 熔体中时，界面反应常数与温度的关系曲线转变为向下 (见图 5-19)。界面反应速率常数与温度关系为：

$$\lg k_{\text{Fe-Cr-Cu}} = -\frac{2640}{T} - 2.63 \tag{5-106}$$

式 (5-103) 和式 (5-106) 中活化能的值几乎相同，表明两种情况下脱碳反应的反应机理是一样的。两种情况下曲线截距的不同可能是由于反应表面物理环境的变化引起的。在含铬的情况下，铜依靠其表面活性依然占据着一定比例的反应点。然而，由于较铬和铁，铜的惰性更强，因此铜不会参与脱碳反应。因此，铜能够延缓脱碳反应在于其占据了一部分的反应点。

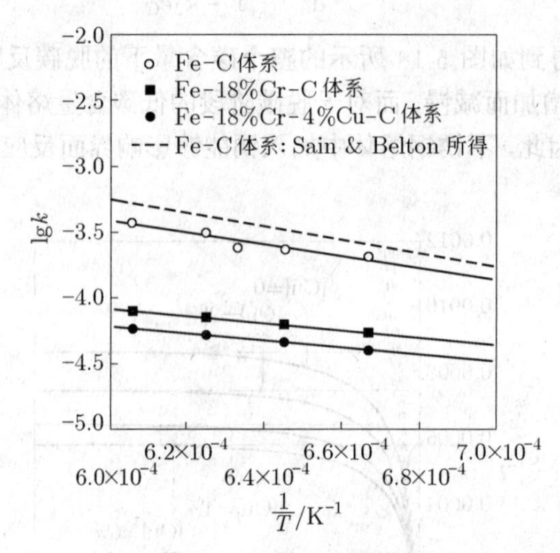

图 5-19 Fe-C、Fe-18%Cr-C、Fe-18%Cr-4%Cu-C 熔体中界面反应速率常数与温度的关系

5.5.3.4 结论

通过研究 1873K 时 Fe-Cr-Cu-C 熔体中脱碳反应动力学，尤其是铜对反应速度的影响。得到如下结论：

(1) 研究测得的 1873K 时 Fe-C 熔体的脱碳速度与其他人的研究完全吻合。

(2) Fe-C 熔体中加入铬会降低界面反应速度。认为铬对界面反应的阻滞作用可能与铬的表面吸附有关系。

(3) Fe-Cr-C 熔体中加入铜会降低脱碳反应速度。高碳浓度下铜对界面反应的延缓可能是总反应速度降低的原因。铜对界面反应的影响的量化关系可用下式表示：

$$k_{\text{Fe-Cr-Cu}} = \frac{k_{\text{Fe-Cr}}}{1 + 0.09[\%\text{Cr}]}$$

(4) 从各种合金的界面反应速度与温度的关系的结果可知，Fe-Cr-C 熔体中反应表面上铬的存在会延缓反应速度，这是由多余的反应步骤造成的。然而，Fe-Cr-Cu-C 熔体中铜对脱碳速度的延缓却是由于其占据了一部分反应点造成的。

本章小结

冶金动力学隶属于宏观反应动力学范畴，化学反应本身的速率、物质传递速率，甚至能量的传递 (如温度场的变化) 对冶金反应速率都会产生较大的影响。本章内容在读者已经掌握了关于化学反应速率的基本定律及相关数学描述，以及包括扩散传质及对流传质在内的物质传递速率的数学描述的基础上，重点探讨了构建一个宏观冶金反应动力学模型的基本思路、常用方法和处理步骤。在此基础上，详细描述了冶金过程中常见的气固反应动力学模型、气液反应动力学模型 (气泡冶金与真空冶金) 以及液液反应动力学模型。在学习动力学模型的过程中，读者需要密切关注两部分内容：一是机构的假设，即把所探讨的反应对象如何简化或者是简化成一个什么样的物理模型，在此基础上，如何把一个复杂的反应分解成几个简单的反应 (路径)；二是数学的推演，每个简单的反应 (路径) 如何用数学语言描述其速率，最后再如何把几个简单反应的速率联合形成总的反应速率。在掌握以上两部分内容的基础上，再考虑如何把获得的公式、参数和结果等应用或反馈到现实世界中。应用实例部分，实例一建立的是 VD 过程脱硫动力学模型，虽然看上去公式复杂，但思路简单，很容易理解，读者可借此了解一个动力学模型如何来源于现实世界又反馈应用到现实世界；实例二和实例三讨论的是当有几个耦合反应同时发生时，在动力学上如何分析其间的相互作用与影响。

思 考 题

5-1 什么是稳态或准稳态方法？

5-2 建立冶金动力学模型通常分为哪几步？

5-3 试推导气固反应动力学模型中以气体内扩散为限制性环节的速率方程。

5-4 试推导 VD 过程脱氢动力学模型 (假定氢在钢液中的传质为限制性环节)。

5-5 简述钢液中的锰被渣中的 FeO 氧化的反应机理，并推导其反应动力学模型 (假定不存在单独的限制性环节)。

5-6 试计算真空碳脱氧 30min 时钢中的溶解氧含量。已知，初始氧含量 $[O]_0=0.004\%$，平衡氧浓度 $[O]_{平}=0.00001\%$，氧的传质系数 $k_d=0.03$cm/s，采用钢包为 32t，即钢包内径 $D=1.8$m，钢液深度 $H=1.8$m，钢液密度为 7800kg/m^3。

5-7 已知 20t 的电炉的钢渣界面积为 15m^2，钢液密度为 7000kg/m^3，锰在钢液中的扩散系数为 1.0×10^{-8}m^2/s，边界层厚度为 0.003cm。假定锰在钢渣中的分配系数很大，钢液中锰氧化的速度限制环节是锰在金属液中的扩散。试计算锰氧化 90%所需的时间。

参 考 文 献

[1] Sano M, HanYetao, Kato M, Sakamoto S. ISIJ Int., 1994, 34: 657.

[2] Steelmaking Data Sourcebook. The Japan Soc. Promotion of Sci., Gordon and Breach Science, New York, 1969: 21~59.

[3] Choh T, Moritani T, Inoue M. Tetsu-to-Hagane, 1978, 64: 701.

[4] Takahashi M, Matsuda H, Sano M, Mori K. Trans. Iron Steel Inst. Jpn., 1987, 27: 626.

[5] Lee Y D. Trends Met. Mater.Eng., 2000, 13: 53.

[6] Lupis C H P. chemical thermodynamics of materials, prentice hall. New York, 1993: 523.
[7] The Japan society for the promotion of science (19th committee on steelmaking): Steelmaking Data Sourcebook, Revised Ed., Gordonand Breach Science Publishers, New York, 1988: 59.
[8] Sain D R, Belton G R. Metall. Trans. B, 1976, 7B: 235.
[9] Sain D R, Belton G R. Metall. Trans. B, 1978, 9B: 403.
[10] Mannion F J, Fruehan R J. Metall. Trans. B, 1989, 20B: 853.
[11] Petit C P, Fruehan R J. Influence of chromium and nickel on the dissociation of CO_2 on carbon-saturated liquid iron Metall. Mater. Trans. B. 1997, 28B: 639.
[12] Fruehan R J. Ironmaking Steelmaking, 1976, 3: 153.
[13] Levenspiel O. Chemical Reaction Engineering, 3rd ed., John Wiley & Sons, New York, 1999: 38.
[14] Fruehan R J. Metall. Trans. B, 1975, 6B: 573.

6 凝固过程相关数学模型基础

本章概要：本章首先介绍了凝固过程传热、传质及流动的基本定律及相关数学描述，之后介绍了关于金属凝固微观组织模拟的数值方法。应用实例部分，实例一描述的是连铸结晶器内钢液凝固传热数学模型，实例二利用数值模拟方法再现了实际生产条件下的某钢种的微观组织。

金属凝固过程是指金属由液态向固态转变的相变过程，是金属材料制备、液态金属成型的必经工序。金属的凝固过程伴随着结晶形核、长大，体系内流动、传热、传质等一系列复杂现象的物理化学过程。对金属凝固过程建立数学模型必须首先对上述现象进行数学描述。

6.1 凝固过程的传热

6.1.1 凝固过程的传热特点

凝固过程首先是从液体金属传出热量开始的。高温的液体金属浇入温度较低的铸型时，金属所含的热量通过液体金属、已凝固的固体金属、金属 — 铸型的界面和铸型的热阻而传出；从另一个角度考察，在凝固过程中，金属和铸型系统内发生热的传导、对流和辐射。图 6-1 是纯金属在铸型中凝固时的传热模型。

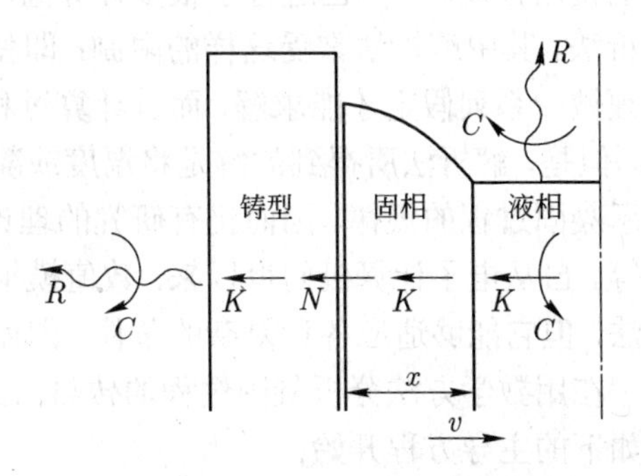

图 6-1 纯金属在铸型中凝固时的传热模型

K— 导热；C— 对流；R— 辐射；N— 牛顿界面换热

凝固过程的传热有如下一些特点：

(1) 它是一个有热源的传热过程。金属凝固时释放的潜热，可以看成是一个热源释放的热；但是，金属的凝固潜热不是在金属全域上同时释放，而只是在不断推进中的凝固前沿上释放，即热源位置在不断地移动。另外，释放的潜热量也随着凝固进程而非线性地变化。

(2) 在金属凝固时存在着两个界面，即固相液相间界面和金属铸型间界面，而在这些界面上通常发生极为复杂的传热现象。如在这些界面上，一个从宏观上看是一维传热的单相凝固的金属，当其固液界面是凹凸不平的或生长为枝晶状时，在这个凝固前沿上，热总是沿垂直于这些界面的不同方位从液相传入固相，因而发生微观的三维传热现象。在这个微观区域，除了与界面垂直的热传导外，同时发生液相的对流，使这里的传热过程十分复杂。在金属与铸型的界面，由于它们的接触通常不是完全的，因此它们之间存在接触热阻或称为界面热阻。在金属凝固过程中，由于金属的收缩和铸型的膨胀，它们的接触情况也不断地在变化，在一定的条件下，它们之间会形成一个间隙 (又称作气隙)，所以，在这里的传热也不只是一种简单的传导，而同时存在微观的对流和辐射传热。金属 — 铸型界面传热模型如图 6-2 所示。

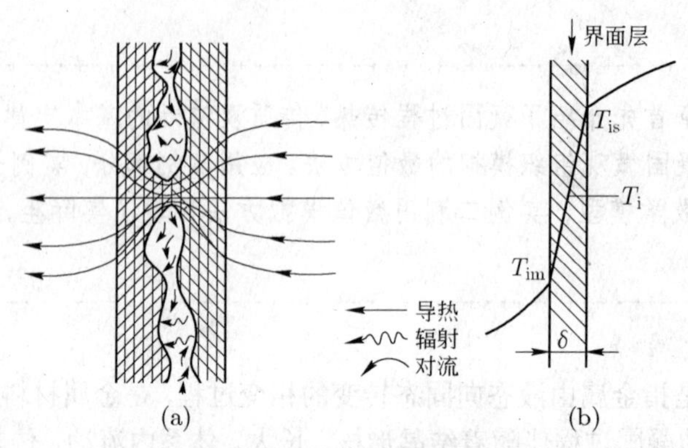

图 6-2　金属 — 铸型界面传热模型

(a) 微观的界面传热模型；(b) 简化的宏观界面传热模型

T_i— 界面温度 $\left(由\ \lambda_s\left(\dfrac{\partial T_s}{\partial x'}\right)_{x'=0}=\lambda_m\left(\dfrac{\partial T_m}{\partial x'}\right)_{x'=0}计算\right)$；$T_{is}$，$T_{im}$— 界面两侧金属和铸型表面温度

(3) 在实际生产中，铸件形状和材料种类的多样性以及材料热物性值随温度非线性变化的特点，也都使凝固传热过程变得十分复杂。

在凝固问题的研究中，计算动态系统各点温度随时间的变化即温度场和计算凝固速度是非常重要的，因为它们直接影响金属的结晶组织、铸件的缩孔和缩松、应力状态及许多重要的使用性能。人们已进行了很多计算温度场和凝固速度的研究，解决的途径有解析法和非解析法。其中解析法常受这样的限制：即使是一维传热的简单铸件，只要涉及凝固过程，就必须做一系列假定才能求解，而且计算过程也过于繁杂；至于形状复杂的铸件，根本无法计算。但是，解析法所得到的解是将温度或凝固层厚度作为时间的函数形式给出的，较清晰地揭示凝固过程的规律，因而仍有研究的理论价值。非解析法有图解法、电模拟法和数值模拟法等。自从电子计算机问世以来，数值模拟法得到了迅速的发展。数值模拟法是一种近似的方法，但它能够适应各种复杂的条件，因而几乎代替了所有其他的非解析方法。

在用数学方法分析凝固过程的传热问题时，不管采用的是解析法还是非解析法，都是以解如下的主导方程开始：

$$\frac{\partial}{\partial x}\left(\lambda\frac{\partial T}{\partial x}\right)+\frac{\partial}{\partial y}\left(\lambda\frac{\partial T}{\partial y}\right)+\frac{\partial}{\partial z}\left(\lambda\frac{\partial T}{\partial z}\right)+q=c\rho\frac{\partial T}{\partial t} \tag{6-1}$$

式中　λ —— 导热系数；

T —— 热力学温度；

q —— 单位体积物体单位时间内释放的热；

c —— 比热容；

ρ —— 密度；

t —— 时间。

主导方程 (6-1) 是均质、各向同性体的传导微分方程，它表示热传导过程的能量守恒原理。事实上，方程左端括弧内各项是热流密度 (单位时间、单位面积上通过的热量) 在 x、y 和 z 轴上的分量，如 $q_x = \lambda \partial T / \partial x$，因此，方程前三项即是热流密度在 x、y 和 z 轴单位长度上的增量，综合这三项就是单位体积上的热流密度的增量。而方程的右端项，则是单位体积的物体在单位时间内增加的内能。根据这样的考察，可知方程 (6-1) 描述的是：通过热传导增加的热量加上本身发生的热量等于内能的增加。方程各项单位都为 $\mathrm{J/(m^3 \cdot s)}$。当导热系数 λ 为常数时，方程 (6-1) 变为：

$$\lambda\left(\frac{\partial^2 T}{\partial x^2}+\frac{\partial^2 T}{\partial y^2}+\frac{\partial^2 T}{\partial z^2}\right)+q=c\rho\frac{\partial T}{\partial t} \tag{6-2}$$

对于图 6-2 所示的界面，引进界面换热系数 h_{i}，由式 (6-3) 计算传热量：

$$q=h_{\mathrm{i}}\left(T_{\mathrm{is}}-T_{\mathrm{im}}\right) \tag{6-3}$$

q 并不是物性值，它只是一个如图 6-2(b) 所示的宏观的平均参数，其单位为 $\mathrm{J/(m^2 \cdot s \cdot ^\circ C)}$。

在凝固过程中，如果不计液体金属的热阻，金属的凝固速度主要受如下三种热阻的控制：

$$R_{\mathrm{s}}=\frac{s}{\lambda_{\mathrm{s}}} \tag{6-4}$$

$$R_{\mathrm{m}}=\frac{I_{\mathrm{m}}}{\lambda_{\mathrm{m}}} \tag{6-5}$$

$$R_{\mathrm{i}}=\frac{1}{h_{\mathrm{i}}} \tag{6-6}$$

式中 $R_{\mathrm{s}}, R_{\mathrm{m}}, R_{\mathrm{i}}$ —— 分别为已凝固的固体金属层、铸型和界面的热阻；
s, I_{m} —— 分别为凝固层厚度和铸型厚度。

6.1.2 凝固过程传热方式

凝固过程传热方式一般包括：传导传热、辐射传热及对流传热三种基本传热方式，其控制方程如下。

(1) 热传导：

傅里叶第一定律：

$$q=-k\frac{\mathrm{d}T}{\mathrm{d}n} \tag{6-7}$$

傅里叶第二定律：

$$\frac{\partial T}{\partial \tau}=\alpha\nabla^2 T \tag{6-8}$$

(2) 辐射传热：

$$q=k\left[\left(\frac{T_1}{100}\right)^4-\left(\frac{T_2}{100}\right)^4\right] \tag{6-9}$$

(3) 对流传热：

$$q=h(T_1-T_2) \tag{6-10}$$

式中　k —— 分别为导热系数和传热系数；

α —— 热量传输系数，$\alpha = \dfrac{k}{c\rho}$；

h —— 界面传热系数；

T —— 温度；

T_1 —— 铸件温度；

T_2 —— 环境温度；

$\dfrac{\mathrm{d}T}{\mathrm{d}n}$ —— 温度梯度。

6.2　凝固过程中液态金属的流动

6.2.1　完全液相区内的金属流动

液态金属在完全液相区内呈湍流运动特性，其控制方程为：

牛顿黏性定律为：

$$F = \pm\mu\frac{\mathrm{d}u}{\mathrm{d}y}A \tag{6-11}$$

连续性方程为：

$$\frac{\partial\rho}{\partial\tau} + \frac{\partial(\rho u_x)}{\partial x} + \frac{\partial(\rho u_y)}{\partial y} + \frac{\partial(\rho u_z)}{\partial z} = 0 \tag{6-12}$$

动量平衡方程（*N-S* 方程）为：

$$\rho\frac{\mathrm{d}u}{\mathrm{d}\tau} = \mu\nabla^2 u - \frac{\partial p}{\partial n} + \rho g_n \tag{6-13}$$

式中　μ —— 动力黏度系数；

u —— 速度；

A —— 面积；

ρ —— 密度；

τ —— 时间；

∇ —— 拉普拉斯算子；

n —— 坐标。

6.2.2　枝晶间液态金属的流动

枝晶间的距离通常在 10~100μm 之间，根据流体力学的观点，可以将枝晶区作为多孔性介质处理。为了简化，设想不考虑金属凝固过程中固相的逐渐增加及液相的逐渐减少，即枝晶间的空隙是不变的；此外，还假定空隙通道是直而光滑的。设在一个长度为 L 的圆柱体内，有很多半径为 R 的微小孔道。因此，可以引用圆管中液体的流动规律，即在每个圆管中，横断面上任一点的轴向切应力可以表示为：

$$\tau_r = \left(\frac{p_0 - p_1}{L}\right)\frac{r}{2} \tag{6-14}$$

式中 p_0，p_l —— 分别为进口、出口处的压力；

r —— 指定点的半径；

L —— 管道长度。

另外，根据牛顿黏滞定律：

$$\tau_r = \eta \frac{\mathrm{d}v_x}{\mathrm{d}r}$$

式中 η —— 黏度系数；

v_x —— 沿管道轴向上的流动速度。

将上式代入式 (6-14) 得：

$$\mathrm{d}v_x = \frac{p_0 - p_l}{2\eta L} r\mathrm{d}r \tag{6-15}$$

积分式 (6-15)，边界条件为 $r = R$ 时，$v_x = 0$，得：

$$v_x = \left(\frac{p_0 - p_l}{4\eta L}\right)\left(R^2 - r^2\right) \tag{6-16}$$

当 r=0 时：

$$v_{x(\max)} = \frac{(p_0 - p_l)\,R^2}{4\eta L}$$

故平均速度为：

$$\overline{v}_x = \frac{1}{2} v_{x(\max)} = \frac{(p_0 - p_l)\,R^2}{8\eta L}$$

设压力梯度为常数，即：

$$\frac{\partial p}{\partial x} = \frac{(p_0 - p_l)}{L}$$

故：

$$\overline{v}_x = \frac{R^2}{8\eta} \frac{\partial p}{\partial x} \tag{6-17}$$

设上述圆柱模拟体内，单位面上有 n 个孔道，即：

$$f_l = n\pi R^2 \quad 或 \quad R^2 = f_l / n\pi$$

式中 f_l—— 液相所占体积分数。

将上式代入式 (6-17) 得：

$$\overline{v}_x = \frac{f_l}{8\eta n\pi} \frac{\partial p}{\partial x} \tag{6-18}$$

设 $f_l^2/8n\pi = K$，式 (6-18) 变为：

$$\overline{v}_x = \frac{K}{\eta f_l} \frac{\partial p}{\partial x} \tag{6-19}$$

式中 K—— 渗透系数，也可表示为 $K = rf_l^2$，其中 $r = 1/(8n\pi)$，是一个与枝晶间空隙和结构有关的常数，因为 n 为单位面积内的空隙数，n 愈大、空隙愈窄，即枝晶间距愈小、K 愈小，平均流动速度愈小。

式 (6-19) 为一维空间的流动，对于三维空间，同时又考虑重力的影响时，枝晶间液态金属的平均流动速度可定性地表示为：

$$\overline{v} = \frac{K}{\eta f_l} \nabla \left(p + \rho_l f_l\right) \tag{6-20}$$

式中 ρ_l—— 液态金属的密度。

6.3 凝固过程中的传质

6.3.1 溶质平衡与控制方程

6.3.1.1 溶质平衡

凝固过程中的溶质传输决定了凝固组织中的成分分布，并影响凝固组织结构。凝固系统的溶质平衡方程为：

$$\int f_s\rho_s \mathrm{d}V_s + \int f_l\rho_l \mathrm{d}V_l + \int q_v \mathrm{d}\tau + \int q_o \mathrm{d}\tau + \int q_r \mathrm{d}\tau + \int q_g \mathrm{d}\tau + \int q_p \mathrm{d}\tau = f_{CO}\rho_l V_0 \quad (6\text{-}21)$$

式中 τ —— 凝固时间；

V_s，V_l —— τ 时刻固相、液相的体积；

V_0 —— 凝固前液相的总体积；

ρ_s，ρ_l —— 固相、液相的密度；

f_s，f_l —— 固相、液相溶质质量分数；

f_{CO} —— 初始溶质质量分数；

q_v —— 溶质气化率；

q_o —— 溶质氧化率；

q_r —— 溶质与铸型反应损失率；

q_g —— 液相与气体析出带走的溶质率；

q_p —— 固相杂质带走的溶质。

对于 q_v、q_o、q_r、q_g 均可忽略的保守体系，凝固过程溶质平衡方程为：

$$\int f_s\rho_s \mathrm{d}V_s + \int f_l\rho_l \mathrm{d}V_l = f_{CO}\rho_l V_0 \quad (6\text{-}22)$$

6.3.1.2 控制方程

菲克第一定律：

$$J_i = -D_i\frac{\partial c_i}{\partial n} \quad (6\text{-}23)$$

菲克第二定律：

$$\frac{\partial c_i}{\partial \tau} = D_i\nabla^2 c_i \quad (6\text{-}24)$$

式中 J_i —— 溶质通量；

D_i —— 溶质扩散系数；

c_i —— 溶质浓度。

6.3.2 枝晶间液态金属流动情况下的溶质浓度分布

如果取一个具有固、液两相区同时包括几个枝晶在内的体积单元 (见图 6-3)，在这个体积单元内，当凝固进行时，同时也发生液体的流动，如果凝固时体积收缩能够及时得到体积单元以外液体金属的流入，以补偿这种收缩，则该体积单元内单位时间平均物质量的变化，等于单位时间流入该体积单元内的液体量，或者说等于在单位长度上损失的液体物质的通量，即：

$$\frac{\partial\overline{\rho}}{\partial t} = -\nabla\rho_{\mathrm{l}}f_{\mathrm{l}}\overline{v} \tag{6-25}$$

式中 $\overline{\rho}$—— 包括固、液两相在内的平均密度。由于 $f_{\mathrm{s}}+f_{\mathrm{l}}=1$，所以体积单元的平均质量值等于平均密度值：

$$\overline{\rho}(f_{\mathrm{l}}+f_{\mathrm{s}})=\overline{\rho}$$

$\overline{v}$—— 液态金属在枝晶间流动的平均速度，其意义见 6.2 节。

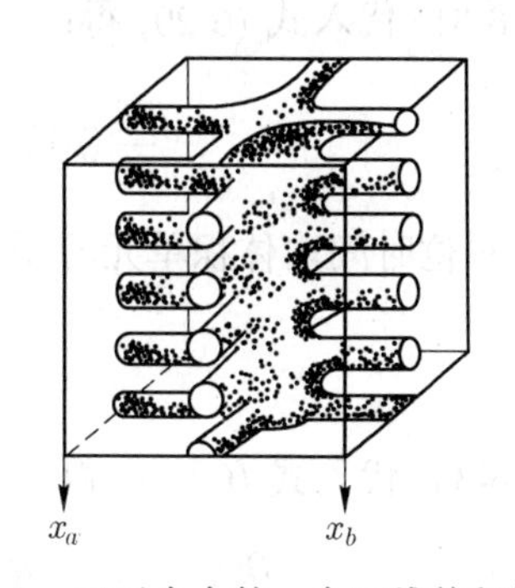

图 6-3 二元合金的一个三维体积单元凝固示意图

式 (6-25) 右边的负号是因为通常液相的密度小于固相，f_{l} 愈大，体积单元的平均密度 $\overline{\rho}$ 愈小。

同样，在凝固期间，在体积单元中，根据溶质质量守恒原则，可得：

$$\frac{\partial}{\partial t}(\overline{\rho}\,\overline{c}) = -\nabla\rho_{\mathrm{l}}f_{\mathrm{l}}c_{\mathrm{l}}\overline{v} \tag{6-26}$$

式中 $\overline{c}$ —— 体积单元的溶质平均含量；

c_{l} —— 体积单元中液相的溶质平均含量。

将式 (6-26) 展开，得：

$$\frac{\partial}{\partial t}(\overline{\rho}\,\overline{c}) = -c_{\mathrm{l}}\nabla\rho_{\mathrm{l}}f_{\mathrm{l}}\overline{v} - \rho_{\mathrm{l}}f_{\mathrm{l}}\overline{v}\nabla c_{\mathrm{l}} \tag{6-27}$$

式中 ∇c_{l}—— 在 x、y、z 轴上液相的溶质浓度梯度。

将式 (6-25) 代入式 (6-27) 得：

$$\frac{\partial}{\partial t}(\overline{\rho}\,\overline{c}) = c_{\mathrm{l}}\frac{\partial\overline{\rho}}{\partial t} - \rho_{\mathrm{l}}f_{\mathrm{l}}\overline{v}\nabla c_{\mathrm{l}} \tag{6-28}$$

另外，单位时间内体积单元中溶质质量的变化等于其中液相和固相溶质质量变化之和，即：

$$\frac{\partial}{\partial t}(\overline{\rho}\,\overline{c}) = \frac{\partial}{\partial t}(\overline{c}_{\mathrm{s}}\rho_{\mathrm{s}}f_{\mathrm{s}} + c_{\mathrm{l}}\rho_{\mathrm{l}}f_{\mathrm{l}}) \tag{6-29}$$

设固相中无扩散，因此凝固过程中固相溶质浓度不随时间而变化。式 (6-29) 中 $\overline{c}_{\mathrm{s}}$ 为固相平均溶质含量，为计算简化，设固相密度为常数，且 $c_{\mathrm{s}}^{*}=c_{\mathrm{s}}$；$c_{\mathrm{l}}^{*}=c_{\mathrm{l}}$；$k_0=\overline{c}_{\mathrm{s}}/c_{\mathrm{l}}$。

为此，式 (6-29) 等号右边第一项为：

$$\frac{\partial}{\partial t}(\overline{c}_{\mathrm{s}}\rho_{\mathrm{s}}f_{\mathrm{s}}) = k_0c_{\mathrm{l}}\rho_{\mathrm{s}}\frac{\partial f_{\mathrm{s}}}{\partial t} \tag{6-30}$$

由于假设凝固过程中不形成气孔，所以有：

$$f_{\mathrm{l}}+f_{\mathrm{s}}=1$$

即

$$\mathrm{d}f_{\mathrm{l}} = -\mathrm{d}f_{\mathrm{s}}$$

故式 (6-30) 可写为：

$$\frac{\partial}{\partial t}(\overline{c}_{\mathrm{s}}\rho_{\mathrm{s}}f_{\mathrm{s}}) = -k_0c_{\mathrm{l}}\rho_{\mathrm{s}}\frac{\partial f_{\mathrm{l}}}{\partial t} \tag{6-31}$$

将式 (6-31) 代入式 (6-29) 得:

$$\frac{\partial}{\partial t}(\overline{\rho}\,\overline{c}) = -k_0 c_l \rho_s \frac{\partial f_l}{\partial t} + \rho_l f_l \frac{\partial c_l}{\partial t} + c_l \frac{\partial}{\partial t}(\rho_l f_l) \tag{6-32}$$

同样，单位时间内体积单元的质量变化等于其中液相和固相质量变化之和，即:

$$\frac{\partial \overline{\rho}}{\partial t} = \frac{\partial}{\partial t}(\rho_s f_s + \rho_l f_l) \tag{6-33}$$

将式 (6-33) 代入式 (6-28)，得:

$$\frac{\partial}{\partial t}(\overline{\rho}\,\overline{c}) = c_l \frac{\partial \overline{\rho}}{\partial t} - \rho_l f_l \overline{v} \nabla c_l = c_l \frac{\partial}{\partial t}(\rho_s f_s + \rho_l f_l) - \rho_l f_l \overline{v} \nabla c_l \tag{6-34}$$

由式 (6-32) 和式 (6-34) 得:

$$c_l \frac{\partial}{\partial t}(\rho_s f_s + \rho_l f_l) - \rho_l f_l \overline{v} \nabla c_l = -k_0 c_l \rho_s \frac{\partial f_l}{\partial t} + \rho_l f_l \frac{\partial c_l}{\partial t} + c_l \frac{\partial}{\partial t}(\rho_l f_l)$$

将 $f_s = 1 - f_l$ 代入上式，并整理得:

$$-c_l \frac{\partial f_l}{\partial t} - \rho_l f_l \overline{v} \nabla c_l = -k_0 c_l \rho_s \frac{\partial f_l}{\partial t} + \rho_l f_l \frac{\partial c_l}{\partial t}$$

两边同除以 $\rho_l f_l$ 并移项得:

$$\begin{aligned}
\frac{\partial c_l}{\partial t} &= -\frac{c_l \rho_s}{\rho_l f_l} \frac{\partial f_l}{\partial t} + k_0 \frac{c_l \rho_s}{\rho_l f_l} \frac{\partial f_l}{\partial t} - \overline{v} \nabla c_l \\
&= \left(-\frac{c_l \rho_s}{\rho_l f_l} + k_0 \frac{c_l \rho_s}{\rho_l f_l}\right) \frac{\partial f_l}{\partial t} - \overline{v} \nabla c_l \\
&= \left[\frac{\rho_s}{\rho_l}(k_0 - 1)\right] \frac{c_l}{f_l} \frac{\partial f_l}{\partial t} - \overline{v} \nabla c_l
\end{aligned} \tag{6-35}$$

设凝固收缩率为 β，则:

$$\beta = \frac{\rho_s - \rho_l}{\rho_s}$$

$$1 - \beta = 1 - \frac{\rho_s - \rho_l}{\rho_s} = \frac{\rho_l}{\rho_s} = \left(\frac{\rho_s}{\rho_l}\right)^{-1}$$

将上式代入式 (6-35) 得:

$$\frac{\partial c_l}{\partial t} = \frac{k_0 - 1}{1 - \beta} \frac{c_l}{f_l} \frac{\partial f_l}{\partial t} - \overline{v} \nabla c_l \tag{6-36}$$

在三维空间的体积单元中，凝固过程中温度以及溶质浓度都是 x、y、z、t(时间) 的函数，即:

$$T = \phi(x、y、z、t)$$

所以

$$\mathrm{d}T = \mathrm{d}i \nabla T + \frac{\partial T}{\partial t} \mathrm{d}t \tag{6-37}$$

式 (6-37) 右边第二项为 $\mathrm{d}t$ 时间内温度随时间的变量；第一项为 $\mathrm{d}t$ 时间内温度在 x、y、z 轴上的变量，其中 $\mathrm{d}i$ 为 $\mathrm{d}t$ 时间内等温线在 x、y、z 轴上的位移分量，设 $\mathrm{d}i/\mathrm{d}t = u$，为等温

线在 x、y、z 轴上移动的速度，即凝固速度。在等温面上当达到稳定态时，$\mathrm{d}T=0$，此时式 (6-37) 将变为：

$$\frac{\partial T}{\partial t}=-u\nabla T$$

同样，在体积单元中的液相溶质含量 c_l 与温度 T 一样，也可写出下述关系：

$$\frac{\partial c}{\partial t}=-u\nabla c_\mathrm{l}$$

或

$$\nabla c_\mathrm{l}=-\frac{\partial c_\mathrm{l}}{\partial t}\frac{1}{u} \tag{6-38}$$

这是因为 c_l 仅取决于温度 T，所以等浓度线的移动速度与等温线的移动速度是一致的。将式 (6-38) 代入式 (6-36) 得：

$$\frac{\partial c_\mathrm{l}}{\partial t}=-\frac{1-k_0}{1-\beta}\frac{c_\mathrm{l}}{f_\mathrm{l}}\frac{\partial f_\mathrm{l}}{\partial t}+\frac{\overline{v}}{u}\frac{\partial c_\mathrm{l}}{\partial t}$$

或

$$\frac{\partial f_\mathrm{l}}{f_\mathrm{l}}=-\left(\frac{1-\beta}{1-k_0}\right)\left(1-\frac{\overline{v}}{u}\right)\frac{\partial c_\mathrm{l}}{c_\mathrm{l}}$$

积分得：

$$\ln f_\mathrm{l}+\left(\frac{1-\beta}{1-k_0}\right)\left(1-\frac{\overline{v}}{u}\right)\ln c_\mathrm{l}+A=0 \tag{6-39}$$

式中，A 为积分常数。边界条件：当 $f_\mathrm{l}=1$ 时，$c_\mathrm{l}=c_0$（c_0 为液相的原始成分）。因此：

$$\left(\frac{1-\beta}{1-k_0}\right)\left(1-\frac{\overline{v}}{u}\right)\ln c_0+A=0$$

故

$$A=-\left(\frac{1-\beta}{1-k_0}\right)\left(1-\frac{\overline{v}}{u}\right)\ln c_0$$

代入式 (6-39)，得：

$$\ln f_\mathrm{l}+\left(\frac{1-\beta}{1-k_0}\right)\left(1-\frac{\overline{v}}{u}\right)\ln c_\mathrm{l}-\left(\frac{1-\beta}{1-k_0}\right)\left(1-\frac{\overline{v}}{u}\right)\ln c_0=0$$

或

$$\begin{aligned}(k_0-1)\ln f_\mathrm{l}&=(1-\beta)\left(1-\frac{\overline{v}}{u}\right)\ln c_\mathrm{l}-(1-\beta)\left(1-\frac{\overline{v}}{u}\right)\ln c_0\\&=(1-\beta)\left(1-\frac{\overline{v}}{u}\right)\ln\frac{c_\mathrm{l}}{c_0}\end{aligned}$$

令 $q=(1-\beta)\left(1-\frac{\overline{v}}{u}\right)$，代入上式得：

$$\ln f_\mathrm{l}^{k_0-1}=q\ln\frac{c_\mathrm{l}}{c_0}$$

故

$$c_\mathrm{s}^*=k_0c_0\left(1-f_\mathrm{s}\right)^{\frac{k_0-1}{q}} \tag{6-40}$$

式 (6-40) 为固相无扩散液相内存在对流情况下枝晶内溶质分布的情况，该式与 Scheil 公式极为相似，其中决定因素是 q 值的大小，而 q 值是合金凝固收缩率 β、凝固速度 u 和液体流动速度 $\overline{v}$ 的函数，在合金成分一定的情况下，β 值一定，则 q 值取决于 u 与 $\overline{v}$，因此，u

与 $\overline{v}$ 是影响枝晶偏析的外部因素中决定性环节。因为 $q=(1-\beta)(1-\overline{v}/u)$，所以当 $\overline{v}=0$ 时，式 (6-40) 变为:

$$c_{\mathrm{s}}^{*}=k_{0}c_{0}\left(1-f_{\mathrm{s}}\right)^{\frac{k_{0}-1}{1-\beta}}$$

该式可以用来描述铸件表皮枝晶内溶质分布的情况，此时，液体流动速度 $\overline{v}=0$，影响溶质分布的主要因素除 k_0 外，就是凝固收缩系数 β：当 $\rho_{\mathrm{s}}>\rho_{\mathrm{l}}$ 时，β 为正；反之，β 为负，从而决定铸件表皮的偏析性质。另外，$u=\varepsilon/\Delta T$(其中 ε 为冷却速度，ΔT 为温度梯度，两者均会通过对 u 的影响而影响枝晶内的溶质分布)。

总之，由于 f_{s} 是小于 1 的分数，对于 $k_0<1$ 的合金，k_0 减小 (表现为凝固温度范围宽，固、液两相区宽)，凝固收缩率 β 增大，冷却速度 ε 减小，液体流动速度 $\overline{v}$ 增大，液相内温度梯度 ΔT 增加等都会引起溶质偏析的增加。

6.4 金属凝固微观组织模拟

6.4.1 金属凝固组织形成过程的数学模型

6.4.1.1 温度场、浓度场及过冷度的计算模型

温度场的计算由传热模型得出，逐渐地浓度场可根据有限对流作用下的溶质再分配模型，即下面的修正 Scheil 模型近似计算:

$$\overline{c_{\mathrm{l}}}=c_{0}f_{\mathrm{l}}^{k_{\mathrm{E}}-1} \tag{6-41}$$

式中 k_{E} —— 溶质有效平衡分配系数;
$\overline{c_{\mathrm{l}}}$ —— 液态金属的平均溶质浓度;
c_0 —— 合金成分;
f_{l} —— 液相率。

溶质排出量一部分用于扩散层溶质浓度的增大，另一部分用于溶质扩散层的浓度增大。

成分过冷度的计算过程如下：在每一时间步长中，由铸件网格结点的温度，通过内部插值得到网格单元内各点的温度值 T_{q}。再经过浓度场的计算，可以得到网格单元内各点的浓度 c，根据式 (6-42) 和式 (6-43) 可计算出网格单元内各点的成分过冷度:

$$T_{\mathrm{l}}=T_{\mathrm{m}}+mc \tag{6-42}$$

$$\Delta T_{\mathrm{c}}=T_{\mathrm{l}}-T_{\mathrm{q}} \tag{6-43}$$

由于动力学过冷度很小，可以忽略，故以成分过冷度作为网格单元的过冷度 ΔT。

6.4.1.2 形核过程模拟

由 Rappaz 等提出的概率模型可知，晶粒密度可根据式 (6-44) 计算:

$$n\left(\Delta T\right)=\int_{0}^{\Delta T}\frac{\mathrm{d}n}{\mathrm{d}\left(\Delta T\right)}\mathrm{d}\left(\Delta T\right) \tag{6-44}$$

通常认为，形核率满足标准正态分布，并可以用下面的近似求解公式计算：

$$\begin{cases} \phi(u) \approx 1 - \dfrac{1}{2}\left(1 + \sum\limits_{i=1}^{4} a_i u\right)^{-4} & (u \geqslant 0) \\ \phi(u) \approx \dfrac{1}{2}\left(1 + \sum\limits_{i=1}^{4} a_i |u|\right)^{-4} & (u < 0) \end{cases} \tag{6-45}$$

式中 a_i——Gauss 公式的求积系数。

由式 (6-45) 求得：

$$a_i = \int_0^{\Delta T} l_i(x)\mathrm{d}x \tag{6-46}$$

式中 x ——Gauss 点；

$l_i(x)$ ——Lagrange 插值基函数，仅与节点有关，$l_i(x) = \prod\limits_{\substack{k=0 \\ k\neq i}}^{n} \dfrac{x - x_k}{x_i - x_k}\,(i = 0, 1, \cdots, n)$。

可求得求积系数 a_i 为：

$$a_1 = 0.196854$$

$$a_2 = 0.115194$$

$$a_3 = 0.000344$$

$$a_4 = 0.019527$$

令

$$u = \frac{\Delta T' - \Delta T_{\max}}{\Delta T_\sigma}$$

则

$$n(\Delta T) = n_{\max}^{*}\phi(u) \tag{6-47}$$

型壁上及靠近型壁的形核和熔体内部的形核采用相同的计算公式，但改变计算参数 $n_{\max}$、$\Delta T_{\max}$、ΔT_σ。

形核位置可用下面的方法确定：在每一时间步长内，随着铸件温度的降低，过冷度增加 $\delta(\Delta T)$，晶粒密度增加量 δ_n 为：

$$\delta_n = n[\Delta T + \delta(\Delta T)] - n(\Delta T) = \int_{\Delta T}^{\Delta T + \delta(\Delta T)} \frac{\mathrm{d}n}{\mathrm{d}(\Delta T)}\mathrm{d}(\Delta T) \tag{6-48}$$

δ_n 与铸件体积 V 的乘积即为一时间步长内的形核数 δ_N。这些新晶粒位置的选取是根据在一时间步长内，网格单元形核的概率来随机决定的，此概率为：

$$P_n = \frac{\delta_N}{N} = \delta_n V_c \tag{6-49}$$

式中 N —— 网格单元总数；

V_c —— 网格单元的体积。

扫描所有的网格单元，如果该单元为液态(其状态值为零)，计算其 P_n 值，并与一随机数 n (0≤ n ≤1) 比较，如果：

$$P_n > n \tag{6-50}$$

此单元形核凝固，其状态值赋予一大于零的整数。

6.4.1.3 晶体生长过程模型

晶核在液体金属中形成以后，液体中的原子陆续向晶体表面排列堆砌，晶体便不断长大。从热力学角度来看；一方面，液体向固体的转变将使系统的体自由能降低，即 ΔF_{v} 为负值；另一方面，固–液界面的出现，增加了界面能 ΔF_{s}。根据晶粒界面能最小原理建立枝晶生长概率模型，网格单元 $(x,\ y)$ 在时刻 t 的生长概率可以由方程式 (6-51) 计算：

$$P_{\mathrm{g}} = \begin{cases} 0 & \Delta T \leqslant 0 \\ \exp\left[-\Delta F_{\mathrm{g}}(x,y,t)/kT\right] & \Delta T > 0 \end{cases} \tag{6-51}$$

一个网格单元由液态向固态转变时，总的吉布斯自由能的变化 ΔF_{g} 由两部分组成：过冷度决定的吉布斯自由能 ΔF_{v}；固–液界面、不同晶相的固–固界面处的界面能 ΔF_{i}，如方程式 (6-52) 所示：

$$\Delta F_{\mathrm{g}} = \Delta F_{\mathrm{v}} + \Delta F_{\mathrm{i}} \tag{6-52}$$

由于

$$\Delta F_{\mathrm{v}} = F_{\mathrm{l}} - F_{\mathrm{s}} = \Delta H - T\Delta S \tag{6-53}$$

式中，$\Delta H = L$，即熔化潜热，熔化熵 $\Delta S = L/T_{\mathrm{m}}$，故液体吉布斯自由能 ΔF_{v} 可由式 (6-54) 计算得出：

$$\Delta F_{\mathrm{v}} = \Delta T\,(x,y,t)\,V_{\mathrm{m}}L/T_{\mathrm{m}} \tag{6-54}$$

其中

$$T_{\mathrm{m}} = 933 + mc\,(x,y) \tag{6-55}$$

式中 m —— 该合金的液相线的斜率；

$c(x,\ y)$ —— 点的当前浓度；

V_{m} —— 网格单元的体积；

$\Delta T(x,y,t)$ —— 时刻 t 的过冷度。

界面能 ΔF_{s} 由式 (6-56) 计算得出：

$$\Delta F_{\mathrm{s}} = n_{\mathrm{sl}}\mathrm{d}x\delta\sigma_{\mathrm{sl}} + n_{\mathrm{ss}}\mathrm{d}x\delta\sigma_{\mathrm{ss}} \tag{6-56}$$

式中 n_{sl}，n_{ss}，σ_{sl}，σ_{ss} —— 分别代表固–液界面、不同晶相的固–固界面数目的增量及界面能；

δ —— 网格单元厚度；

$\mathrm{d}x\ (\mathrm{d}y)$ —— 网格单元的边长。

关于 n_{sl}、n_{ss} 的计算如图 6-4 所示。

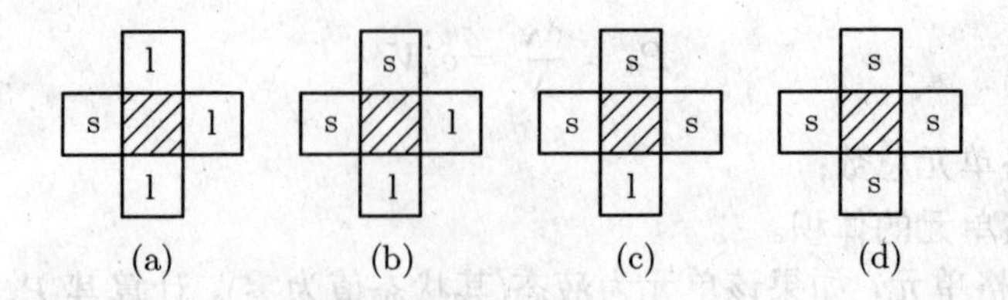

图 6-4 晶粒的晶面结构

如图 6-4(a) 中的一单元由液态成为固态，形成了三个新的固–液界面，但由于原来的固–液界面转变为固–固界面，因此在此过程中只增加了两个固–液界面；而图 6-4(b) 中增加的固–液界面数为零；图 6-4(c) 中的固–液界面数减少两个；图 6-4(d) 中的固–液界面减少四个。

根据式 (6-52)、式 (6-54) 和式 (6-56) 可得出式 (6-57)：

$$\Delta F_{\mathrm{g}}(x,y,t)=\frac{(n_{\mathrm{sl}}\sigma_{\mathrm{sl}}+n_{\mathrm{ss}}\sigma_{\mathrm{ss}})^{2}\sigma}{4\Delta S(x,y,t)\,\Delta T(x,y,t)} \tag{6-57}$$

式 (6-56) 中各项参数见表 6-1。

表 6-1 式 (6-56) 中主要参数取值情况

$\sigma_{\mathrm{sl}}/\mathrm{J\cdot m^{-2}}$	$\sigma_{\mathrm{ss}}/\mathrm{J\cdot m^{-2}}$	δ/m	$\mathrm{d}x(\mathrm{d}y)/\mathrm{m}$
0.16	0.32	3×10^{-3}	4×10^{-4}

6.4.2 凝固组织形成过程的数值模拟方法

金属材料凝固模型的目的是对运动的固–液界面进行时间和空间上的描述，目前的数值方法主要有确定性模拟方法 (deterministic modeling)、随机性模拟方法 (stochastic modeling) 和相场方法 (phase-field modeling)。

6.4.2.1 确定性模拟方法

确定性模拟方法假定在给定的时刻，一定体积熔体内晶粒的形核密度和生长速度是一个确定的函数。该函数通过实验得出，如对于各种冷速下凝固的试样，观察其横断面，测量冷却曲线和晶粒密度。晶粒一旦形核，就以界面推移速度相同的速度生长。该界面速度同样是与过冷度有关的函数。在这种情况下，枝晶前沿或者共晶界面的凝固动力学可以从理论模型中导出。晶粒之间的碰撞对于共晶组织来讲是非常重要的，可以通过几何学或者随机晶粒排列模型进行处理。

确定性模拟方法的模型可以较准确地预测晶粒的尺寸，并且宏观偏析的预测结果与实际凝固过程相接近。然而这种方法也有一定的局限性，该方法忽略了一些与结晶有关的因素，不能解释发生于铸型表面和柱状晶区域产生的晶粒选择现象，不能够预测发生在铸型表面的等轴晶与柱状晶之间的转变情况，同时也不能预测柱状晶横截面尺寸的变化情况。此外，当温度梯度很小时，发生在液体内部的柱状晶向等轴晶转变的现象也很难用这种方法预测。

6.4.2.2 随机性模拟方法

随机性模拟方法是指主要采用概率方法来研究晶粒形核与长大的方法，包括形核位置的随机分布和晶粒晶向的随机取向。凝固过程中的传质过程以及能量和结构的起伏是随机过程，因此采用概率方法研究微观组织的形成过程更能接近实际。随机性方法主要包括蒙特卡罗法 (monte carlo method，MC 法) 和元胞自动机法 (cellular automaton method，CA 法) 等。

A 蒙特卡罗法

MC 法最初源于对再结晶过程中固相晶粒生长过程的模拟，后来 Swansea 大学的 Brown 和 Spittle 最先采用 MC 法模拟二维晶粒的形成。但他们的模拟对象是一种假想的材料，模型中并未考虑材料的物理性能参数。Zhu 等人对此进行了改进，考虑了材料的物理性能参数，能比较真实地反映实际凝固过程，所模拟的铝–铜合金的凝固组织图像与实验结果相近。MC 法以概率统计为主要理论基础，以随机抽样为主要手段。不同属性的质点之间存在界面能(如固、液质点，或者属于不同晶粒的质点)，它建立在界面能最小的基础之上。

B 元胞自动机法

CA 法是一种时间、空间、状态都离散的动力学模型。在凝固模拟过程中，它基于形核的物理机理和晶体生长动力学理论，用随机性原理处理晶核分布和结晶方向，从而模拟凝固过程的微观组织。CA 法将整个凝固区域划分为不同的网格，采用其节点标示不同网格区域的状态，然后按照该区域的凝固条件确定适当的演化规则进行状态演化，从而可以定量地描述晶粒形核长大的过程。CA 法的优点是：具有一定的物理基础，模拟出来的微观组织不依赖于计算过程中的单元网格划分结构，计算速度远高于相场法，计算的区域可以比较大 (达到铸件一级)。这些优点使得它很适合于描述自由枝晶、柱状枝晶的形成以及柱状晶与等轴晶之间的转化。

C 相场法

相场模型表达式有很多，就其原理来说主要有两种：自由能函数法和熵函数法。由于自由能表达式的多样性，因而造成相场模型的多样性，如 Kobayashi 模型、WBM 模型和 Karma 模型等分别用于不同的合金和组织，并且基于自由能函数法的相场模型必须依赖于参数的合理选取才能消除非平衡条件下异常项的出现。考虑到体系的自由能与体系的熵在热力学上具有相关性，采用热力学一致的方法，并采用渐进分析方法，提出了基于双稳态的独立熵梯度函数和界面能梯度函数的相场模型，该模型中增加了额外的自由度，可以消除非平衡条件下异常项的出现。

D 介观尺度的模拟方法

Steinbach 等人提出了一种新的介观模拟技术，采用整体数值模拟与局部解析解相结合的方法来描述多个等轴枝晶在过冷熔体中的非稳定长大。该模型中过冷熔体的温度场与改进的枝晶生长凝壳模型结合，可以预测枝晶尖端的生长速度和晶粒内部的固相析出分数。

6.5 应用实例

6.5.1 应用实例一：连铸结晶器内钢液凝固传热数学模型

6.5.1.1 结晶器内传热现象分析

A 结晶器的凝固传热

连续铸钢过程中钢液的凝固是从结晶器开始的，其传热过程包括：中心液体与凝固坯壳的传热、凝固坯壳内的热传导、凝固坯壳与结晶器内壁的传热、铜壁自身的传热、铜壁与冷却水之间的传热。结晶器横断面传热及温度分布如图 6-5 所示。

结晶器内钢液与冷却水之间热量传输过程的总热阻表示为：

$$\frac{1}{h}=\frac{1}{h_1}+\frac{e_{\mathrm{m}}}{k_{\mathrm{m}}}+\frac{1}{h_0}+\frac{e_{\mathrm{Cu}}}{k_{\mathrm{Cu}}}+\frac{1}{h_{\mathrm{w}}} \tag{6-58}$$

式中 h —— 总的传热系数，$W/(cm^2 \cdot °C)$；

h_1 —— 钢液与坯壳之间的传热系数，$W/(cm^2 \cdot °C)$；

e_m —— 凝固壳厚度，cm；

k_m —— 钢的导热系数，$W/(cm \cdot °C)$；

h_0 —— 坯壳与结晶器间传热系数，$W/(cm^2 \cdot °C)$；

e_{Cu} —— 结晶器铜壁的厚度，cm；

k_{Cu} —— 铜的导热系数，$W/(cm \cdot °C)$；

h_w —— 铜壁与冷却水之间的传热系数，$W/(cm^2 \cdot °C)$。

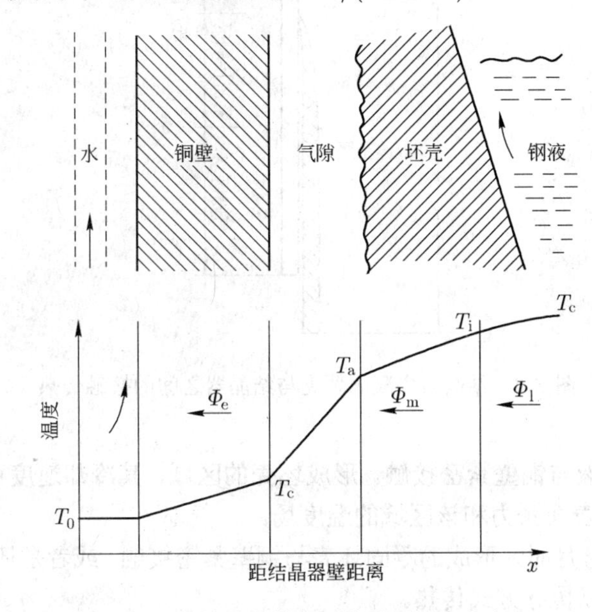

图 6-5 结晶器横断面传热及温度分布

B 钢液与凝固坯壳的传热

钢液与凝固坯壳的传热，其热流表示为：

$$\Phi_l = h_1 (T_c - T_l) \tag{6-59}$$

式中 Φ_l —— 钢液与凝固之间的热流，W/cm^2；

T_c —— 钢液的浇铸温度，°C；

T_l —— 钢液的液相线温度，°C；

h_1 —— 钢液与凝固壳之间的对流换热系数，$W/(cm^2 \cdot °C)$。

h_1 一般借助于垂直平板对流传热公式计算，其表达式为：

$$h_1 = \frac{2}{3} \rho c_p v \left(\frac{c_p \eta}{k_m} \right)^{-\frac{2}{3}} \left(\frac{Lv}{\eta} \right)^{-\frac{1}{2}} \tag{6-60}$$

式中 ρ —— 钢液密度，g/cm^3；

c_p —— 液态钢的比热容，$J/(g \cdot °C)$；

v —— 前沿液态钢运动速度，cm/s；

L —— 结晶器长度，cm；

η —— 钢液的黏度，g/(s·cm)；

k_m —— 钢液的导热系数，J/(cm·s·°C)。

C 凝固坯壳与结晶器之间的传热

结晶器内凝固坯壳与结晶器之间的传热决定于两者的接触状态，如图 6-6 所示。一般可分为三个区域：弯月面区、紧密接触区、气隙区。三个区域的大小决定于钢种、浇铸工艺、使用的保护渣性能及结晶器锥度等因素。

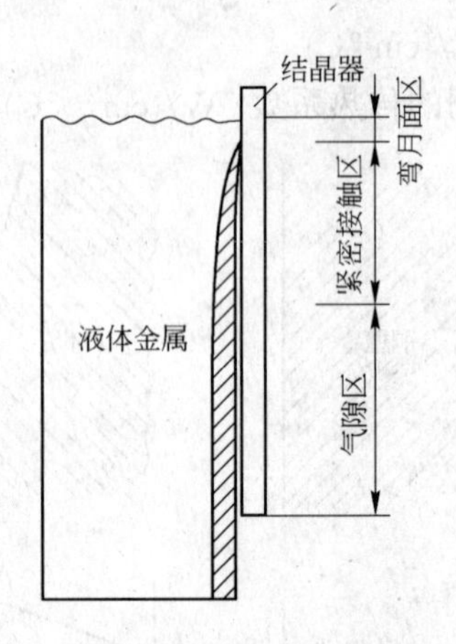

图 6-6 结晶器内凝固坯壳与结晶器之间的接触传热

在弯月面区，钢液与铜壁紧密接触。形成坯壳的区域，其冷却速度可达 100°C/s。弯月面形状决定于钢液的表面张力和该区域的温度场。

在紧密接触区，弯月面区形成的凝固坯壳与铜壁紧密接触，或者是坯壳 — 保护渣 — 铜壁的紧密接触，主要以传导方式传热。

气隙区的主要特征是 $\delta \rightarrow \gamma$ 相变产生体积收缩的积累，使铸坯坯壳与铜壁分离。一般情况下，气隙形成由结晶器角部开始，并向中心扩展。气隙形成后由于坯壳过热及钢液静压力作用，使得气隙重新消失。当坯壳达到一定厚度时，其强度可抵抗钢液静压力时，便形成了稳定的气隙。气隙的形成改变了原有的传导传热方式，形成了辐射和对流综合作用的传热方式，使传热过程趋于复杂化。

D 结晶器铜壁和冷却水之间的传热

冷却水与铜壁的传热依据接触状态，可分为三个传热区域：强制对流区、核沸腾区、膜态沸腾区，如图 6-7 所示。对水缝式的结晶器的传热，强制对流传热是理想的传热方式，应尽可能避免沸腾传热方式的存在。对于强制对流传热，热流与铜壁温度呈线性关系。对流传热系数主要决定于水缝中水的流速和水缝形状。一般采用式 (6-61) 进行计算：

$$\frac{h_e D_e}{k_e} = 0.023 \left(\frac{D_e v_e \rho_e}{\mu_e}\right)^{0.8} \left(\frac{c_e \mu_e}{k_e}\right)^{0.1} \tag{6-61}$$

式中 h_e —— 界面传热系数，J/(cm²·s·°C)；

D_e —— 水缝的当量直径，cm；

k_e —— 冷却水的导热系数，J/(cm·s·°C)；

v_e —— 水的流速，cm/s；

c_e —— 水的比热容，J/(kg·°C)；

ρ_e —— 水的密度，g/cm^3；

μ_e —— 水的动力黏度，g/(cm·s)。

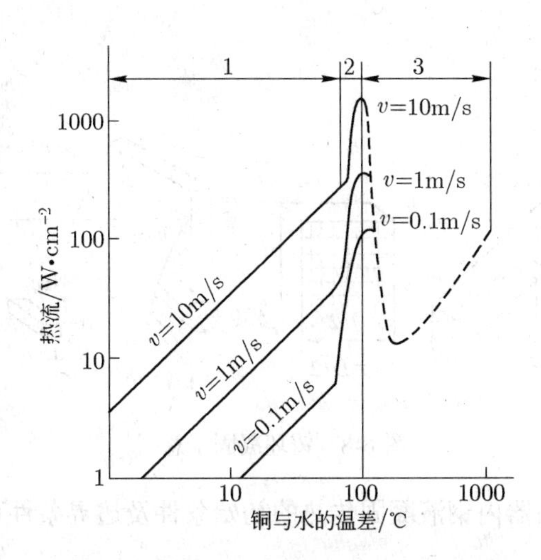

图 6-7 结晶器铜壁与冷却水之间的传热热流

1— 膜态沸腾区；2— 核沸腾区；3— 强制对流区

理论分析与实践已经充分证明，对于水缝式结晶器，水的流速大于 6m/s 时，可避免沸腾现象的产生，这也是连铸机结晶器水缝设计的基本依据。

6.5.1.2 结晶器内钢液凝固传热数学模型

A 模型建立的一般假设条件

结合连铸工艺的特点，在模型建立时，做如下假设：

(1) 传热条件不随拉速变化。

(2) 仅考虑铸坯横断面上的传热，铸坯的传热简化为二维 (一维) 非稳态传导传热。

(3) 由于液相穴中钢液对流运动，液相穴的导热系数大于固相区的导热系数。

(4) 各相的密度视为常数。

(5) 假设结晶器弯月面钢水温度与浇铸温度相同。

(6) 连铸机二冷各区段的冷却和结晶器内的冷却同为铸坯表面均匀冷却。

(7) 铸坯在冷却过程中的内外弧的凝固传热条件可以近似作为对称处理。

(8) 忽略辊子的接触传导传热和铸坯在二次冷却段的辐射传热。

铸坯凝固示意图如图 6-8 所示。

B 模型的建立

设板坯厚度方向为 x 轴、板坯宽度方向为 y 轴、拉坯方向为 z 轴，建立直角坐标系，依据上述假设建立的导热微分方程为：

$$\rho c_p \frac{\partial T}{\partial t} = \frac{\partial}{\partial x}\left(k\frac{\partial T}{\partial x}\right) + \frac{\partial}{\partial y}\left(k\frac{\partial T}{\partial y}\right) + \frac{\partial}{\partial z}\left(k\frac{\partial T}{\partial z}\right) + q_v \tag{6-62}$$

式中　ρ —— 钢液密度，kg/m^3；

c_p —— 比热容，J/(kg·°C)；

k —— 导热系数，W/(m·°C)；

T —— 温度，°C；

q_v —— 内热源，J。

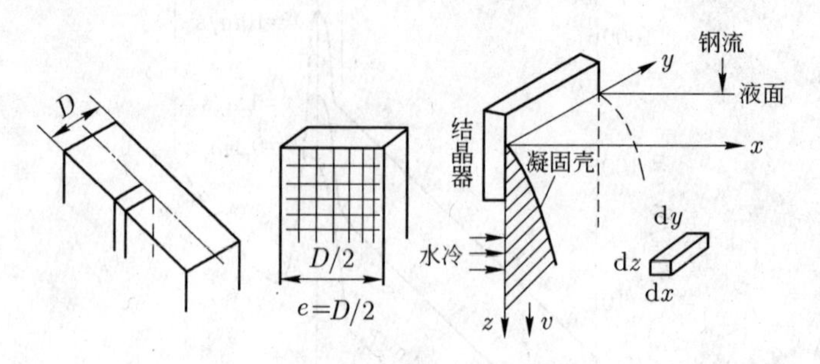

图 6-8　铸坯凝固示意图

根据假设条件，结晶器内钢液凝固传热的初始条件及边界条件可由如下方程进行描述：

初始条件：

$$t = 0,\ T = T_p$$

边界条件：

$$t \geqslant 0, -k\frac{\partial T}{\partial n} = 0 \quad (\text{在对称轴上})$$

$$t \geqslant 0, -k\frac{\partial T}{\partial n} = q \quad (\text{在铸坯表面上})$$

式中　T_p —— 浇铸温度；

t —— 时间；

q —— 热流；

n —— 坐标。

钢的比热容与导热系数：

$T > T_l$ 时：

$$c_p = 879\text{J/(kg}\cdot{}^\circ\text{C)}$$

$$K_l = 5\text{K}$$

$$\rho = 7400\text{kg/m}^3$$

$T_s < T < T_l$ 时：

$$K_{ls} = 2.5\text{K}$$

$T < T_s$ 时：

$$K = A + BT\ \text{W}/(m^2\cdot\text{K})$$

$$c_p = C + DT\ \text{J/(kg}\cdot{}^\circ\text{C)}$$

C　凝固潜热（内热源项 q_v）的处理

凝固潜热是指从液相线温度冷却到固相线温度所释放的热量，凝固潜热的处理直接影响模型的计算精度。采用固定网格法处理潜热时，通常有以下几种方法。

(1) 焓方法。焓方法 (enthalpy method) 主要特点是引入函数作为初始变量，见式 (6-63)

$$H = \int_{T_0}^{T} \rho c_p(T)\mathrm{d}T \tag{6-63}$$

将能量方程表示为：

$$\frac{\partial H}{\partial t} = \nabla\left(k\nabla T\right) \tag{6-64}$$

在对过程进行求解时，先求得节点的焓值，并通过已知的焓与温度的关系，求得节点的温度。上述方法巧妙地避开了凝固潜热问题，易于实现，但不能直接得到结果，必须进行转换。

(2) 显热容方法。显热容方法 (apparent capacity method) 的特点是将凝固潜热考虑在材料的比热容中，在相变温度区间，考虑显热和潜热的总变化。引入显热容 (c_{A}) 的概念，并假设凝固潜热在两相区内释放完成，则：

$$c_{\mathrm{A}} = \frac{\displaystyle\int_{T_{\mathrm{s}}}^{T_{\mathrm{l}}} \rho\left(T\right) c_p\left(T\right) \mathrm{d}T + \rho\left(T\right)\Delta H_{\mathrm{m}}}{T_{\mathrm{l}} - T_{\mathrm{s}}} \tag{6-65}$$

显热容数值计算方法有直接计算法 (平均分配法、固相分率法等)，时间平均法和空间平均法等，在此不再赘述，请读者参阅相关书籍。

(3) 有效热容法。有效热容法 (effective capacity method) 是对计算单元内的显热容进行积分，求得等效热容的方法。其表达式为：

$$c_{\mathrm{e}} = \frac{\displaystyle\int \rho c_{\mathrm{A}}\left(T\right)\mathrm{d}V}{V} \tag{6-66}$$

有效热容法比显热容法计算效果更好，在计算过程中，对两相区的大小及时间步长的选择不太敏感，可以获得较合理的计算结果。

6.5.2 应用实例二：22CrMoH 连铸坯微观组织及合金元素影响的数值模拟

6.5.2.1 研究背景

齿轮钢是重要的汽车用钢，为了有效提高齿轮钢的强度、韧性，改善其热加工性能，常常加入 Cr、Mo、Ni、Ti、Si 等合金元素[1]。这类合金元素能够引起钢液固相线、液相线温度的变化，直接影响到钢液凝固过程中晶粒的形核、长大等行为，进而对铸坯凝固组织产生重要影响。而铸坯凝固组织形态是决定其内部质量的基础，包括对产品成分均匀性、淬透性以及带状组织等质量缺陷均具有重要影响。但从目前研究状况来看，关于这类合金元素的种类、含量等对齿轮钢连铸坯凝固组织的影响趋势，可获得的资料极为有限。本小节以 22CrMoH 齿轮钢为例，以某生产企业实际连铸工艺参数为背景，采用数值模拟的方法系统研究了 Cr、Mo、Si、Mn 等元素含量变化对其铸坯凝固组织形态，包括树枝晶与等轴晶的比例、晶粒平均尺寸等的影响趋势，为实际生产中的工艺优化提供一定的理论指导。

6.5.2.2 22CrMoH 齿轮钢的凝固特点及模型的选择

A 22CrMoH 齿轮钢的凝固特点

22CrMoH 钢是低碳低合金结构钢，主要用于载重汽车渗碳齿轮的生产。表 6-2 列出了该钢的标准成分及作者在某生产企业取到的实际铸坯的化学成分。根据 Fe–C 合金相图[2](见图 6-9) 可知，该钢号化学成分位于包晶成分点附近。

表 6-2 22CrMoH 齿轮钢的标准成分和实际成分 (%)

元素种类	C	Si	Mn	Cr	Mo
标准成分[3]	0.19~0.25	0.17~0.37	0.55~0.95	0.85~1.25	0.35~0.65
实际成分	0.19	0.248	0.731	1.016	0.3655

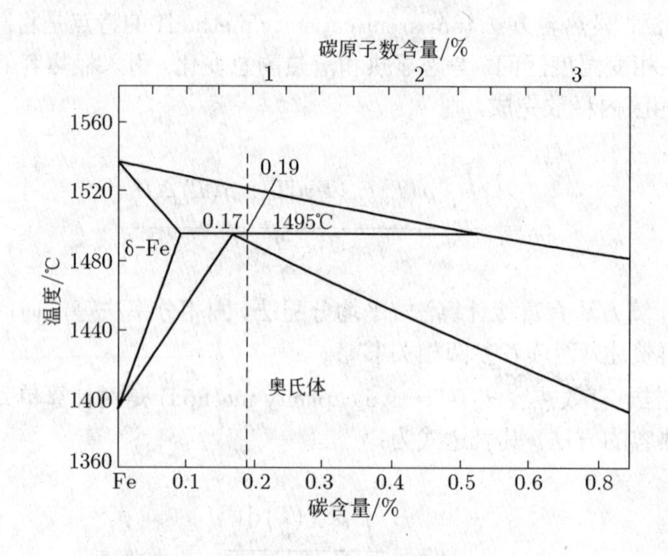

图 6-9 Fe–C 合金相图

如图 6-9 所示，理论上讲在平衡条件下，铸坯凝固时首先析出 δ 铁素体，达到包晶转变温度时，先结晶的 δ 铁素体相对量由杠杆定律计算为 79.5%左右，然后通过包晶转变 L+δ-Fe→ γ-Fe，沿 δ 相与液相的界面产生奥氏体。结合实际样品分析及文献调研发现[4]，在连铸坯实际凝固时，由于二冷喷水冷却强度大，造成铸坯表层冷却速度较快，表层包晶转变不能充分进行，使得包晶转变后组织分布不均匀，内部粗大的 δ 铁素体晶粒依然存在，随后通过重结晶形成奥氏体。虽然这些组织是单一的奥氏体相，但由于形成机制的差异，生成的奥氏体成分和形态都有差异，内部的奥氏体呈等轴晶粒形态，是由 δ 铁素体转变而来。外部的奥氏体则是由液态直接结晶或通过不完全包晶转变获得，呈网状分布。

从宏观低倍组织来看，铸坯表层液体由于受到强烈的激冷，内部大量形核，形成表层细晶区；随着液体中对流的减弱及结晶潜热的释放，细晶区界面前沿的液体温度升高，表层细晶区的晶粒向内延伸生长，成为柱状晶区 (即发生了 ECT 转变)；随着柱状晶的发展，经过散热，铸件中心部分的液体金属的温度下降很大，整个剩余液体中几乎同时形核，由于此时的散热已经失去了方向性，因此晶粒在液体中可以自由生长，最终形成等轴晶 (即发生了 CET 转变)。

B 模拟模型的选择

关于金属凝固过程微观组织的模拟，目前主要研究方法有确定性方法、相场法和随机性方法。确定性方法 (deterministic method) 以凝固动力学为基础，理论明确，可用于计算形核率、固相分数、枝晶尖端长大速率、晶粒尺寸的平均分布等原始计算。但由于其确定性，不能考虑晶粒生长过程中如随机形核分布、随机晶体学取向等一些随机现象，也无法预测 CET 的转变过程[5]。相场法 (phase field method) 以 Ginzberg-Landau 相变理论为基础，通过引入相场变量，能够对枝晶内部结构及固-液界面的凝固行为进行详细分析，但此种方法计算量巨大，只适合研究小计算域中的凝固情况[6]。随机性方法以概率论为基础，同时吸取了确定性方法理论明确的优点，模拟中采用概率理论来研究晶粒的形核和长大，并可实现与宏观场的耦合，可以最大限度地考虑凝固过程中所涉及的复杂的物理现象[7]。因此在 20 世纪 90 年代之后，更多的学者采用随机性方法来模拟研究金属凝固组织。

随机性方法又可分为蒙特卡罗 (MC) 法和元胞自动机 (CA) 法。MC 法也称为随机抽样技术，利用随机数求解问题，在计算机上模拟实际的概率过程，从中总结出一定统计规律，但它主要用于微观领域。CA 法是一个空间、时间以及系统状态都是离散化的动力学系统，在网格中，元胞的状态演化依据一个局域原则进行，即在一给定时间步长内元胞状态由其自身及其近邻元胞上一时间步长的状态决定。在离散的时间步长内，网格中所有的元胞同步更新，使得整个网格的状态发生变化。CA 法在模拟枝晶形貌，处理形核、生长竞争和 CET 转变方面具有很强的优势，同时可实现微观与宏观场的耦合[8]。Rappaz 和 Gandin[9]、Karz[10] 等人、Nastac 和 Stefanescu[11]、Zhu[12,13] 等人相继用 CA 法对金属微观组织的形成进行了模拟研究。Rappaz 等人把 CA 模型与有限元方法 (FE) 耦合起来建立的宏观-微观耦合模型 (CAFE)，成功地预测了从柱状晶到等轴晶的转变，并在试验中得到了验证。我国这方面的研究工作起步相对较晚，但部分学者如李殿中、王同敏等人[14]、王金龙等人[15] 也以 CA 方法为基础，实现了利用计算机对金属凝固组织形成过程的数值模拟。刘东戎[16] 利用 CAFE 成功模拟了 TiAl 合金在包晶转变过程中的凝固组织。从目前可获得的资料来看，大部分的凝固组织模拟工作是针对模铸进行的，关于连铸坯凝固组织模拟的报道有限。鉴于以上调研分析情况，本小节研究采用 CAFE 方法对 22CrMoH 齿轮钢连铸坯凝固组织进行数值模拟，并在此基础上分析各合金元素对于铸坯凝固组织形貌的影响趋势。

6.5.2.3 CAFE 数学物理模型

CAFE 模型首先用较粗的网格 (即 FE) 计算凝固区域的温度场。在此基础上，将网格划分成更细小均匀的节点，形核与生长计算采用 CA 模型进行，自动生成 CA 节点。其模型及原理如下。

A 非均匀形核

晶粒密度的变化用连续而非离散的分布函数 $\mathrm{d}n/\mathrm{d}(\Delta T)$ 来描述，由式 (6-67) 高斯分布[17] 确定，即：

$$\frac{\mathrm{d}n}{\mathrm{d}(\Delta T)} = \frac{n_{\max}}{\sqrt{2\pi}\Delta T_{\sigma}} \exp\left[\frac{1}{2}\left(\frac{\Delta T - \Delta T_{\max}}{\Delta T_{\sigma}}\right)\right] \tag{6-67}$$

式中 $\Delta T_{\max}$ —— 平均形核过冷度；

ΔT_σ —— 形核过冷度标准方差；

$n_{\max}$ —— 正态分布从零到积分得到的最大形核密度。

B 枝晶尖端生长动力学

在合金的实际合金凝固过程中，晶体生长受动力学过冷和成分过冷的影响，枝晶尖端总过冷度 ΔT 见式 (6-68)：

$$\Delta T = \Delta T_{\mathrm{c}} + \Delta T_{\mathrm{t}} + \Delta T_{\mathrm{r}} + \Delta T_{\mathrm{k}} \tag{6-68}$$

式中 ΔT_{c} —— 成分过冷度；

ΔT_{t} —— 热力学过冷度；

ΔT_{r} —— 固-液界面曲率过冷度；

ΔT_{k} —— 生长动力学过冷度。

大多数合金的 ΔT_{t} 、ΔT_{r}、ΔT_{k} 都比较小，可以忽略不计。因此，柱状晶和等轴晶的生长速度用 KGT[18] 模型描述。在模拟过程中，对 KGT 模型进行拟合，得到式 (6-69) 所示的枝晶尖端生长速度的多项式，以加速计算的进程：

$$\nu(\Delta T) = a_2 \Delta T^2 + a_3 \Delta T^3 \tag{6-69}$$

式中 a_2，a_3 —— 拟合多项式系数；

ΔT —— 枝晶尖端总过冷度。

C CA 法

CA 法 (元胞自动机法) 以随机概念为基础，将确定性或随机性方法相结合，以更准确地模拟凝固过程中的晶粒组织[19]。

CA 法存在如下假设：(1) 忽略球形形核向树枝晶的转变时间；(2) 忽略了树枝晶臂从相邻枝晶的脱离。

CA 法遵循的规则为：(1) 整个空间被划分为相等尺寸的元胞，在二维情况下，这些元胞通常是正方形或者正六边形，然后被排列在一个规则的网格中；(2) 定义好每一个元胞的相邻单元 (如最近邻，或者最近邻和次近邻)；(3) 每一个元胞包含不同的变量 (如温度、浓度、晶向等) 和状态 (如液态、固态)；(4) 一个元胞在一个时间步长内演化的转变规则 (如液相到固相) 通过相邻元胞的状态变化决定。

CA 模型模拟凝固微观组织大致可分为两个步骤：(1) 凝固区域首先被划分为较粗的网格，然后采用有限元 (FE) 或有限差分 (FD) 方法来计算宏观温度场；(2) 将第一步的网格划分成更细的节点，采用 CA 算法在节点上进行形核和生长计算。

D CA 与 FE 耦合

CA 法和 FE 耦合模型中，定义了 CA 元胞和 FE 节点之间的插值因子，引入了凝固潜热的影响，这确保了微观组织是温度场的函数。非零的插值因子分别被分布在有限元网格的 CA 元胞与 FE 节点之间，结合有限元节点的温度这些因子就可以确定网格中元胞处的温度。采用同样的插值因子在节点处对树枝晶形核、生长过程释放的潜热求和，更新节点温度。

6.5.2.4 22CrMoH 连铸坯凝固组织的模拟

A 模拟参数的选择

该计算是基于某钢厂的实际生产为基础的。钢种材质为 22CrMoH 钢，该钢号的成分范围要求以及实际铸坯成分见表 6-2。连铸机弧形半径为 $R = 12\mathrm{m}$，铸坯断面为 300mm×340mm。

基本工艺参数为：过热度，28°C；拉速，0.68m/min；二冷段长度，0.4m+1.8m+2.0m；比水量，0.30L/kg；二冷各段比水量之比，0.35∶0.45∶0.2。

利用 Procast 软件，首先应用移动边界法，计算得到了铸坯凝固过程中的温度场分布，如图 6-10 所示。移动边界法，整个连铸过程是以结晶器及二冷区的相对移动来实现的，也就是让板坯不动，而边界条件以抽拉速度从下往上移动，从而实现了板坯的相对抽拉。整个移动边界法是通过编写 C 语言函数，然后与 Procast 软件对接实现的。计算采用的物理模型与原型的几何比例是 1∶1。由图 6-10 可以看出，连铸坯的液芯在进入矫直段时消失，这与实际生产的理论计算是一致的。

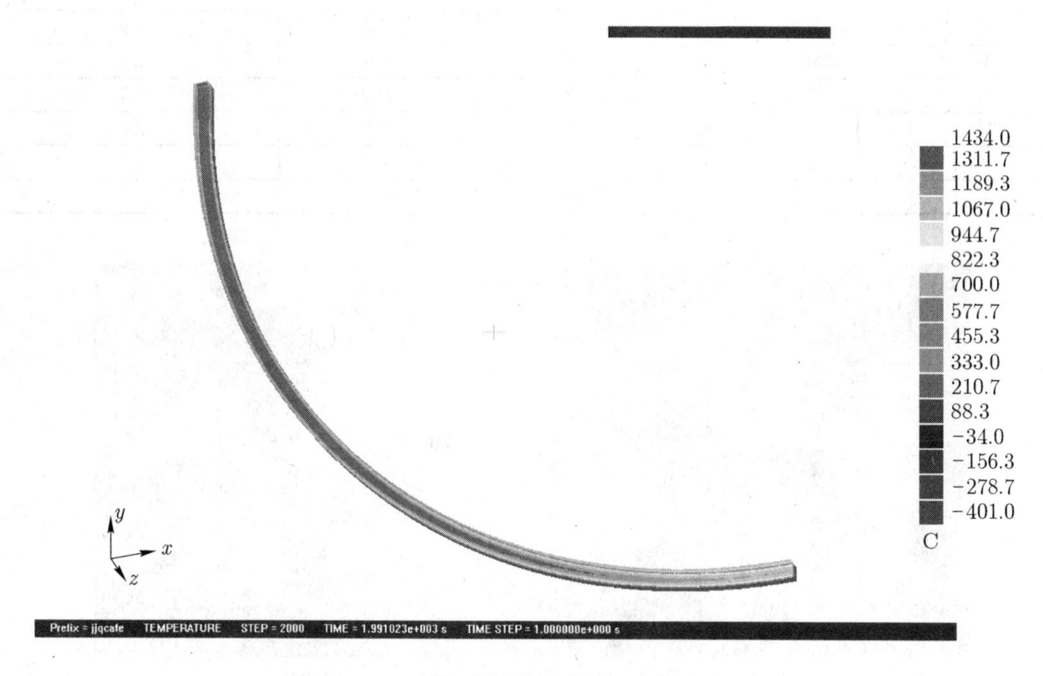

图 6-10 铸坯凝固过程中的温度场分布

图 6-10 所示为铸坯从结晶器到矫直段的温度场剖面图。以初步计算得到的铸坯温度场作为初始条件，在连铸坯凝固末端截取 340mm×300mm×5mm 的断面，对其凝固组织进行基于 CAFE 模型的数值模拟，依然采用 Procast 软件，Gibbs-Thompson 系数 Γ 取 3×10^{-7}m·K[20]。主要溶质元素参数的选择见表 6-3。经 Procast 软件计算，得到枝晶尖端生长动力学参数 $a_2=0$，$a_3=1.1\times10^{-5}$m/(s·K^3)。

B 模拟结果的验证

根据实际生产工艺 (铸坯成分见表 6-2，连铸工艺参数如前文所述)，基于 CAFE 方法，利用 Procast 软件模拟计算得到的凝固末端铸坯凝固组织，与实际样品在光镜下观察到的结果，分别如图 6-11(a)、(b) 所示。

由图 6-11 可以看出，模拟结果及实际样品凝固组织形貌均显示，首先在铸坯外表面有大量晶核产生，形成了一个区域很窄的由许多细小的等轴晶粒组成的细晶区。紧邻细晶区的是柱状晶区，它是由定向结晶的产物 —— 粗大的长柱状晶粒所组成的，长轴与模壁几乎垂直，几何取向的一致性在此体现出来。在铸锭的心部是等轴晶区，它是由许多细小均匀、各方向尺寸近乎一致的等轴晶粒所组成。

表 6-3　主要溶质元素参数的选择

元素种类	元素含量 c_0/%	液相线斜率 m[21]	分配系数 k[22]	扩散系数 $D(\times10^{-9})$[23]
C	0.19	−78.2	0.17	11
Si	0.248	−17.8	0.65	1.42
Mn	0.731	−5	0.68	2.4
P	0.0146	−48.9	0.13	4.6
S	0.0047	−25.6	0.05	3.5
Cr	1.016	−1.3	0.95	3.3
Ni	0.053	−3.9	0.75	4.3
Mo	0.3655	−2.8	0.8	0.55
Al	0.0291	−0.08	0.92	24.7
Ti	0.0203	−17.6	0.4	0.4
V	0.006	−2.2	0.96	6.6
W	0.004	−0.38	0.95	1.2

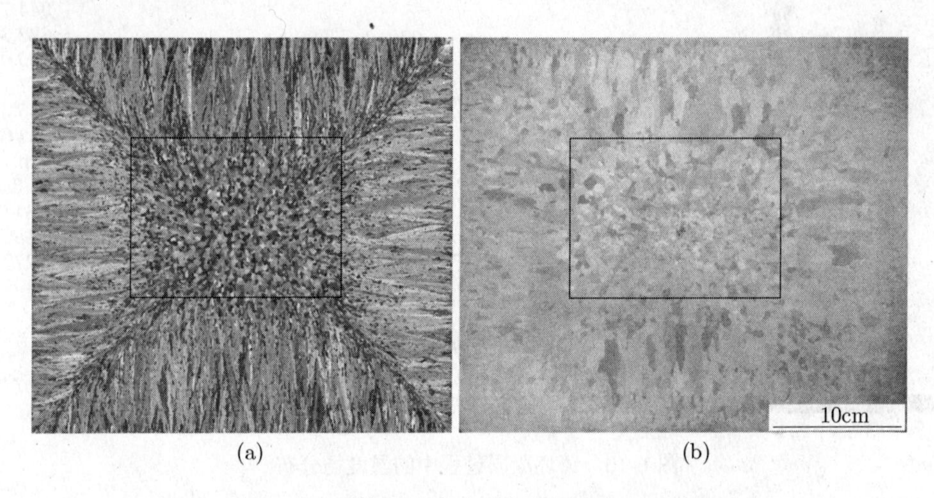

(a)　　(b)

图 6-11　模拟结果和实验样品微观组织对比

(a) 模拟结果；(b) 实际样品微观组织

图 6-11 中不同色泽深度代表晶粒不同的生长方向。计算过程中使用的物理模型与实际铸坯断面的尺寸比例为 1∶1，由图 6-11 可看出，在晶粒形貌、取向、等轴晶与柱状晶的比例等方面，模拟结果与实际样品结构基本吻合。两者中心部位等轴晶晶粒都较为细小均匀，柱状晶区的晶粒较为粗大，CET 转变位置发生在枝晶末端，从宏观来看，约在铸坯的 1/2 半径处。

C　模拟结果与讨论

为了研究各合金元素含量对等轴晶区宽度及晶粒平均大小的影响，在过热度、拉速、冷却等连铸工艺条件一定的条件下 (参考表 6-4 中给出的实际生产工艺参数)，分别模拟了 Si、Mn、Cr、Mo 等元素在含量改变时，对连铸坯的凝固组织结构，如等轴晶柱状晶比例以及晶粒尺寸等的影响趋势。

模拟过程中，以实际样品成分为基础，单一变化 Si、Mn、Cr、Mo元素含量，根据如表

6-2 所示的 22CrMoH 钢种要求成分范围确定浓度梯度。经计算得到不同 Si、Mn、Cr、Mo 元素含量条件下，22CrMoH 的液相线温度 T_l、固相线温度 T_s 及枝晶尖端生长动力学参数 a_3，结果见表 6-4。由此得到的不同元素含量条件下的 22CrMoH 连铸坯凝固末端微观组织 (见图 6-12)，与其对应的晶粒数目及平均晶粒尺寸见表 6-5。

表 6-4　不同合金元素条件下实验钢种的 T_l、T_s 及枝晶尖端生长动力学参数 a_3

编　号	Si 的质量分数/%	T_l/°C	T_s/°C	a_3/m·(s·K^3)$^{-1}$
Si_1	0.148	1515	1466	1.221×10^{-5}
Si_3	0.248	1513	1464	1.1×10^{-5}
Si_5	0.348	1512	1461	9.876×10^{-6}
编　号	Mn 的质量分数/%	T_l/°C	T_s/°C	a_3/m·(s·K^3)$^{-1}$
Mn_1	0.531	1515	1465	1.159×10^{-5}
Mn_2	0.731	1513	1464	1.1×10^{-5}
Mn_3	0.931	1512	1462	1.044×10^{-5}
编　号	Mo 的质量分数/%	T_l /°C	T_s/°C	a_3/m·(s·K^3)$^{-1}$
Mo_1	0.1655	1514	1466	1.123×10^{-5}
Mo_2	0.3655	1513	1464	1.1×10^{-5}
Mo_3	0.5655	1513	1461	1.067×10^{-5}
编　号	Cr 的质量分数/%	T_l /°C	T_s/°C	a_3/m·(s·K^3)$^{-1}$
Cr_1	0.816	1514	1464	1.102×10^{-5}
Cr_2	1.016	1513	1464	1.1×10^{-5}
Cr_3	1.216	1513	1464	1.098×10^{-5}

表 6-5　不同合金元素含量条件下晶粒数目及平均晶粒尺寸

编　号	Si_1	Si_2	Si_3
晶粒数目	40958	42598	45938
晶粒平均半径/ m	1.391×10^{-3}	1.337×10^{-3}	1.281×10^{-3}
编　号	Mn_1	Mn_2	Mn_3
晶粒数目	40800	42598	43974
晶粒平均半径/ m	1.346×10^{-3}	1.337×10^{-3}	1.321×10^{-3}
编　号	Mo_1	Mo_2	Mo_3
晶粒数目	42028	42598	43332
晶粒平均半径/ m	1.349×10^{-3}	1.337×10^{-3}	1.329×10^{-3}
编　号	Cr_1	Cr_2	Cr_3
晶粒数目	43008	42598	42620
晶粒平均半径/ m	1.337×10^{-3}	1.337×10^{-3}	1.338×10^{-3}

由表 6-5 可以看出，随着 Si、Mn、Cr、Mo 含量提高，22CrMoH 钢的液相线温度、固相线温度降低，枝晶尖端生长动力学参数 a_3 减小，其中以 Si、Mn 元素影响趋势最为明显。相应地，结合图 6-12 所示的凝固组织模拟结果显示，在该钢号规定的范围内，随 Si、Mn 含量增加，等轴晶比例明显增加，晶粒平均尺寸也呈明显下降趋势 (见表 6-5)：当 Si、Mn 含量分别从 0.148%、0.531%增加到 0.348%、0.931%时，晶粒平均尺寸分别从 1.391mm、1.346mm 下降到 1.281mm、1.321mm，晶粒得到了细化。究其原因是：(1) 液相线温度降低，使得形核动力增大，形核数目增多，细化晶粒；(2) 枝晶尖端生长动力学参数 a_3 减小，枝状晶随之而减少，等轴晶比例扩大，且晶粒数目增多，随之带来晶粒尺寸降低。Cr、Mo 含量对 22CrMoH 液相线温度及枝晶尖端生长动力学参数 a_3 的影响幅度相对较小。图 6-12 及表 6-5 的数据显

示：钼含量变化对等轴晶比例影响不明显，但随钼含量增加能够明显增加形核数目、晶粒尺寸随之下降；铬含量变化对形核数目及晶粒尺寸影响不大，但适当降低铬含量，能够提高等轴晶比例。

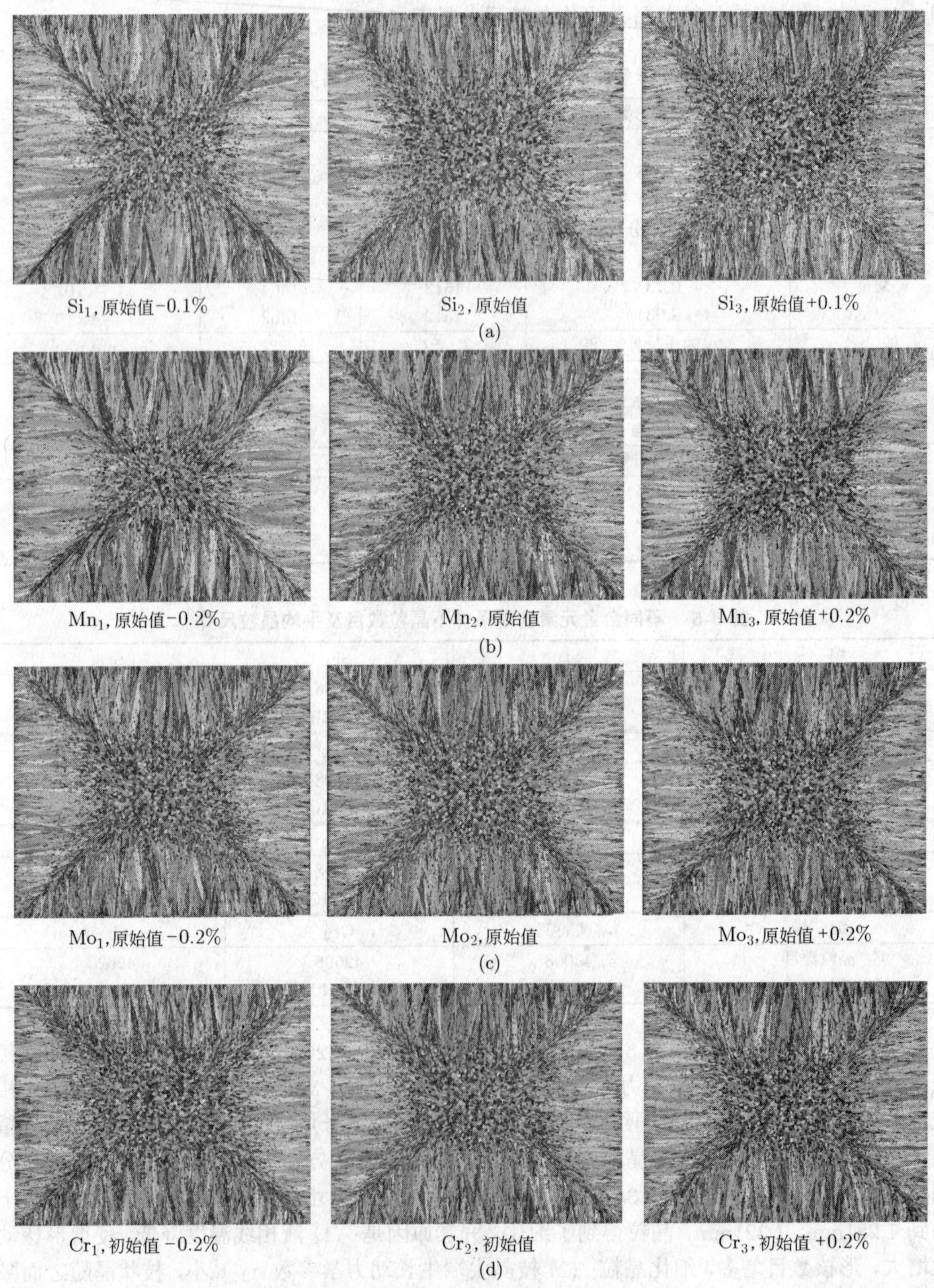

图 6-12　不同合金元素含量条件下的微观组织

(a) 不同硅含量微观组织；(b) 不同锰含量微观组织；(c) 不同钼含量微观组织；(d) 不同铬含量微观组织

合金元素含量变化除了影响液相线温度、枝晶尖端生长动力学参数 a_3 等，还影响钢液由液相凝固至固相的相变焓的大小，进而影响凝固组织结构。相变焓越大，结晶时间越长，晶粒长大的趋势越大。相变焓 [24] 表示为：

$$H=\int_{C}^{T} c_p\left(T\right) \mathrm{d}T+L\left(1-f_{\mathrm{s}}\right) \tag{6-70}$$

式中 $c_p(T)$ —— 比热；

L —— 潜热；

f_{s} —— 凝固分数。

经计算，不同合金元素含量条件下 22CrMoH 钢相变焓如图 6-13 所示。

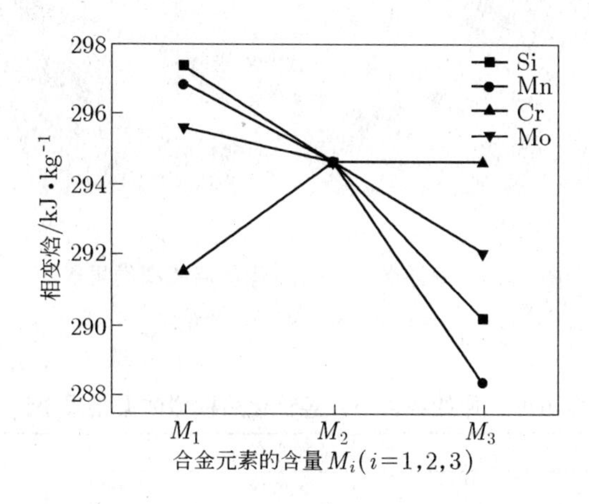

图 6-13 不同合金元素含量条件下 22CrMoH 钢的相变焓

如图 6-13 所示，随着 Si、Mn、Mo 等合金元素含量的上升，22CrMoH 钢的相变焓减小，这使得钢液在凝固时结晶时间缩短，晶粒长大趋势受到抑制，晶粒形核数目增多，晶粒得到细化。特别是 Si 和 Mn 含量的改变引起相变焓的变化比较明显，这也解释了图 6-12 中 Si_3 和 Mn_3 相对于 Si_1、Mn_1 晶粒细化较为明显的原因。铬含量的改变引起的相变焓的变化与 Si、Mn、Mo 等合金元素相反，铬含量越少，22CrMoH 钢的相变焓减小，这也解释了少量铬含量凝固组织更为细化的原因。

D 合金元素的优化

为达到改善实验钢种的微观凝固组织的目的，根据上面实验所得的结论来改变各元素的含量，钢种原始成分与经优化后的主要成分对比见表 6-6。

表 6-6 钢种原始主要成分与经优化后的主要成分对比

元素种类	原始质量分数/%	优化后的质量分数/%
Si	0.248	0.348
Mn	0.731	0.931
Cr	1.016	0.916
Mo	0.3655	0.5655

原始条件下及经优化后模拟结果组织如图 6-14 所示，对应的模拟数据结果统计见表 6-8。

表 6-7　原始条件下及经优化后的实验钢种的 T_l、T_s 及枝晶尖端生长动力学参数 a_3 对比

状　态	T_l/°C	T_s/°C	a_3/m·s^{-1}·K^{-3}	H/kJ· kg^{-1}
原始条件下	1513	1464	1.1×10^{-5}	294.60
优化后	1510	1458	9.063×10^{-6}	283.67

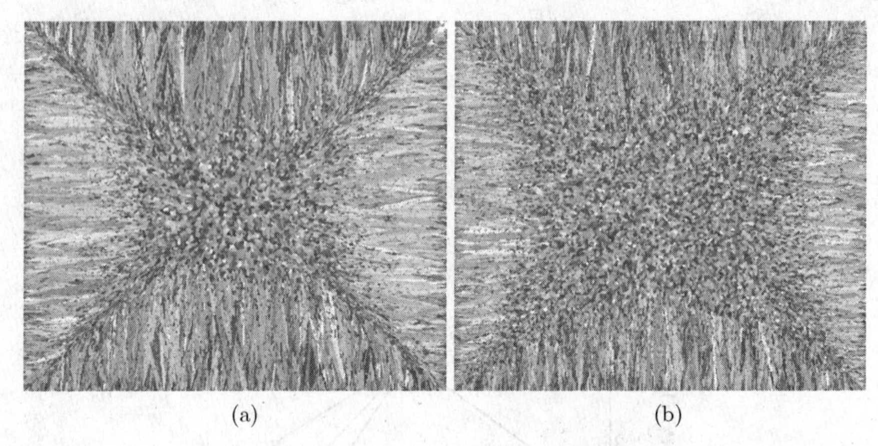

(a)　(b)

图 6-14　原始条件下及经优化后模拟结果组织

(a) 原始条件下；(b) 优化后

表 6-8　原始条件下及经优化后模拟数据结果统计

状　态	原始条件下	优化后
晶粒数目	42598	51102
晶粒平均半径/ m	1.337×10^{-3}	1.214×10^{-3}

从表 6-7 中可以看出，优化后的 22CrMoH 钢的液相线温度、固相线温度降低，枝晶尖端生长动力学参数 a_3 减小了 17.61%，相变焓 H 减小了 3.71%。相应地，由图 6-14 可以看出，优化后实验钢种的微观组织中等轴晶区所占的比例远远大于原始条件下的比例，柱状晶区比例大幅缩短；由表 6-8 可以看出，经过优化后，晶粒数目提高了 19.96%，晶粒的平均尺寸由 1.337mm 减小到了 1.214mm，减小了 9.20%。这是因为在过冷度一定时，Si、Mn、Mo 等元素含量的提高以及 Cr 元素含量的降低，使得枝晶生长速度减小 (枝晶尖端生长动力学参数 a_3 变小)，在发生 CET 转变时，柱状晶生长滞后，前端成分过冷区间增加，等轴晶能够充分的形核和生长。可推断经过优化后的微观组织中的晶粒大小均匀且尺寸较小，属于较为理想的凝固组织。

6.5.2.5　**结论**

(1) 采用移动边界法对 22CrMoH 连铸过程的温度场进行了模拟，在温度场的基础上，采用 CAFE 模型，对该钢号的微观组织进行了模拟，模拟组织与实际样品组织形貌基本一致。

(2) 模拟结果表明，在 22CrMoH 钢号规定的范围内，随着 Si、Mn、Cr、Mo 含量提高，22CrMoH 钢的液相线温度、固相线温度降低，枝晶尖端生长动力学参数 a_3 减小。随 Si、Mn 含量增加，等轴晶比例明显增加，晶粒平均尺寸也呈明显下降趋势；随钼含量增加能够明显增加形核数目、晶粒尺寸随之下降；铬含量变化对形核数目及晶粒尺寸影响不大，但适当降低铬含量，能够提高等轴晶比例。

(3) 根据模拟结果，在 22CrMoH 钢号规定的范围内对合金元素的含量进行了优化调整，优化后的 22CrMoH 钢的液相线温度、固相线温度降低，枝晶尖端生长动力学参数 a_3 减小了 17.61%，等轴晶的比例提高了将近一倍，柱状晶晶区比例下降，晶粒数目提高了 19.96%，晶粒平均半径减小 9.20%，能够有效改善 22CrMoH 连铸坯的凝固组织。

本章小结

凝固过程涉及现象非常复杂，伴随着晶粒形核、长大、传热、传质等一系列复杂的物理化学过程。从冶金学科的发展来看，与冶金热力学、动力学相比，凝固理论的发展与应用相对薄弱。本章从数学模型的角度，依次介绍了如何描述凝固过程中的传热 (各种传热方式及其相关定律)、传质及物质流动现象，其中既包括完全液相区内的流动，也包括液固两相区的物质流动。同时描述了关于凝固微观组织模拟的相关知识。应用实例部分分别介绍了连铸结晶器内钢液凝固传热数学模型的结构及某企业实际生产条件下的 22CrMoH 齿轮钢的微观组织数值模拟过程。

思考题

6-1 简述金属凝固过程的传热特点。

6-2 分析完全液相区内的金属流动与枝晶间金属流动的控制方程。

6-3 如何描述凝固过程的形核速率与晶核长大速率？

6-4 金属微观组织数值模拟目前有哪几种方法？各方法的基本思路是什么？

参考文献

[1] Chiaki. The effect of hot rolling condition and chemical composition on the onset temperature of $\gamma-\alpha$ transformation after hot rolling, transactions [J]. ISJJ Int., 1982(22):215.

[2] 李春胜. 钢铁材料手册 [M]. 南昌: 江西科学技术出版社, 2007: 942.

[3] 桑宝光, 李殿中. 大型钢锭凝固数值模拟与试验研究 [J]. 铸造, 2010(59): 278.

[4] 胡小武, 等. 二元包晶合金定, 向凝固研究进展 [J]. 材料科学与工程学报, 2008(26): 302.

[5] 介万奇, 周尧和. 柱状晶向等轴晶转变过程的模拟实验研究 [J]. 西北工业大学学报, 1988, (1): 29~41.

[6] 孔凡杰, 等. 凝固模型在方坯连铸二冷改造中的应用 [J]. 南钢科技, 2004(1): 11.

[7] 刘伟. 钢凝固过程中二次枝晶间溶质分布的模型研究 [J]. 钢铁研究, 2009, 2(39): 25.

[8] 彭曙. 柱状晶向等轴晶转变的数值模拟研究进展 [J]. 材料导报, 2008, 4(22): 1~5.

[9] Rappaz M, Gandin C A. probabilistic modeling of microstructure formation in solidification processes [J]. Acta Metall Mater. 1993, 41 (2): 345.

[10] Kurz W, Giovanola B, Trivedi R. theory of micro structural development during rapid solidification [J]. Acta Metall Mater, 1986, 34 (5): 823.

[11] Nastac L, Stefanescu D M. stochastic modeling of microstructure formation in solidification processes [J]. Modeling Simul Mater Sci Eng., 1997, 5: 391.

[12] Zhu M F, Kim J M, Hong C P. A modified cellular automaton model for the simulation of dendritic growth in solidification of alloy [J]. ISJJ Int., 2001, 41:436~445.

[13] Zhu M F, Hong C P. Modeling of globular and dendritic structure evolution in solidification of an alloy-7 mass% Si alloy [J]. ISJJ Int., 2001, 41:992.

[14] 王同敏. 金属凝固过程微观组织研究 [D]. 大连: 大连理工大学, 2000, 8:26.

[15] 王金龙. 易切削钢 9SMn28 凝固过程的 CAFE 法模拟 [J]. 北京科技大学学报, 2010, 3(32):325.

[16] 刘东戎. TiAl 合金锭凝固组织形成的数值模拟 [D]. 沈阳: 哈尔滨工业大学, 2005,5:58.

[17] Gandin C A, Rappaz M. A 3D cellular automaton algorithm for the prediction of dendritic grain growth [J]. Acta Metall Mater, 1997, 45 (5): 2187.

[18] 陈进. 电磁搅拌下低合金钢柱状晶向等轴晶转变准则 [J]. 铸造技术, 2010,5(31): 630.

[19] Zenon I, Mieczyslaw H, Jakub H. prediction of dendritic microstructure using the cellular automaton finite element method for hypoeutectic Al-Si alloys castings [J]. Mater Sci, 2006, 12 (2): 124.

[20] Gandin Ch-A, Desbiolles J L, Rappaz M et al. A three-dimensional cellular automaton finite element model for the prediction of solidification grain structures [J] .Metallurgical and Materials Transactions, 1999, 30A:3, 153~165.

[21] 虞觉奇, 易文质, 陈邦迪, 等. 二元合金状态图 [M]. 上海: 上海科学技术出版社, 1987:366, 367, 373, 375.

[22] 陈家祥. 钢铁冶金学 [M]. 北京: 冶金工业出版社, 2004:311.

[23] 李文超. 冶金与材料物理化学 [M]. 北京: 冶金工业出版社, 2001:531.

[24] Kampfer T U. modeling of micro-segregation using an adaptive domain decom position method [D]. Lausanne: Ecole Poly technique Fédérale de Lausanne, 2002:31.

7　冶金过程湍流模型基础及应用实例

本章概要：本章主要介绍了计算流体力学的基础知识，包括流体的物理性质、基本物理定律、流体运动的基本方程及流体运动控制方程。鉴于湍流现象的复杂性以及目前各种湍流模型使用的局限性，对于冶金过程流体流动的描述和解析，湍流模型的选择显得非常重要。本章借助于文献发表的几个典型实例描述了几种常见湍流模型的特点及其使用状况。

钢铁冶金是一种与流体流动有密切关系的生产过程。从固态铁矿石到凝固成型的钢坯，中间的各个冶炼环节都基本是在液态下进行的，而且参加反应的有各种气态流体物质，如转炉冶炼过程中，氧枪的设计、射流 (顶吹、底吹、侧吹等) 的穿透、熔池的搅拌、耐火材料的冲刷、炉内的传热条件等均与流体流动相关；炉外精炼是近代冶金学重点研究的生产过程，其反应器种类繁多、方法各有不同，但都存在着喷吹、搅拌、混合等操作，几乎所有的重要操作和措施都与流体流动有关；钢的浇铸过程中，从中间包到结晶器，钢液的流动对过程控制、钢坯的最终质量都有很大的影响。同时，由于冶金过程大多在高温下进行，化学反应速度很快，而对包括流体流动状态在内的物理过程的了解和控制，已经成为现代冶金生产中各种工艺流程得以发明和成功应用的重要条件。

计算流体力学 (computational fluid dynamic, CFD) 是在近代流体力学、数值计算和计算机科学等学科综合发展基础上形成的一门新学科，也是一种研究以传输过程为基础的各种自然和工程现象的手段。计算流体力学研究方法的基本特征是数值模拟和计算机实验，它遵从传统的物理定理，可以考虑各种反应过程和多维、多相体系的存在。应用计算流体力学的方法可以代替许多实验室研究和实物研究，而且可以完成实验室和实物研究中无法观测到的现象。

冶金领域是近几十年来应用计算流体力学进行科学研究和工程开发的主要行业之一。国内外诸多冶金学者充分吸收计算流体力学领域的最新成果，并成功应用到冶金生产过程中，用来解析物质的各种流动状态及其对反应器操作和生产过程的影响。

7.1　流体的物理性质

对流体运动有影响的物理性质，主要有密度、压缩性、黏性、表面张力等。

7.1.1　密度

流体是由运动的分子组成的，分子之间有着一定的空隙，大量分子做随机运动，因而导致流体的微观运动在空间和时间上不连续，且具有随机性。但在流体力学中研究流体的运动规律时，考察的是由大量分子所组成的流体质点的宏观运动规律，于是采用一种简化的物理

模型 —— 流体是连续介质来代替流体的真实结构。

密度是单位体积的质量，其比较精确的定义需要考虑微小体积 ΔV 和它具有的质量 ΔM，取极限来定义给定点的密度 ρ，即 $\rho=\lim\limits_{\Delta V=0}\dfrac{\Delta M}{\Delta V}=\dfrac{\mathrm{d}M}{\mathrm{d}V}$。如果密度 ρ 是位置的函数，$\rho=\rho(x,y,z)$，那么，包含在指定体积中的质量就是密度在该体积上的积分，即 $M=\int\rho(x,y,z)\mathrm{d}V=\iiint\rho(x,y,z)\,\mathrm{d}x\mathrm{d}y\mathrm{d}z$。

7.1.2 压缩性

压缩性是指流体的体积随温度、压力变化的性能。一般来讲，液体比气体的压缩性要小得多，通常可以认为液体是不可压缩的，而把气体作为可压缩流体来处理，特别是在流速较高、压力变化较大的场合，必须把它的密度视为变数。但是，在流速不高、压力变化较小的场合，却又可忽略压缩性的影响，把气体视为不可压缩流体。对于可压缩流体，可根据状态方程计算其密度，一般考虑采用理想气体状态方程。

在计算跨声速、超声速以及总质量变化的非稳态流动时，必须注意其可压缩流的特点，状态方程总的绝对压力决定了系统中流体的质量。

7.1.3 黏性

流体与固体不同，不能保持一定的形状。处于静止状态的流体不能抵抗剪切力，任何微小的剪切力都可使流体发生任意大的变形。但变形速度大时，流体则呈现出一定的抵抗力(内摩擦力)。这种表明流体受到剪切力作用时抵抗变形的特性称为黏性。

相邻流体层之间的切应力 τ_{yx} 与该处速度梯度 $\mathrm{d}u/\mathrm{d}y$ 存在线性关系，即牛顿黏性定律：$\tau_{yx}=\mu\dfrac{\mathrm{d}u}{\mathrm{d}y}$(其中 μ 称为动力黏度，简称黏度，单位为 Pa·s)。

在许多工程计算中，黏度 μ 和密度 ρ 往往会同时出现，将它们的比值定为 ν，称为运动黏度，表达式为：$\nu=\dfrac{\mu}{\rho}$。

黏度与温度有关。低密度气体的黏度随温度上升而增大，下降而降低。压力对流体黏度的影响一般可以忽略。

7.1.4 导热性和导热系数

气体的分子导热机理与分子黏性机理相同，温度较高的气体层分子通过热运动进入温度较低的气体层，将使其平均动能增大、温度升高；而低温气体分子进入高温气体层，则使其温度降低。

流体的温度 T 沿 y 方向分布，在 y 方向上的热量通量 (单位时间通过单位面积的热量) 用 q_y 表示，则有：$q_y=-k\dfrac{\mathrm{d}T(y)}{\mathrm{d}y}$，该式为傅里叶导热定律。式中，$k$ 为导热系数，单位为 W/(m·K)。

不同流体的导热系数值不同，而且受温度影响。气体的导热系数随温度的升高而增大，大部分液体 (水和甘油除外) 的导热系数随温度的升高而降低。除了高压和真空等特殊情况外，压力对导热系数的影响不大。

热扩散系数定义如下：$a=\dfrac{k}{\rho c_p}$(式中，c_p 为定压比热容，即单位质量流体的等压热容，单位为 J/(kg·K)；a 的单位为 m^2/s)。

7.1.5 扩散性与扩散系数

如果流体是混合物，而且其中存在浓度差，就会产生扩散。表示流体这种性质的是扩散系数。

菲克定律描述了二元系中的一个组分由于存在浓度梯度而引起的运动，即：

$$J_A = -D_{AB}\frac{dc_A}{dy}$$

式中 J_A—— 单位时间由 A，B 组分所组成的混合物内 A 组分经单位面积扩散的物质的量；

dc_A/dy—— 扩散方向上的浓度梯度；

D_{AB}—— 扩散系数，其单位与运动黏度 ν、导热系数 α 一致，均为 m^2/s。

扩散系数因物系不同而不同，并且也随温度、压力和组成的变化而变化。低密度气体扩散系数几乎与组成无关，且随着温度的升高而增加，随压强的增加而降低。

7.1.6 表面张力

在界面附近的液体，由于分子间相互作用的各向异性，会产生表面张力，不仅气液界面、互不相溶的两种液体界面上会产生，某些情况下在液固界面上也会产生。

表面张力对流动产生的影响一般很小，同其他作用力相比通常可以忽略。但在研究毛细现象，具有自由面的流动以及两相流动如液滴、气泡的形成以及液体射流等问题时，则必须考虑表面张力的作用。

7.2 基本物理定律

除相对论和核物理现象以外，有三个基本的物理定律适用于任何流体的描述，即质量守恒定律、牛顿第二运动定律、热力学第一定律。

7.2.1 质量守恒定律

质量守恒定律可简述为：流出控制容积的质量速率 − 流进控制容积的质量速率 + 控制容积内的集聚率 =0。

图 7-1 所示为经过流体微元体的质量流。进入微元体的流动在微元体内增加质量取正，流出微元体的流动在微元体内减少质量取负。经过界面净流入流体微元体内的质量流为：

$$\begin{aligned}&\left(\rho u-\frac{\partial(\rho u)}{\partial x}\frac{\delta x}{2}\right)\delta y\delta z-\left(\rho u+\frac{\partial(\rho u)}{\partial x}\frac{\delta x}{2}\right)\delta y\delta z+\\&\left(\rho v-\frac{\partial(\rho v)}{\partial y}\frac{\delta y}{2}\right)\delta x\delta z-\left(\rho v+\frac{\partial(\rho v)}{\partial y}\frac{\delta y}{2}\right)\delta x\delta z+\\&\left(\rho w-\frac{\partial(\rho w)}{\partial z}\frac{\delta z}{2}\right)\delta x\delta y-\left(\rho w+\frac{\partial(\rho w)}{\partial z}\frac{\delta z}{2}\right)\delta x\delta y\end{aligned} \tag{7-1}$$

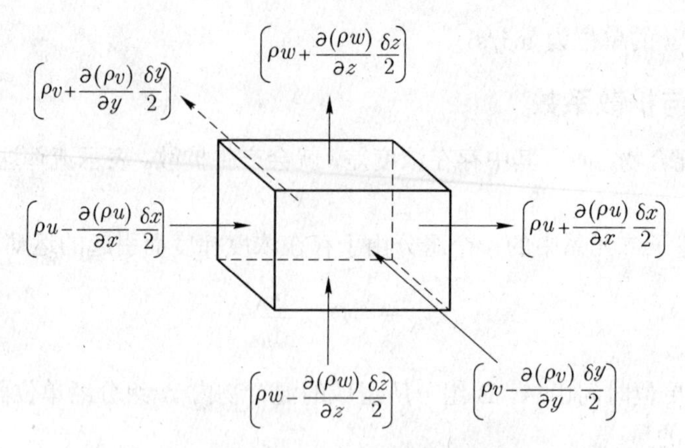

图 7-1 经过流体微元体的质量流

流体微元体内质量的集聚率为：

$$\frac{\partial}{\partial t}\left(\rho\delta x\delta y\delta z\right)=\frac{\partial\rho}{\partial t}\delta x\delta y\delta z \tag{7-2}$$

因此，三维质量守恒方程或连续性方程为：$\dfrac{\partial\rho}{\partial t}+\dfrac{\partial\left(\rho u\right)}{\partial x}+\dfrac{\partial\left(\rho v\right)}{\partial y}+\dfrac{\partial\left(\rho w\right)}{\partial z}=0$。更紧凑的矢量形式为：$\dfrac{\partial\rho}{\partial t}+\nabla\cdot(\rho\boldsymbol{u})=0$(式中，$\boldsymbol{u}=(u,v,w)$；$\nabla\cdot(\rho\boldsymbol{u})$ 表示对括号内的变量进行散度运算)。不可压缩流体的密度是常数，即 $\nabla\cdot\boldsymbol{u}=0$。

7.2.2 牛顿第二定律

牛顿第二运动定律可以表述为：一个体系动量的时间变化率等于作用在该体系上的净力，而且是沿净力的方向变化。换言之，流体微团的动量变化率等于作用于流体微团上的外力之和，即：

$$\frac{\mathrm{d}}{\mathrm{d}t}\iiint_{V(t)}\rho\boldsymbol{u}\mathrm{d}V=\sum\boldsymbol{F}$$

式中 $\rho\boldsymbol{u}\mathrm{d}V$—— 运动着的流体微团的动量；

$\boldsymbol{F}$—— 外力，包括体积力 (如重力、离心力和电磁力等) 和作用在表面的力 (如压力、黏性力)。

上式可写成拉格朗日型积分形式的动量方程：

$$\frac{\mathrm{d}}{\mathrm{d}t}\iiint_{V(t)}\rho\boldsymbol{u}\mathrm{d}V=\iiint_{V(t)}\rho\boldsymbol{f}\mathrm{d}V+\iint_{S(t)}\boldsymbol{p}\mathrm{d}S \tag{7-3}$$

欧拉型积分形式的动量方程可表示为：

$$\frac{\mathrm{d}}{\mathrm{d}t}\iiint_{V(t)}\rho\boldsymbol{u}\mathrm{d}V=\iiint_{V(t)}\rho\boldsymbol{f}\mathrm{d}V+\iint_{S(t)}\left(\boldsymbol{n}\cdot\boldsymbol{\tau}\right)\mathrm{d}S \tag{7-4}$$

式中 $\boldsymbol{\tau}$—— 作用在表面上的应力矢量。

微分形式的欧拉型积分形式的动量方程可表示为：

$$\rho\frac{\mathrm{d}\boldsymbol{u}}{\mathrm{d}t}=\rho\boldsymbol{f}+\nabla\cdot\boldsymbol{\tau}$$

7.2.3 热力学第一定律

热力学第一定律可以表述为：如果一个体系完成了一个循环，那么在整个循环过程中周围环境加给它的总热量，与其对周围环境所做的功成正比。可以理解为，流体微团能量的增加率等于对流体微团的加热率与对流体微团的功率之和。

7.2.3.1 表面力做功的功率

流体微元体表面力对流体微团做功的功率等于力和力方向的速度分量之积，作用在三个方向的表面力的净功率可分别表示为：

$$\left[\frac{\partial\left(u\left(-p+\tau_{xx}\right)\right)}{\partial x}+\frac{\partial\left(u\tau_{yx}\right)}{\partial y}+\frac{\partial\left(u\tau_{zx}\right)}{\partial z}\right]\delta x\delta y\delta z \tag{7-5}$$

$$\left[\frac{\partial\left(v\tau_{xy}\right)}{\partial x}+\frac{\partial\left(v\left(-p+\tau_{yy}\right)\right)}{\partial y}+\frac{\partial\left(v\tau_{zy}\right)}{\partial z}\right]\delta x\delta y\delta z \tag{7-6}$$

$$\left[\frac{\partial\left(w\tau_{xz}\right)}{\partial x}+\frac{\partial\left(w\tau_{yz}\right)}{\partial y}+\frac{\partial\left(w\left(-p+\tau_{zz}\right)\right)}{\partial z}\right]\delta x\delta y\delta z \tag{7-7}$$

这样表面应力对单位体积流体微团的总功率可表示为：

$$-\nabla\cdot(\rho\boldsymbol{u})+\frac{\partial\left(u\tau_{xx}\right)}{\partial x}+\frac{\partial\left(u\tau_{xy}\right)}{\partial y}+\frac{\partial(u\tau_{xz})}{\partial z}+\frac{\partial\left(v\tau_{yx}\right)}{\partial x}+\frac{\partial\left(v\tau_{yy}\right)}{\partial y}+\frac{\partial\left(v\tau_{yz}\right)}{\partial z}+\frac{\partial\left(w\tau_{zx}\right)}{\partial x}+\frac{\partial\left(w\tau_{zy}\right)}{\partial y}+\frac{\partial\left(w\tau_{zz}\right)}{\partial z} \tag{7-8}$$

7.2.3.2 热传导引起的能量通量

三个方向加热流体对流体微团的净加热率分别为： $-\frac{\partial q_x}{\partial x}\delta x\delta y\delta z$， $-\frac{\partial q_y}{\partial y}\delta x\delta y\delta z$， $-\frac{\partial q_z}{\partial z}\delta x\delta y\delta z$。

则单位体积流体微团的总加热率为：

$$-\frac{\partial q_x}{\partial x}-\frac{\partial q_y}{\partial y}-\frac{\partial q_z}{\partial z}=-\nabla\cdot\boldsymbol{q} \tag{7-9}$$

由傅里叶 (Fourier) 定律可得：$q_x=-k\frac{\partial T}{\partial x}$，$q_y=-k\frac{\partial T}{\partial y}$，$q_z=-k\frac{\partial T}{\partial z}$，这样单位体积流体微团的总加热率最终可表示为：$\nabla\cdot\boldsymbol{q}=\nabla\cdot(k\nabla\boldsymbol{T})$。则根据热力学第一定律，能量方程为：

$$\begin{aligned}\rho\frac{\mathrm{d}E}{\mathrm{d}t}=&-\nabla\cdot(\rho\boldsymbol{u})+\frac{\partial\left(u\tau_{xx}\right)}{\partial x}+\frac{\partial\left(u\tau_{xy}\right)}{\partial y}+\frac{\partial\left(v\tau_{yx}\right)}{\partial x}+\frac{\partial\left(v\tau_{yy}\right)}{\partial y}+\frac{\partial\left(v\tau_{yz}\right)}{\partial z}+\\&\frac{\partial\left(w\tau_{zx}\right)}{\partial x}+\frac{\partial\left(w\tau_{zy}\right)}{\partial y}+\frac{\partial\left(w\tau_{zz}\right)}{\partial z}+\nabla\cdot(k\nabla\boldsymbol{T})+S_e\end{aligned} \tag{7-10}$$

式 (7-10) 中，流体的比能 E 定义为单位质量流体的内能和动能之和，内能方程为：

$$\begin{aligned}\rho\frac{\mathrm{d}e}{\mathrm{d}t}=&-p\nabla\cdot\boldsymbol{u}+\nabla\cdot(k\nabla\boldsymbol{T})+\frac{\partial\left(u\tau_{xx}\right)}{\partial x}+\frac{\partial\left(u\tau_{xy}\right)}{\partial y}+\frac{\partial\left(v\tau_{yx}\right)}{\partial x}+\frac{\partial\left(v\tau_{yy}\right)}{\partial y}+\\&\frac{\partial\left(v\tau_{yz}\right)}{\partial z}+\frac{\partial\left(w\tau_{zx}\right)}{\partial x}+\frac{\partial\left(w\tau_{zy}\right)}{\partial y}+\frac{\partial\left(w\tau_{zz}\right)}{\partial z}+S_e\end{aligned} \tag{7-11}$$

式中 S_e—— 内能方程的源项。

对于不可压缩流体，$E = c_V T$，c_V 为比热容，$\nabla \cdot \boldsymbol{u} = 0$。

对于可压缩流体，常用焓来表示，流体的比焓 h 和总比焓 h_0 分别定义为：

$$h = E + \frac{p}{\rho} \tag{7-12}$$

$$h_0 = h + \frac{1}{2}\left(u^2 + v^2 + w^2\right) \tag{7-13}$$

$$h_0 = E + \frac{p}{\rho} \tag{7-14}$$

则总焓方程可表示如下：

$$\frac{\mathrm{d}\left(\rho h_0\right)}{\mathrm{d}t} + \nabla \cdot \left(\rho h_0 \boldsymbol{u}\right) = \frac{\partial p}{\partial t} + \frac{\partial\left(u\tau_{xx}\right)}{\partial x} + \frac{\partial\left(u\tau_{xy}\right)}{\partial y} + \frac{\partial\left(u\tau_{xz}\right)}{\partial z} + \frac{\partial\left(v\tau_{yx}\right)}{\partial x} + \frac{\partial\left(v\tau_{yy}\right)}{\partial y} + \frac{\partial\left(v\tau_{yz}\right)}{\partial z} + \frac{\partial\left(w\tau_{zx}\right)}{\partial x} + \frac{\partial\left(w\tau_{zy}\right)}{\partial y} + \frac{\partial\left(w\tau_{zz}\right)}{\partial z} + \nabla \cdot \left(k \nabla \boldsymbol{T}\right) + S_e \tag{7-15}$$

7.2.4　流体运动的基本方程

7.2.4.1　Navier-Stokes 方程

牛顿流体的运动方程称为 Navier-Stokes 方程，简称 N-S 方程：

$$\rho \frac{\mathrm{d}u_i}{\mathrm{d}t} = \rho f_i - \frac{\partial}{\partial x_j}\left(p + \frac{2}{3}\mu \nabla \cdot \boldsymbol{u}\right) + \frac{\partial}{\partial x_j}\left[\mu\left(\frac{\partial u_i}{\partial x_j} + \frac{\partial u_j}{\partial x_i}\right)\right] \tag{7-16}$$

如果 μ 为常数，则式 (7-16) 写为：

$$\rho \frac{\mathrm{d}u_i}{\mathrm{d}t} = \rho f_i - \frac{\partial p}{\partial x_j} + \mu\left[\frac{\partial^2 u_i}{\partial x_j \partial x_j} + \frac{1}{3}\frac{\partial}{\partial x_i}\left(\nabla \cdot \boldsymbol{u}\right)\right] \tag{7-17}$$

对于不可压缩流动 $\nabla \cdot \boldsymbol{u} = 0$，式 (7-17) 变为：

$$\rho \frac{\mathrm{d}u_i}{\mathrm{d}t} = \rho f_i - \frac{\partial p}{\partial x_j} + \mu \frac{\partial^2 u_i}{\partial x_j \partial x_j} \tag{7-18}$$

矢量形式：

$$\rho \frac{\mathrm{d}\boldsymbol{u}}{\mathrm{d}t} = \rho \boldsymbol{f} - \nabla p + \mu \nabla^2 \boldsymbol{u} \tag{7-19}$$

对于理想流体，$\mu = 0$，N-S 方程变为：$\rho \dfrac{\mathrm{d}\boldsymbol{u}}{\mathrm{d}t} = \rho \boldsymbol{f} - \nabla p$，称为欧拉方程。

7.2.4.2　流函数方程和涡量方程

将不可压缩流体二维流动的流函数定义为：

$$u = \frac{\partial \psi}{\partial y} \tag{7-20}$$

$$v = -\frac{\partial \psi}{\partial x} \tag{7-21}$$

将涡量定义为流体质点旋转角速度的两倍，二维流动的涡量只有一个分量，即：

$$\xi = \frac{\partial v}{\partial x} - \frac{\partial u}{\partial y} \tag{7-22}$$

涡量方程为：

$$\frac{\partial \xi}{\partial t}+u\frac{\partial \xi}{\partial x}+v\frac{\partial \xi}{\partial y}=v\left(\frac{\partial^2 \xi}{\partial x^2}+\frac{\partial^2 \xi}{\partial y^2}\right) \tag{7-23}$$

流函数的泊松方程：

$$\frac{\partial^2 \psi}{\partial x^2}+\frac{\partial^2 \psi}{\partial y^2}=-\xi \tag{7-24}$$

给定初始条件和边界条件后，联立方程式按时间步长推进求解初值问题，可以得到流场的流函数和涡量分布，再由流函数定义得到速度场。

压强泊松方程：

$$\frac{\partial^2 p}{\partial x^2}+\frac{\partial^2 p}{\partial y^2}=-2\left(\frac{\partial u}{\partial y}\frac{\partial v}{\partial x}-\frac{\partial u}{\partial x}\frac{\partial v}{\partial y}\right) \tag{7-25}$$

7.2.5　流体运动控制方程

控制非定常、三维流体流动和可压缩牛顿流体热传导方程的控制方程见表 7-1。

表 7-1　流体流动控制方程

方程名称	方　程
质量	$\frac{\partial \rho}{\partial t}+\nabla\cdot(\rho \boldsymbol{u})=0$　(7-26)
x- 动量	$\frac{\partial(\rho u)}{\partial t}+\nabla\cdot(\rho u\boldsymbol{u})=-\frac{\partial p}{\partial x}+\nabla\cdot(\mu\nabla \boldsymbol{u})+S_{\mathrm{m}x}$　(7-27)
y- 动量	$\frac{\partial(\rho v)}{\partial t}+\nabla\cdot(\rho v\boldsymbol{u})=-\frac{\partial p}{\partial y}+\nabla\cdot(\mu\nabla \boldsymbol{v})+S_{\mathrm{m}y}$　(7-28)
z- 动量	$\frac{\partial(\rho w)}{\partial t}+\nabla\cdot(\rho w\boldsymbol{u})=-\frac{\partial p}{\partial z}+\nabla\cdot(\mu\nabla \boldsymbol{w})+S_{\mathrm{m}z}$　(7-29)
内能	$\frac{\partial(\rho e)}{\partial t}+\nabla\cdot(\rho e\boldsymbol{u})=-p\nabla\cdot\boldsymbol{u}+\nabla\cdot(k\nabla T)+G_\varepsilon+S_e$　(7-30)
状态	$p=p(\rho,T),\quad e=e(\rho,T)$　(7-31)

注：S_{m} 和 G_ε 分别为动量源和耗散函数。其中：$G_\varepsilon=\mu\left\{2\left[\left(\frac{\partial u}{\partial x}\right)^2+\left(\frac{\partial v}{\partial y}\right)^2+\left(\frac{\partial w}{\partial z}\right)^2\right]+\left(\frac{\partial u}{\partial y}+\frac{\partial v}{\partial x}\right)^2+\left(\frac{\partial u}{\partial z}+\frac{\partial w}{\partial x}\right)^2+\left(\frac{\partial v}{\partial z}+\frac{\partial w}{\partial y}\right)^2\right\}+\lambda(\nabla\cdot\boldsymbol{u})$。

7.3　冶金过程传输现象及相关数学模型

7.3.1　湍流流动的数学描述

在通常的操作条件下，反应器内金属熔体的流动可以认为是湍流流动。要对反应器内金属熔体的湍流流动进行计算机模拟，首先要解决的是对其做出数学描述。湍流流动服从数学统计规律，为研究其规律，通常的处理办法是把瞬时的速度用一个不变的时均速度与随时间变化的脉动速度来表示，即：

$$u=\overline{u}+u' \tag{7-32}$$

$$v=\overline{v}+v' \tag{7-33}$$

$$w = \overline{w} + w' \tag{7-34}$$

$$p = \overline{p} + p' \tag{7-35}$$

时均速度和时均压力的定义为：

$$\overline{u} = \frac{1}{t_2 - t_1}\int_{t_1}^{t_2} u\mathrm{d}t$$

$$\overline{p} = \frac{1}{t_2 - t_1}\int_{t_1}^{t_2} p\mathrm{d}t \tag{7-36}$$

当 $t_2 - t_1$ 远大于湍流脉动的时间周期时，时均速度与所取时间间隔无关。

根据流体力学的理论，连续性方程和 Navier-Stokes 方程 (动量守恒方程) 可以描述流体的流动。这两个方程可表示为：

连续性方程：

$$\frac{\partial \rho}{\partial t} + \frac{\partial (\rho u_i)}{\partial x_i} = 0 \tag{7-37}$$

Navier-Stokes 方程 (动量守恒方程)：

$$\frac{\partial (\rho u_i)}{\partial t} + \frac{\partial (\rho u_i u_j)}{\partial x_j} = -\frac{\partial p}{\partial x_i} + \frac{\partial}{\partial x_j}\left[\mu\left(\frac{\partial u_i}{\partial x_j} + \frac{\partial u_j}{\partial x_i}\right)\right] + F_i \tag{7-38}$$

上述方程在推导过程中，并没有对流动类型加以区分。因此，对于湍流流动，Navier-Stokes 方程和连续性方程可以认为仍然适用，只是各变量用瞬时变量代替。从这两个基本方程出发，得到的大量符合实际的数值模拟结果已证实了这一点。

从理论上讲，在处理湍流问题时，依据基本方程，加上合理的边界条件和初值条件，可得到表征系统的速度、压力等变量的瞬时值随空间分布和时间的变化，即获得湍流结构，但由于受到计算机存储量和计算速度的限制，目前要这样做还无法实现。对于像钢水精炼这样的工程问题，迫切需要的是湍流量的平均值。因此，在分析冶金反应器内发生的传输过程时，关注的是它们的平均量。这样，对方程式 (7-37) 和式 (7-38) 中的瞬时变量进行时均处理，即：

$$\frac{\partial \rho}{\partial t} + \frac{\partial [\rho(\overline{u_i} + u_i')]}{\partial x_i} = 0 \tag{7-39}$$

$$\frac{\partial [\rho(\overline{u_i}+u_i')]}{\partial t} + \frac{\partial [\rho(\overline{u_i}+u_i')(\overline{u_j}+u_j')]}{\partial x_j} = -\frac{\partial (\overline{p}+p')}{\partial x_i} + \frac{\partial}{\partial x_j}\left\{\mu\left[\frac{\partial (\overline{u_i}+u_i')}{\partial x_j} + \frac{\partial (\overline{u_j}+u_j')}{\partial x_i}\right]\right\} + F_i \tag{7-40}$$

则不可压缩湍流的平均连续性方程和平均运动方程为：

$$\frac{\partial (\rho \overline{u_i})}{\partial x_i} = 0 \tag{7-41}$$

$$\frac{\partial (\rho \overline{u_i})}{\partial t} + \frac{\partial (\rho \overline{u_i}\overline{u_j})}{\partial x_j} = -\frac{\partial \overline{p}}{\partial x_i} + \frac{\partial}{\partial x_j}\left[\mu\left(\frac{\partial \overline{u_i}}{\partial x_j} + \frac{\partial \overline{u_j}}{\partial x_i}\right) - \rho\overline{u_i' u_j'}\right] + \overline{F_i} \tag{7-42}$$

式中　$-\rho\overline{u_i' u_j'}$—— 脉动引起的动量变化，称为雷诺应力，是一个二阶对称应力张量。

7.3.2 湍流模型

由于雷诺应力的出现，体系中未知数的数目超过独立方程的数目，造成了方程组不封闭。为了使方程封闭以便求解，必须补充所缺少的方程，这正是湍流理论所需解决的问题。获得 $-\rho\overline{u_i'u_j'}$ 的方法，在湍流理论中称为湍流模型。

尽管湍流现象极为复杂，对其的研究尚未获得完全的成功，但在过去几十年的研究中有了很大的发展。湍流模型最早是由波希涅斯克 (Boussenesq) 于 1877 年提出的，他将雷诺应力与时均速度梯度联系起来，用类似牛顿定律的形式表示出来，即局部湍流应力与时均速度梯度成正比：

$$\tau_t \equiv -\rho\overline{u'v'} = \mu_t \frac{\partial \overline{u}}{\partial y} \tag{7-43}$$

$$\tau_{t,i,j} \equiv -\rho\overline{u_i'u_j'} = \mu_t \left(\frac{\partial \overline{u_i}}{\partial x_j} + \frac{\partial \overline{u_j}}{\partial x_i}\right) \tag{7-44}$$

式中 τ_t —— 雷诺应力；

$\overline{u}$ —— 主流方向均流速度；

μ_t —— 湍流黏性系数；

y —— 与主流方向垂直的空间坐标。

将式 (7-44) 代入式 (7-42)，可得：

$$\frac{\partial\left(\rho\overline{u_i}\right)}{\partial t} + \frac{\partial\left(\rho\overline{u_i u_j}\right)}{\partial x_j} = -\frac{\partial \overline{p}}{\partial x_i} + \frac{\partial}{\partial x_j}\left[\mu_{\text{eff}}\left(\frac{\partial \overline{u_i}}{\partial x_j} + \frac{\partial \overline{u_j}}{\partial x_i}\right)\right] + \overline{F_i} \tag{7-45}$$

式中，$\mu_{\text{eff}} = \mu_t + \mu$。

由此可见，式 (7-45) 与黏性流体动量方程 (式 (7-42)) 的区别在于黏性系数上，前者用有效黏度系数 μ_{eff} 代替了后者的分子黏度系数 μ。这样湍流黏度系数模型通过给出雷诺系数与时均速度之间的关系，把均流方程的不封闭性由雷诺应力转移到湍流黏度系数上，把问题归结为 μ_t 的确定上。μ_t 可用湍流模型来计算。所谓湍流模型，就是把 μ_t 与湍流时均参数联系起来的关系式。根据确定 μ_t 微分方程数目的多少，湍流模型又分为零方程模型、单方程模型及双方程模型。

7.3.2.1 零方程模型

所谓零方程模型，是用代数关系式把湍流黏性系数与时均值联系起来的模型。Prandtl 混合长度理论就属于零方程模型，它可以表示为：

$$\mu_t = \rho l_{\text{m}}^2 \left|\frac{\text{d}u}{\text{d}y}\right| \tag{7-46}$$

式中 u —— 主流的时均速度；

y —— 与主流方向相垂直的坐标；

l_{m} —— 混合长度，通过实验确定。

在不同的流动系统中，l_{m} 的表达式有所不同。Van Drist、Escudier、Cebecci 等在混合长度模型方面进行了不少研究工作。总的来看，混合长度理论对于比较简单的流动，如二维边界层流动、平直通道内的流动比较适用，但对于冶金反应器内比较复杂的流动，就没有一个合理的混合长度公式。

7.3.2.2　单方程模型

在混合长度模型中，μ_t 仅与几何位置及时均速度场有关，而与湍流的特性参数无关，针对其局限性，Kolmogorov 和 Prandtl 提出了单方程模型，即：

$$\mu_t = C'_\mu \rho k^{\frac{1}{2}} l \tag{7-47}$$

式中　l —— 湍流长度尺度；

C'_μ —— 经验常数；

k —— 湍流脉动动能平均值，也称为湍动能，其表达式为：

$$k = \frac{1}{2}\left(\overline{u'^2} + \overline{v'^2} + \overline{w'^2}\right) = \frac{1}{2}\overline{u'^2_i} \tag{7-48}$$

从 Navier-Stokes 方程出发，根据 k 的定义，可以建立以 k 为因变量的微分方程，即：

$$\frac{\partial(\rho k)}{\partial t} + \frac{\partial(\rho \overline{u_j} k)}{\partial x_j} = \frac{\partial}{\partial x_j}\left[\left(\mu + \frac{\mu_t}{\sigma_k}\right)\frac{\partial k}{\partial x_i}\right] + \mu_t \frac{\partial \overline{u_j}}{\partial x_i}\left(\frac{\partial \overline{u_j}}{\partial x_i} + \frac{\partial \overline{u_i}}{\partial x_j}\right) + C_D \rho k^{1/2}/l \tag{7-49}$$

式中　σ_k—— 脉动能的 Prandtl 数，其值在 1.0 左右；

C_D—— 系数，在文献中没有一致值，但 $C'_\mu C_D \approx 0.09$。

现在的问题是如何对 l 做出规定，从而使方程组封闭。对 l 的处理有不同的方法，常用的做法是采用类似于混合长度理论中 l_{m} 的计算式。

7.3.2.3　双方程模型

单方程模型考虑了对流和扩散作用对 k 分布的影响，以 k 和 l 表示的湍流黏性系数消除了混合长度模型的弱点。但在复杂的流动中给出 l 的表达式相当困难，用代数式给定 l 的方法无法考虑对流和扩散对 l 的影响，因而产生了双方程模型。双方程模型实际上是把影响湍流黏性系数的两个特征量 k 和 l 分别建立起输运微分方程，而推导时通常一个是 k 方程，另一个不直接采用 l 为变量，而采用 z 为变量 ($z = k^m l^n$)。对 z 的不同选择，产生了不同的双方程模型，如 $k-f(z = k^{\frac{1}{2}} l^{-1})$、$k-\varepsilon(z = k^{\frac{3}{2}} l^{-1})$、$k-\omega(z = kl^{-2})$、$k-kl$、$k-l$ 等。但就目前应用而言，用得比较多的是由 Jones 和 Launder 提出的 k-ε 双方程模型。k 方程与前面单方程中表达基本相同。k-ε 模型的控制方程为：

湍动能 (k) 方程：

$$\frac{\partial(\rho k)}{\partial t} + \frac{\partial(\rho \overline{u_j} k)}{\partial x_j} = \frac{\partial}{\partial x_j}\left[\left(\mu + \frac{\mu_t}{\sigma_k}\right)\frac{\partial k}{\partial x_i}\right] + \mu_t \frac{\partial \overline{u_j}}{\partial x_i}\left(\frac{\partial \overline{u_j}}{\partial x_i} + \frac{\partial \overline{u_i}}{\partial x_j}\right) - \rho\varepsilon \tag{7-50}$$

湍动能耗散率 (ε) 方程：

$$\frac{\partial(\rho \varepsilon)}{\partial t} + \frac{\partial(\rho \overline{u_j} \varepsilon)}{\partial x_j} = \frac{\partial}{\partial x_j}\left[\left(\mu + \frac{\mu_t}{\sigma_\varepsilon}\right)\frac{\partial \varepsilon}{\partial x_i}\right] + C_1 \frac{\varepsilon}{k} \mu_t \frac{\partial \overline{u_j}}{\partial x_i}\left(\frac{\partial \overline{u_j}}{\partial x_i} + \frac{\partial \overline{u_i}}{\partial x_j}\right) - C_2 \rho \frac{\varepsilon^2}{k} \tag{7-51}$$

湍流黏性系数：

$$\mu_t = \rho C_\mu \frac{k^2}{\varepsilon} \tag{7-52}$$

式 (7-50)~式 (7-52) 中，C_1，C_2，σ_k，σ_ε，C_μ 为经验常数，目前普遍采用 Launder 和 Spalding 的推荐值，见表 7-2。

表 7-2 模型中使用的经验常数值

常 数	C_1	C_2	σ_k	σ_ε	C_μ
数 值	1.44	1.92	1.0	1.3	0.09

7.3.3 壁面函数

在与壁面相邻的黏性支层中，湍流的雷诺数 Re 很低，这时必须考虑分子黏性的影响，因此，对所用的湍流模型必须加以修正。对于 k-ε 双方程来讲，此时系数 C_μ 将与湍流的雷诺数 Re 有关。通常的处理办法是使用壁面函数 (wall function)，即在黏性支层内不布置任何节点，把第一个与壁面相邻的节点布置在旺盛湍流区域内，通常采用半经验公式对近壁点流体速度、湍流切应力、湍动能及湍动能耗散率的变化进行描述。

根据流体力学的理论，湍流边界层可分为三层，即层流底层、缓冲层和湍流核心层，如图 7-2 所示。

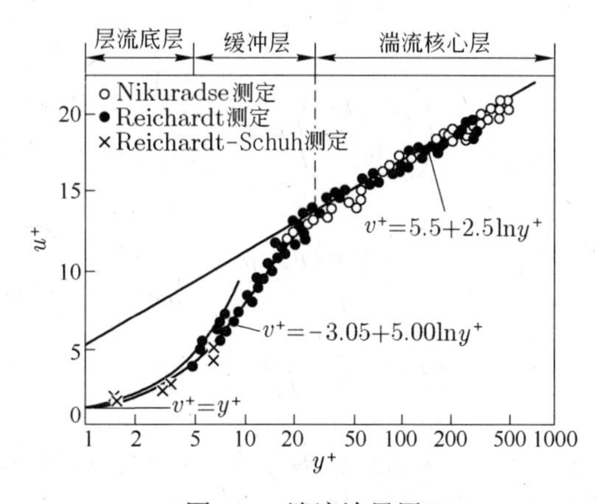

图 7-2 湍流边界层

因此，目前的壁函数也由单层发展到三层。但为了简化计算，目前普遍采用的是由 Launder 和 Spalding 提出的单层壁函数，即考虑层流层和湍流核心层的划分，并假设黏性支层以外的区域，无量纲速度分布服从对数定律 ($y^+ \geqslant 11.63$)，具体对速度、k 和 ε 的修正为：

对于速度方程：

$$\tau_{\text{wall}} = \left(\frac{\rho C_\mu^{\frac{1}{4}} k^{\frac{1}{2}}}{u^+}\right) u \quad (y^+ \geqslant 11.63) \tag{7-53}$$

$$\tau_{\text{wall}} = \left(\frac{\mu}{y_{\text{w}}}\right) u \quad (y^+ < 11.63) \tag{7-54}$$

$$u^+ = \frac{1}{k} \ln\left(E y^+\right) \tag{7-55}$$

$$y^+ = \rho C_\mu^{\frac{1}{4}} k^{\frac{1}{2}} y_{\text{w}} / \mu \tag{7-56}$$

对于 k 方程，湍动能产生项 G_k 修正为：

$$G_k = \frac{C_\mu^{\frac{1}{4}} k^{\frac{1}{2}} u}{u^+} \frac{u}{y_{\text{w}}} \tag{7-57}$$

$$\varepsilon = \frac{C_\mu^{\frac{3}{4}} k^{\frac{1}{2}} u^+}{y_{\mathrm{w}}} k \tag{7-58}$$

对于 ε 方程，ε 方程不再求解，由下式直接求得：

$$\varepsilon = \frac{C_\mu^{\frac{3}{4}} k^{\frac{3}{2}}}{k y_{\mathrm{w}}} \tag{7-59}$$

式中 y_{w} —— 节点离壁面的距离；

E —— 壁面的光滑度，取 9.0；

k —— 冯 · 卡门系数，取 0.4~0.42。

与壁面邻近的节点与壁面间的当量扩散系数 μ_t 则由下面推导获得：

$$\tau_{\mathrm{wall}} = \mu_t \frac{u - u_{\mathrm{w}}}{y_{\mathrm{w}}} \tag{7-60}$$

取 $u_{\mathrm{w}} = 0$，则：

$$\left(\frac{\rho C_\mu^{\frac{1}{4}} k^{\frac{1}{2}}}{u^+}\right) u = \mu_t \frac{u}{y_{\mathrm{w}}} \tag{7-61}$$

即：

$$\mu_t = \frac{\rho C_\mu^{\frac{1}{4}} k^{\frac{1}{2}} y_{\mathrm{w}}}{\mu} \frac{\mu}{u^+} = \frac{y^+}{u^+} \mu \tag{7-62}$$

7.4 应用实例

关于冶金过程中的流体流动，国内外诸多学者采用物理模拟和数值模拟的手段展开研究工作，包括转炉与电炉炼钢过程中的气液两相流流动、精炼过程中搅拌及喷吹操作下的熔体运动以及连铸工艺中中间包及结晶器内的钢液流动状态等，模拟结果对实际生产都能产生很好的指导作用。Chattopadhyay 等人在最近发表的一篇文献中详细回顾了近十年来(1999~2009 年) 全世界不同研究者关于连铸中间包的物理模拟和数值模拟研究结果，本节应用实例一对其描述的数学模型部分进行详细总结，读者进而可以了解以中间包钢液流动为代表的冶金过程流体流动所使用的湍流模型概况。另外，鉴于冶金流体流动的复杂性及各湍流模型的使用局限性，不同流动状态下正确选择或修正湍流模型非常重要，只有模型选择正确或作出合理的修正才能产生与实际情况较为接近的预测或描述。本节另外列举两个实例说明非常规流动状态下，如高马赫数条件下等，湍流模型的选择与修正研究情况。

7.4.1 应用实例一：连铸中间包操作的数值模拟研究

7.4.1.1 数学模型建立过程简介

关于流体流动的数学模型中，Navier–Stokes 方程是最基本的控制方程，但三维 Navier–Stokes 方程的解析解目前还无法求出，所以需要一些数值方法来解决这些方程以获得数值解，如 FLUENT、CFX、FLOW-3D、PHOENICS、FIDAP、COMSOL 等软件包，而且 CFD 的使用已经越来越普遍，使用的湍流模型包括 k-ε 模型、RNG k-ε 模型、可实现 k-ε 模型等。回顾以往发表过的文章，在中间包研究中使用的数学模型建模的基本框架可以划分为三部分：(1) 确定问题，根据不同操作和边界条件，使用相应的方程来表达过程中一些物理变量。(2) 采用不同的方法对这些偏微分方程的代数形式进行域的网格生成和离散。(3) 采用数值技术解决这些离散方程。速度与任意流场的主要物理变量均有联系，速度的测定是解决流动问题的首要步骤。由于这个原因，速度为所有数值模型研究中的首选物理变量。现实中，中间包内的钢液流动是三维湍流流动，而且最近的研究中，几乎所有的数学建模研究都假设流动为三维湍流流动。中间包的数值模拟研究通常以流体连续性方程、动量守恒方程及湍流的处理和边界条件为出发点。除了以上方程外，不同的研究人员采用不同的方程来研究不同的参数。其中有些研究人员用能量方程来预测不等温条件下的温度分布[1~3]。还有一些研究人员用微分方程来描绘夹杂物的运动轨迹和夹杂物数量分布[4,5]。建模也用来预测一些参数，如停留时间分布 (RTD)[3]、顶部渣相的分布[4] 等。通过直接数值模拟 (DNS) 来解决这些方程是不可能的，因为这需要极高的计算内存和时间。因此对于大多数的 CFD 问题，不用解决原始状态下的 Navier–Stokes 方程，湍流模拟对捕获湍流流动起着关键性作用，这不需要解决实际中小的长度和时间规模的湍流运动。最常用的方法是首先采用平均连续性方程和 Navier–Stokes 方程，然后设计解决方案，来求解平均速度和压力。这种方法首先由雷诺兹 (Reynolds) 引入，称为 reynolds averaged navier–stokes(RANS) 方程。其中，方程的平均尺度比湍流运动的长，比不稳定平均流动的短。这种方法中瞬时速度分为平均部分和波动部分，并将其引入在连续性方程和 Navier–Stokes 方程中，即：

$$\frac{\partial \overline{u}_i}{\partial x_i}=0 \tag{7-63}$$

$$\frac{\partial \overline{u}_i}{\partial t}+u_j\frac{\partial \overline{u}_i}{\partial x_j}=-\frac{1}{\rho}\frac{\partial \overline{p}}{\partial x_i}+\nu\nabla^2\overline{u}_i-\frac{\partial(\overline{u_i'u_j'})}{\partial x_j} \tag{7-64}$$

在式 (7-64) 中 $\overline{u_i'u_j'}$ 称为雷诺应力张量，用 R_{ij} 表示。然而式 (7-63) 和式 (7-64) 没有形成方程的封闭系统。只有当雷诺应力张量的六个未知部分在速度场中以相同的形式表达，才能计算平均压力和速度。最常用的湍流建模包括很多方法，即将 RANS 方程发展为一个或多个封闭的方程。这些方法通常只是为了追求精确度。

7.4.1.2 湍流模型

不同的方法中，涡黏性概念在实际工程应用中最广泛。类比层流黏性应力，Boussinesq 指出湍流应力与速度的平均梯度成正比。在这一概念中，雷诺应力张量 R_{ij} 表示见式 (7-65)：

$$R_{ij}=-\nu_t\left(\frac{\partial \overline{u}_i}{\partial x_j}+\frac{\partial \overline{u}_j}{\partial x_i}\right)+\frac{2}{3}\kappa\delta_{ij} \tag{7-65}$$

涡黏度 ν_t 为单位长度乘以速度，表示如下：

$$\nu_t \propto v_0 l_0 \quad 或 \quad \nu_t \propto l_0^2/\tau_0 \tag{7-66}$$

通过估计 ν_t 的方法来区分涡黏性概念的适用模型。因此涡黏性模型中的 RANS 方程变为：

$$\frac{\partial \overline{u}_i}{\partial t}+\overline{u}_j\frac{\partial \overline{u}_i}{\partial x_i}=-\frac{\partial}{\partial x_i}\left(\frac{\overline{p}}{\rho}+\frac{2}{3}\kappa\delta_{ij}\right)+\nu\nabla^2\overline{u}_i+\frac{\partial}{\partial x_j}\left[\nu_i\left(\frac{\partial \overline{u}_i}{\partial x_j}+\frac{\partial \overline{u}_j}{\partial x_i}\right)\right] \tag{7-67}$$

文献中使用的湍流模型只有很少部分用于中间包模拟。普朗特混合长度模型就是早期研究中间包模拟的模型之一。在这一模型中，普朗特定义混合长度 l_{m} 为平均速度变化到与横向的波动速度相等之前，流体在横向方向上的移动距离。他还推测湍流长度 l_0 等于混合长度 l_{m}，速度尺度 v_0 等于平均速度梯度与混合长度的积。因此，式 (7-66) 变为：

$$\nu_t = l_{\mathrm{m}}^2 \left| \frac{\mathrm{d}\overline{u}}{\mathrm{d}y} \right| \tag{7-68}$$

混合长度一定时这一模型为封闭的。在早期的建模尝试中，Debroy 和 Sychterz 已经应用湍流模型研究过中间包的湍流模式，并指定混合长度 $l_{\mathrm{m}} = 0.4d$，其中 d 为到壁面的最近距离。但后来的研究表明，普朗特假定的混合长度 l_{m} 在湍流边界层内发生了变化。因此，流场中采用单一的 l_{m} 值是值得商榷的，这也是湍流模型的弱点之一。之后这种模型很少用于中间包建模，但在更为复杂的湍流模型中却频繁使用。

目前，最常用的涡黏性模型是双方程模型。这些模型中，求解两个独立的传输方程来确定式 (7-66) 中关于涡黏度 v_t 的长度和速度尺度，存在很多类型的双方程模型，其中，$k-\varepsilon$ 模型最常用。

回顾关于中间包的数值建模研究，大部分研究人员使用 Launder 和 Spalding[6] 的标准 $k-\varepsilon$ 模型来计算涡黏性。在这一模型中，长度和时间尺度通过湍动能 k 和湍流耗散率 ε 建立：

$$l_0 \propto \frac{k\sqrt{k}}{\varepsilon}, \quad \tau_0 \propto \frac{k}{\varepsilon} \tag{7-69}$$

由式 (7-66) 和 (7-69) 得：

$$\nu_t = C_\mu \frac{k^2}{\varepsilon} \tag{7-70}$$

其中，C_μ 是经验常数。

湍动能 k 和耗散率 ε 分别通过求解式 (7-71) 和式 (7-72) 获得：

$$\frac{\partial k}{\partial t} + \overline{u}_j \frac{\partial k}{\partial x_j} = \nu_t \frac{\partial \overline{u}_j}{\partial x_j}\left(\frac{\partial \overline{u}_j}{\partial x_j} + \frac{\partial \overline{u}_j}{\partial x_i}\right) - \varepsilon + \frac{\partial}{\partial x_i}\left[\left(\nu + \frac{\nu_t}{\sigma_k}\right)\frac{\partial k}{\partial x_i}\right] \tag{7-71}$$

$$\frac{\partial \varepsilon}{\partial t} + \overline{u}_j \frac{\partial \varepsilon}{\partial x_j} = C_{\varepsilon_1}\frac{\varepsilon}{k}\nu_t \frac{\partial \overline{u}_i}{\partial x_j}\left(\frac{\partial \overline{u}_i}{\partial x_j} + \frac{\partial \overline{u}_j}{\partial x_i}\right) - C_{\varepsilon_2}\frac{\varepsilon^2}{k} + \frac{\partial}{\partial x_i}\left[\left(\nu + \frac{\nu_t}{\sigma_\varepsilon}\right)\frac{\partial \varepsilon}{\partial x_i}\right] \tag{7-72}$$

有的研究人员使用一种由瞬时 Navier–Stokes 方程派生而得的 $k-\varepsilon$ 模型，这一模型采用重整化群 (RNG) 的数值方法。采取不同常数，RNG $k-\varepsilon$ 模型将得到不同的值。式 (7-73) 和式 (7-74) 分别为模型中的 k 方程和 ε 方程。

$$\frac{\partial k}{\partial t} + \overline{u}_i \frac{\partial k}{\partial x_i} = \nu_t S^2 - \varepsilon + \frac{\partial}{\partial x_i}\left(\alpha \nu_t \frac{\partial k}{\partial x_i}\right) \tag{7-73}$$

$$\frac{\partial \varepsilon}{\partial t} + \overline{u}_i \frac{\partial \varepsilon}{\partial x_i} = C_{\varepsilon_1}\frac{\varepsilon}{k}\nu_t S^2 - C_{\varepsilon_2}\frac{\varepsilon^2}{k} - R + \frac{\partial}{\partial x_i}\left(\alpha \nu_t \frac{\partial \varepsilon}{\partial x_i}\right) \tag{7-74}$$

其中，S 为应变张量平均值的模，其定义为 $S^2 = 2S_{ij}S_{ij}$。与标准 $k-\varepsilon$ 模型的 ε 方程相比，在这一模型中出现了一个额外的量 R，表示如下：

$$R = \frac{C_\mu \eta^3 (1 - \eta/\eta_0)}{1 + \beta\eta^3}\frac{\varepsilon^2}{k}$$

对于湍流黏度的计算，本模型中使用了关系式：$\nu_t = 0.084k^2/\varepsilon$。常数 0.084 可以看做是 C_μ，和标准 $k-\varepsilon$ 模型中的值不同。以前的文章中已经报道过标准 $k-\varepsilon$ 模型和 RNG $k-\varepsilon$ 模型不同常数的值。

为了评估不同湍流模型对于不同参数的影响，已经进行了很多数值研究。Schwarze 等人[7,8] 使用不同的湍流模型来预测流场和分散相行为。虽然他们用标准 $k-\varepsilon$ 模型和 RNG $k-\varepsilon$ 模型预测的速度场没有什么大区别，但平均湍流量的差别十分明显。他们得出结论，与现有实验结果相比较，RNG 模型模拟高曲率流动情况的湍流比其他模型更好。虽然文献表明大部分的研究是通过标准 $k-\varepsilon$ 湍流模型完成的，但是他们[9] 认为这一模型高估了 k 值，因为它没有考虑到流场应变率对湍流的影响。

Hou 和 Zou[9] 得出过相同类型的结论。他们对比了标准 $k-\varepsilon$ 模型和 RNG $k-\varepsilon$ 模型对中间包涡流的建模。发现使用 RNG $k-\varepsilon$ 模型更容易得到收敛型结果，这种模型更适用于涡流。迄今为止 Jha 等人[10] 关于中间包性能的计算研究最为精细。他们研究了不同湍流模型对于停留时间分布的影响。这是唯一一次将 LES(大型涡流模拟) 用于中间包模拟的研究。像 $k-\varepsilon$、RNG $k-\varepsilon$、Chen-Kim $k-\varepsilon$、LES 等这些模型能够很好地预测整体流动性，然而 Lam–Bremhorst 的低雷诺数 $k-\varepsilon$ 模型可以更好的预测初值的变化。

最近一些研究人员[11~13] 使用 Shih 等人[14] 的可实现 $k-\varepsilon$ 模型。这基本上是一个新的涡黏性模型，其中包括新的模型耗散率方程和一个新的涡黏性设定。ε 模型方程和涡黏性设定分别由式 (7-75) 和式 (7-76) 给出：

$$\frac{\partial\varepsilon}{\partial t}+\overline{u}_j\frac{\partial\varepsilon}{\partial x_j}=C_{\varepsilon_1}\frac{\varepsilon}{k}C_{3\varepsilon}\beta g_i\frac{\nu}{Pr}\frac{\partial T}{\partial x_j}+C_1S\varepsilon-C_2\frac{\varepsilon^2}{k+\sqrt{\nu\varepsilon}}+\frac{\partial}{\partial x_j}\left[\left(\nu+\frac{\nu_t}{\sigma_\varepsilon}\right)\frac{\partial\varepsilon}{\partial x_j}\right] \tag{7-75}$$

$$\nu_t = C_\mu\frac{k^2}{\varepsilon} \tag{7-76}$$

与标准 $k-\varepsilon$ 和 RNG $k-\varepsilon$ 模型不同，C_μ 不是一个常数，定义见式 (7-77)：

$$C_\mu=\frac{1}{A_0+A_{\rm s}\dfrac{kU^*}{\varepsilon}} \tag{7-77}$$

其中，A_0 和 $A_{\rm s}$ 分别为模型常数，U^* 值由平均转动率和平均应变张量率计算。

标准 $k-\varepsilon$ 湍流模型使用最为广泛。如前所述，一般情况下，标准 $k-\varepsilon$ 模型总是高估强湍流和基础层流同时存在的混合情况，如中间包内情况。为了充分预测这种情况，模型必须能够代表特定位置湍流的存在概率。认识到这一点，Ilegbusi[15] 用一个双流体湍流模型来预测中间包内的流动行为。这一模型认为系统是由两个互穿的流体组成的 (湍流和非湍流)，并在界面上发生质量、动量和能量交换。任意位置处，传输方程可以通过各流体特性加以解决，包括速度分量、温度和体积分数。湍流流体的体积分数为间歇性或流体动荡的衡量提供了一种方法。因此，这一模型适于代表整个中间包域，间歇性因素在动荡入口区域很高而在静态区域很低。

在壁面边界的湍流中，固体壁面的存在对流动特性有着很大的影响，如中间包内。因此，试图模拟中间包流动的研究都不得不使用特殊的方法来解决边界问题，如采用壁面函数的方法或低雷诺数模型的方法。然而当存在强烈的再连接和分离流动时，壁面函数的方法则不适用。

只有少数的研究人员[16,17] 使用了低雷诺数的方法。在这种方法中，所有到壁面的路径均需要计算，因此在近壁处需要一个非常细化的网格。一些研究人员[17] 使用 Launder 和 Jones 的低雷诺数模型研究过六流中间包内的停留时间分布，且与实验结果很相近。而低雷诺数模型，如 Lam 和 Bremhorst 的模型[16,17] 以及 Chen–Kim 低雷诺数模型 (带或不带 Yap 修正)[10] 仅用于结果比较。

除了上述模型外，还使用了一些其他模型，如长度速度代数模型 (LVEL)[4,5]、$k-\omega$ 湍流模型[18]、Chen–Kim (CK)[19] 和最近的雷诺应力模型 (RSM)[20,21~23]。

RANS 模型的能力是受限制的。这些模型在一定条件下非常准确，但是不适用于瞬变流体的研究，因为对过程的平均忽略了大量与时间有关的重要特征。此外，直接解决 Navier–Stokes 方程的直接数值模拟 (DNS) 对于 99.9%的 CFD 问题是不适用的，因为这需要极大的计算量和时间。这使得一种称为大涡流模拟 (LES) 的新模拟技术变得十分常用。使用 LES 计算大规模涡流对动量和能量传输作用的精确度，与用 DNS 方法模拟小涡流时一样，大小涡流间的差距由滤波操作得出，在以往的研究中，只有 Jha 等人[16] 在中间包建模过程中使用了 LES 技术。

7.4.2 应用实例二：超声速射流流场中湍流模型的研究

7.4.2.1 研究背景

超声速射流在现代工业的发展中扮演着重要的角色，成为某些行业不可或缺的部分。例如，在航空航天领域，超声速射流喷管是飞机等飞行器发动机的重要组成部分，为飞行器提供动力的关键装置；在冶金领域，通过超声速射流氧枪为金属熔池供氧，并与熔池中的钢液和熔渣相互作用，进行流动、传热、传质和化学反应，完成钢种的冶炼和生产。随着超声速射流技术的不断发展，其应用范围也越来越广，不仅仅局限于传统的航空航天领域和冶金领域，逐步扩展到其他领域，如在材料检测领域，超声速射流可以创造出某些极端特殊环境，为特殊环境下材料和构件的检测提供一种重要的手段；在材料表面防护领域，超声速射流成为材料表面冷喷涂的新方法，以经济和高效的方式防护和强化零件表面的物理化学性能。

许多研究学者已经开展了超声速射流流场特性的研究工作，为了节省研究成本和加快研究速度，多数学者采用数值模拟的方法来对超声速射流进行研究：王英[24] 和杨春[25] 采用标准 $k-\varepsilon$ 模型对聚合射流氧枪射流进行数值模拟研究，Craig A.Hunter 等人[26] 和 A.Balabel 等人[27] 对超声速喷管射流进行了数值模拟研究，其湍流模型采用了 SST $k-\omega$ 模型。湍流模型的选择对超声速射流流场模拟起着决定性作用。因此，有必要从根本上对超声速射流流场模拟所选用的湍流模型进行理论分析，从中选出最佳模型进行数值模拟计算，以保证数值模拟结果的准确性。

7.4.2.2 研究过程

A 理论模型

流体在拉乌尔管中的流动认为是可压缩实际流体的定常流动。可压缩流动问题的实质也就是变密度问题，一般选择求解 Favre 质量平均 Navier-Stokes 方程组 (密度加权后的 N-S 方程) 来解决此问题。Favre 控制方程组如下所示：

$$\frac{\partial \overline{\rho}}{\partial t}+\frac{\partial}{\partial x_j}\left(\overline{\rho u_j}\right)=0 \tag{7-78}$$

$$\frac{\partial}{\partial t}\left(\overline{\rho u_i}\right)+\frac{\partial}{\partial x_j}\left(\overline{\rho u_i u_j}\right)=-\frac{\partial \overline{p}}{\partial x_j}+\frac{\partial \tau_{ij}}{\partial x_j}+\frac{\partial}{\partial x_j}\left(-\rho\overline{u_i'' u_j''}\right) \tag{7-79}$$

$$\frac{\partial}{\partial t}\left(\overline{\rho}E\right)+\frac{\partial}{\partial x_i}\left[u_i\left(\rho E+p\right)\right]=\frac{\partial}{\partial x_j}\left(k_{\text{eff}}\frac{\partial T}{\partial x_j}+u_i\left(\tau_{ij}\right)_{\text{eff}}\right)+S_h \tag{7-80}$$

$$\overline{\rho}=\frac{\overline{p}}{rT} \tag{7-81}$$

$$\tau_{ij}=\left[\mu\left(\frac{\partial \overline{u_i}}{\partial x_j}+\frac{\partial \overline{u_j}}{\partial x_i}-\frac{2}{3}\delta_{ij}\frac{\partial \overline{u_l}}{\partial x_l}\right)\right] \tag{7-82}$$

式中 $\overline{\rho}$ —— Favre 质量平均密度；
$\overline{p}$ —— Favre 质量平均压力；
$\overline{u}$ —— 雷诺时间平均速度。

为使上述方程封闭，$-\rho\overline{u_i' u_j'}$ 必须被模拟出来，一般采用 Boussinesq 假设把雷诺应力和平均速度梯度联系起来：

$$-\rho\overline{u_i' u_j'}=\mu_t\left(\frac{\partial u_i}{\partial x_j}+\frac{\partial u_j}{\partial x_i}\right)-\frac{2}{3}\left(\rho k+\mu_t\frac{\partial u_k}{\partial x_k}\right)\delta_{ij} \tag{7-83}$$

这种假设的好处就是只需要较低的计算成本就可以对湍流黏度进行计算。在此假设的基础上，产生了基于湍流动能 (k) 和湍流耗散率 (ε) 上的 $k-\varepsilon$ 模型，包括标准 $k-\varepsilon$ 模型、RNG $k-\varepsilon$ 模型和可实现 $k-\varepsilon$ 模型；之后 $k-\varepsilon$ 模型又进一步发展为基于湍流动能 (k) 和比耗散率 (ω) 的 $k-\omega$ 模型，包括标准 $k-\omega$ 模型和 SST $k-\omega$ 模型。

a 标准 $k-\varepsilon$ 模型

标准 $k-\varepsilon$ 模型最早由 Launder 和 Spalding 提出的[28]，它是建立在湍流动能 (k) 和湍流耗散率 (ε) 方程上的一个半经验模型。由于该模型在较广的湍流流动范围内均表现出较好的稳定性、经济性和合理性，因此自提出以来就成为实际工程计算中应用最广的湍流模型。该模型是假设整个流场全部为湍流，并且忽略了分子黏性的影响，其输运方程包括 k 方程和 ε 方程，其中 k 方程是精确方程，ε 方程是通过部分数学近似得到的方程，具体如下所示：

$$\frac{\partial}{\partial t}(\rho k)+\frac{\partial}{\partial x_i}(\rho k u_i)=\frac{\partial}{\partial x_j}\left[\left(\mu+\frac{\mu_t}{\sigma_k}\right)\frac{\partial k}{\partial x_j}\right]+G_k+G_b-\rho\varepsilon-Y_M+S_k \tag{7-84}$$

$$\frac{\partial}{\partial t}(\rho\varepsilon)+\frac{\partial}{\partial x_i}(\rho\varepsilon u_i)=\frac{\partial}{\partial x_j}\left[\left(\mu+\frac{\mu_t}{\sigma_\varepsilon}\right)\frac{\partial \varepsilon}{\partial x_j}\right]+C_{1\varepsilon}\frac{\varepsilon}{k}\left(G_k+C_{3\varepsilon}G_b\right)-C_{2\varepsilon}\rho\frac{\varepsilon^2}{k}+S_\varepsilon \tag{7-85}$$

式中 μ_t —— 湍流黏度；
u_i —— 速度在 i 方向上分量；
G_k —— 由平均速度梯度而产生的湍流动能；
G_b —— 由浮力而产生的湍流动能；
Y_M —— 由可压缩湍流过渡到全部扩散速率而引起的波动扩张；
σ_k —— k 的湍流普朗特数；
σ_ε —— ε 的湍流普朗特数；
$C_{1\varepsilon}$，$C_{2\varepsilon}$，$C_{3\varepsilon}$ —— 常数；
S_k，S_ε —— 自定义源相。

b　RNG $k-\varepsilon$ 模型

为了满足不同湍流情况下的计算，在标准 $k-\varepsilon$ 模型基础上，通过严格的统计技术产生了 RNG $k-\varepsilon$ 模型[29]，其与标准 $k-\varepsilon$ 模型区别在于：在 ε 方程中增加了 R_ε 项，提高了对快速变形流动计算的准确性；考虑了湍流漩涡的影响；采用解析式对湍流普朗特数的计算，标准 $k-\varepsilon$ 模型湍流普朗特数为一常数；采用解析式计算低雷诺数情况下有效的湍流黏度，标准 $k-\varepsilon$ 模型是适用于高雷诺数的计算。因此，RNG $k-\varepsilon$ 模型比标准 $k-\varepsilon$ 模型具有更广的适用范围，其输运方程为如下：

$$\frac{\partial}{\partial t}(\rho k)+\frac{\partial}{\partial x_i}(\rho k u_i)=\frac{\partial}{\partial x_j}\left(\alpha_k \mu_{\mathrm{eff}}\frac{\partial k}{\partial x_j}\right)+G_k+G_b-\rho\varepsilon-Y_M+S_k \tag{7-86}$$

$$\frac{\partial}{\partial t}(\rho\varepsilon)+\frac{\partial}{\partial x_i}(\rho\varepsilon u_i)=\frac{\partial}{\partial x_j}\left(\alpha_\varepsilon \mu_{\mathrm{eff}}\frac{\partial \varepsilon}{\partial x_j}\right)+C_{1\varepsilon}\frac{\varepsilon}{k}(G_k+C_{3\varepsilon}G_b)-C_{2\varepsilon}\rho\frac{\varepsilon^2}{k}-R_\varepsilon+S_\varepsilon \tag{7-87}$$

式中　μ_t —— 湍流黏度；
u_i —— 速度在 i 方向上分量；
G_k —— 由平均速度梯度而产生的湍流动能；
G_b —— 由浮力而产生的湍流动能；
Y_M —— 由可压缩湍流过渡到全部扩散速率而引起的波动扩张；
α_k —— k 的逆有效普朗特数；
α_ε —— ε 的逆有效普朗特数；
$C_{1\varepsilon}$，$C_{2\varepsilon}$ —— 常数；
R_ε —— 快速变形流修正项；
S_κ，S_ε —— 自定义源相。

c　可实现 $k-\varepsilon$ 模型

可实现 $k-\varepsilon$ 模型最早是由 Shih 等人[30] 提出的，也是由标准 $k-\varepsilon$ 模型经过优化出来的模型，其与标准 $k-\varepsilon$ 模型不同之处在于采用了不同的湍流黏度计算公式，ε 方程采用新的输运方程形式，是均方差漩涡波动的准确的输运方程。该模型对平板和圆柱射流扩张率，以及强逆压梯度、分离流条件下的边界层模拟具有很好的表现。其输运方程为：

$$\frac{\partial}{\partial t}(\rho k)+\frac{\partial}{\partial x_i}(\rho k u_i)=\frac{\partial}{\partial x_i}\left[\left(\mu+\frac{\mu_t}{\sigma_k}\right)\frac{\partial k}{\partial x_i}\right]+G_k+G_b-\rho\varepsilon-Y_M+S_k \tag{7-88}$$

$$\frac{\partial}{\partial t}(\rho\varepsilon)+\frac{\partial}{\partial x_i}(\rho\varepsilon u_i)=\frac{\partial}{\partial x_i}\left[\left(\mu+\frac{\mu_t}{\sigma_\varepsilon}\right)\frac{\partial \varepsilon}{\partial x_i}\right]+\rho C_1 S_\varepsilon-\rho C_2\frac{\varepsilon^2}{k+\sqrt{\nu\varepsilon}}+C_{1\varepsilon}\frac{\varepsilon}{k}C_{3\varepsilon}G_b+S_\varepsilon \tag{7-89}$$

式中　μ_t —— 湍流黏度；
u_i —— 速度在 i 方向上分量；
G_k —— 由平均速度梯度而产生的湍流动能；
G_b —— 由浮力而产生的湍流动能；
Y_M —— 由可压缩湍流过渡到全部扩散速率而引起的波动扩张；
σ_k —— k 的湍流普朗特数；
σ_ε —— ε 的湍流普朗特数；
$C_{1\varepsilon}$，C_1，C_2 —— 常数；

S_k，S_ε—— 自定义源相。

d 标准 $k-\omega$ 模型

标准 $k-\omega$ 模型是由 Wilcox $k-\omega$ 模型[31] 发展而来的，是建立在湍流动能 (k) 和比耗散率 (ω) 方程上的一个经验模型。比耗散率 (ω) 可以理解为湍流耗散率 (ε) 和湍流动能 (k) 的比值。该模型考虑了低雷诺数的影响、可压缩性以及剪切流扩张，对预测自由剪切流模型具有较高的准确度。其输运方程为：

$$\frac{\partial}{\partial t}(\rho k)+\frac{\partial}{\partial x_i}(\rho k u_i)=\frac{\partial}{\partial x_j}\left[\Gamma_k\frac{\partial k}{\partial x_j}\right]+G_k-Y_k+S_k \tag{7-90}$$

$$\frac{\partial}{\partial t}(\rho \omega)+\frac{\partial}{\partial x_i}(\rho \omega u_i)=\frac{\partial}{\partial x_j}\left[\Gamma_\omega\frac{\partial \omega}{\partial x_j}\right]+G_\omega-Y_\omega+S_\omega \tag{7-91}$$

式中 u_i —— 速度在 i 方向上分量；

G_k —— 由平均速度梯度而产生的湍流动能；

G_ω —— 由 ω 产生的湍流动能；

Γ_k —— k 的有效扩散率；

Γ_ω —— ω 的有效扩散率；

Y_k —— 由于湍流而引起的 k 的耗散；

Y_ω —— 由于湍流而引起的 ω 的耗散；

S_k，S_ε —— 自定义源相。

e SST $k-\omega$ 模型

SST $k-\omega$ 模型最早是由 Menter[32] 提出的，其也是由 $k-\varepsilon$ 模型演变而来，该模型在边界层内部引入了一个混合函数，并在 ω 方程中引入了一个阻尼交叉扩散项，使其在近壁面使用 $k-\omega$ 模型，在远场使用 $k-\varepsilon$ 模型；湍流黏度也被修改用于解释湍流剪切力。因此，该模型具有广泛的应用环境，其输运方程为：

$$\frac{\partial}{\partial t}(\rho k)+\frac{\partial}{\partial x_i}(\rho k u_i)=\frac{\partial}{\partial x_j}\left[\Gamma_k\frac{\partial k}{\partial x_j}\right]+\overline{G}_k-Y_k+S_k \tag{7-92}$$

$$\frac{\partial}{\partial t}(\rho \omega)+\frac{\partial}{\partial x_i}(\rho \omega u_i)=\frac{\partial}{\partial x_j}\left[\Gamma_\omega\frac{\partial \omega}{\partial x_j}\right]+G_\omega-Y_\omega+D_\omega+S_\omega \tag{7-93}$$

式中 $\overline{G}_k$ —— 由平均速度梯度而产生的湍流动能；

G_ω —— 由 ω 产生的湍流动能；

Γ_k —— k 的有效扩散率；

Γ_ω —— ω 的有效扩散率；

Y_k —— 由于湍流而引起的 k 的耗散；

Y_ω —— 表示由于湍流而引起的 ω 的耗散；

D_ω —— 阻尼交叉扩散项；

S_k，S_ε —— 自定义源相。

B　数值模拟

a　数学模拟

本案例模型采用 1:1 比例对超声速射流环境进行数值模拟，模型的计算空间域包括气体进入拉瓦尔喷管到射流后的无限大空间，考虑到计算成本和边界条件的合理性，取射流空间为 350mm×1500mm。整个流体计算域采用二维轴旋转几何模型，网格为四边形网格，喷嘴内部及出口处网格较密。整个模型尺寸及边界条件如图 7-3 所示，图 7-4 和图 7-5 所示分别为计算区域和喷管内部的网格划分。

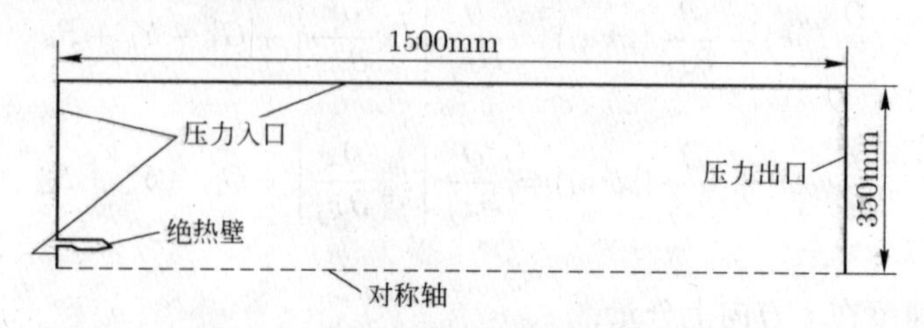

图 7-3　拉瓦尔喷管模型尺寸及边界条件

图 7-4　计算区域的网格划分

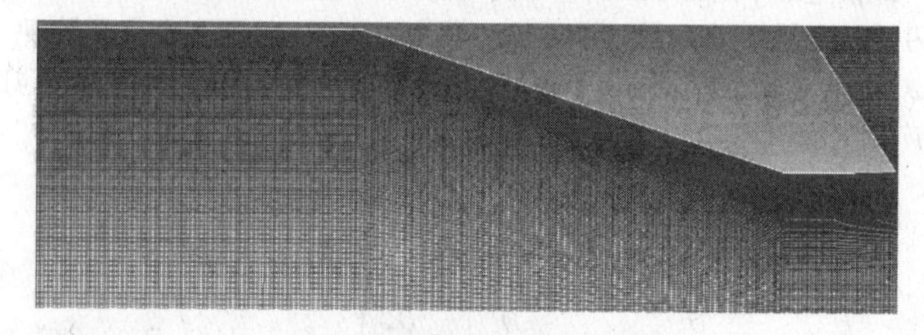

图 7-5　喷管内部的网格划分

本案例基于压力基求解器，分别采用上述 5 种湍流模型进行计算，能量方程中考虑了黏性耗散热，在建立数学模型时采取以下几点假设：

(1) 拉瓦尔喷管内部所有连接处都是光滑的，忽略管内摩擦[33]；

(2) 拉瓦尔管内靠近壁面的流体是黏性的，拉瓦尔管外的整个流场中的气体均为理想气体；

(3) 采用总能量模型，喷管壁面是绝热面；

(4) 喷管壁面采用无滑移边界条件 (壁面剪应力 $\tau = 0$)。

b　模拟方案

本研究所采用喷管设计马赫数 Ma 为 1.2、1.5、1.8、2.1 和 2.4，喷管流量均为 $2000\mathrm{m}^3/\mathrm{h}$(标

态)，拉瓦尔管具体尺寸见表 7-3[34]。

表 7-3 拉瓦尔管尺寸

马赫数 Ma	入口直径/mm	收缩段长度/mm	喉口直径/mm	喉口段长度/mm	出口直径/mm	扩张段长度/mm
1.2	84.5	65.0	42.3	8	42.9	9.1
1.5	68.7	52.9	34.3	8	37.3	41.6
1.8	54.9	42.2	27.5	8	32.9	78.5
2.1	43.5	33.5	21.8	8	29.5	110.7
2.4	34.4	26.5	17.2	8	26.7	135.6

边界条件直接影响计算结果的正确性，考虑到压缩流体的总能量方程在压力入口边界下容易收敛，根据可压缩流体的特性给出如表 7-4 所示的边界条件。

表 7-4 计算域边界条件

马赫数 Ma	边界入口压力/Pa	边界入口温度/K	边界出口压力/Pa	边界出口温度/K	喷管入口压力/Pa	喷管入口温度/K
1.2	101325	300	101325	300	245708	300
1.5	101325	300	101325	300	371971	300
1.8	101325	300	101325	300	582194	300
2.1	101325	300	101325	300	926612	300
2.4	101325	300	101325	300	1481360	300

C 结果

a 超声速区域长度对比

射流超声速区域沿射流轴线方向的长度称为超声速区域长度。射流的超声速区域长度越大，表示射流的冲击能力越强。超声速区域长度的大小标志着射流衰减的快慢程度。采用不同的湍流模型计算得到射流超声速区域长度是不同的。图 7-6 所示为 Ma=2.1 时，采用不同湍流模型计算得到的超声速射流速度分布云图。

理论计算与模拟计算的射流超声速区域长度见表 7-5。

射流超声速区域长度的理论计算与模拟计算结果对比如图 7-7 所示。

表 7-5 理论计算与模拟计算的超声速区域长度

Ma	D_e/mm	理论计算/m	超声速区域长度/m				
			标准 $k-\varepsilon$	RNG $k-\varepsilon$	可实现 $k-\varepsilon$	标准 $k-\omega$	SST $k-\omega$
1.2	42.9	0.35	0.55	0.73	0.59	0.19	0.42
1.5	37.3	0.41	0.83	0.8	0.65	0.55	0.51
1.8	32.9	0.49	0.93	1.01	0.86	0.56	0.53
2.1	29.5	0.59	1	1.11	1.04	0.81	0.59
2.4	26.7	0.72	1.09	1.08	1.1	0.82	0.75

从图 7-7 中可以看出，5 个模型计算结果的趋势为：随着马赫数的增加，超声速区域长度在增加，这是由于随着马赫数的增加，射流出口速度随之增大，射流从超声速衰减到声速的长度也会相应变长。此外，与湍流动能 (k) 和湍流耗散率 (ε) 相关的标准 $k-\varepsilon$、RNG $k-\varepsilon$ 和可实现 $k-\varepsilon$ 这三个模型与理论值差距较大，这是由于标准 $k-\varepsilon$ 模型是最早提出的输运方程，其是建立在湍流动能 (k) 和湍流耗散率 (ε) 方程上的一个半经验模型，其假设整个流场全部为湍流，忽略了壁面边界层的影响，这对超声速射流流场的模拟是不适合的；RNG

$k-\varepsilon$ 模型虽然在标准 $k-\varepsilon$ 模型基础上有些改进，但其只增加湍流旋涡的影响，对瞬变流和流线弯曲的影响作出更好的反应，而超声速射流流场中并没有出现湍流旋涡，故其也不完全适合超声速射流流场的模拟；可实现 $k-\varepsilon$ 模型作为标准 $k-\varepsilon$ 模型和 RNG $k-\varepsilon$ 模型的补充，采用新的 ε 输运方程形式，使其适合旋转均匀剪切流和自由射流的模拟，但其并没有真正对射流的边界层进行修正，因此，其曲线基本与理论值曲线平行，但还有一定差距。标准 $k-\omega$ 模型计算结果和 SST $k-\omega$ 模型的计算结果与理论值较为接近。标准 $k-\omega$ 模型考虑了低雷诺数的影响，提高了预测自由剪切流模型的准确度。SST $k-\omega$ 模型在此基础上在边界层内部引入了一个混合函数，使其在近壁面使用 $k-\omega$ 模型，在远场使用 $k-\varepsilon$ 模型，对自由射流的模拟进行了更好的修正。所以，SST $k-\omega$ 模型在 5 个模型中最适合进行超声速射流流场的模拟，其计算结果与理论值也最为接近。

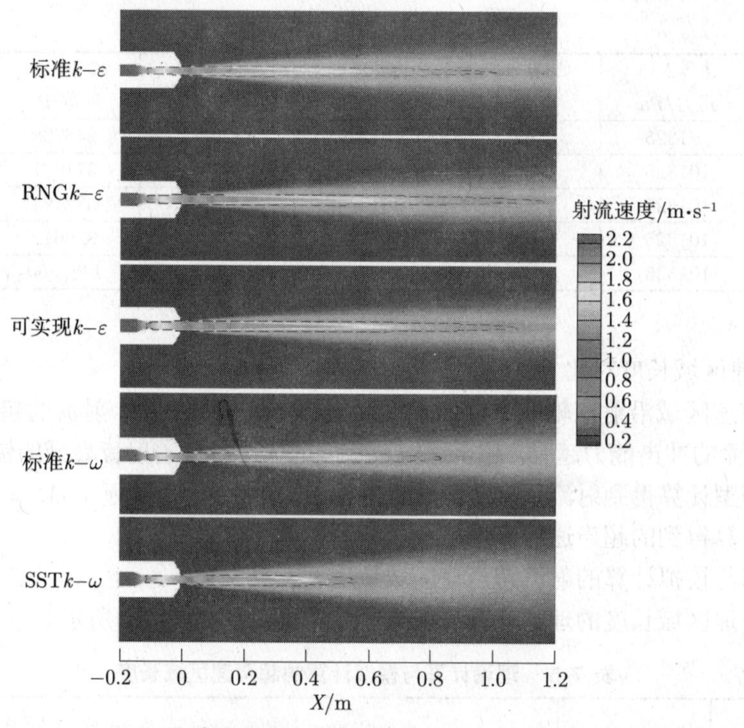

图 7-6 $Ma=2.1$ 时采用不同湍流模型计算得到的超声速射流速度分布云图

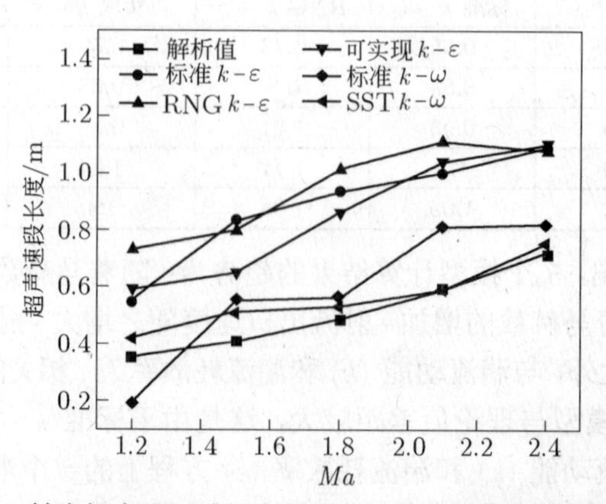

图 7-7 射流超声速区域长度的理论计算与模拟计算结果对比

b 喷管外轴向速度的比较

喷管外射流沿轴向速度分布曲线如图 7-8 所示，横轴为喷管外部轴线方向距喷管出口的长度，纵轴为距喷管出口不同距离处的射流速度。

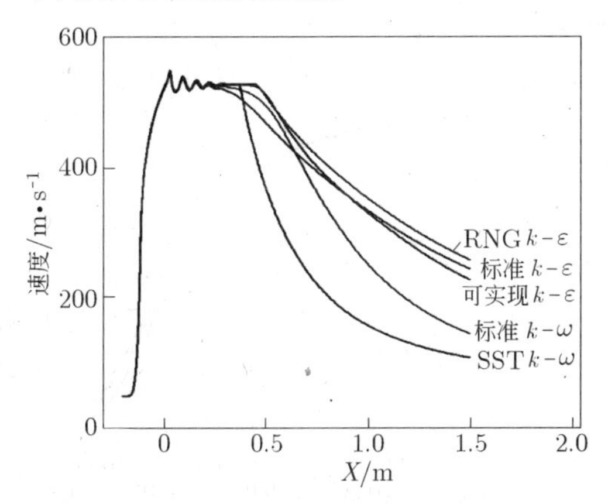

图 7-8 喷管外射流沿轴向速度分布曲线

从图 7-8 中可以看出：气流首先在喷管出口处形成激波，这是运动气体的强压缩波，当气流以超声速运动时，扰动来不及传到前面去，结果前面的气体受到超声速射流突跃式的压缩，形成集中的强扰动，出现一个压缩过程的界面；随后，射流在经过激波后不断衰减，射流速度与沿轴向方向距出口距离成反比，随着距出口距离的不断增加，射流速度不断衰减。SST $k-\omega$ 模型、RNG $k-\varepsilon$ 模型和可实现 $k-\varepsilon$ 模型在射流速度衰减之前有一稳定段，也就是势核段，在势核段内射流速度保持不变并等于射流出口速度，这与超声速轴对称射流的结构一致。从势核段和超声速核心段的定义可知，势核段的长度必然小于超声速核心段的长度。图 7-6 所示 SST $k-\omega$ 模型计算结果射流势核段长度为 0.36 m，RNG $k-\varepsilon$ 模型和可实现 $k-\varepsilon$ 模型计算结果的射流势核段长度为 0.46m，均小于表 7-5 中理论计算超声速核心段的长度 0.59 m。从势核段长度来看，3 个模型均适合于超声速射流流场的模拟，但考虑到 SST $k-\omega$ 模型的超声速核心段长度与理论计算结果完全一致。因此，与另外两个模型相比，SST $k-\omega$ 模型更加适合超声速射流流场的模拟。

c 喷管外轴向压力的对比

根据下式可以计算得到沿轴向方向不同距离处当地压力和滞止压力比值的关系：

$$\frac{A}{A^*}=\sqrt{\frac{\left(\frac{k-1}{k+1}\right)\left(\frac{2}{k+1}\right)^{\frac{2}{k-1}}}{\left(\frac{p}{p_0}\right)^{\frac{2}{k}}-\left(\frac{p}{p_0}\right)^{\frac{k+1}{k}}}}$$

将理论计算和模拟计算结果绘制成曲线，如图 7-9 所示。

图 7-9 所示为喷管内气体压力比沿轴向分布曲线。从图中可以看出，5 种模型计算的喷管内轴向压力比分布曲线几乎重叠，与理论值也基本一致，说明 5 种湍流模型均适用于管内流动模拟的研究。在喷管收缩段内，各模型模拟计算结果与理论计算结果完全一致，扩张段内各模型计算结果与理论计算结果呈现出略微差别，在出口处 SST $k-\omega$ 模型和 RNG $k-\varepsilon$

模型计算的 p/p_0 为 0.41，其他三个模型的计算结果较高。根据等熵流函数可知，设计马赫数为 1.2 的拉瓦尔喷管，其出口与入口压力比值应为 0.41，SST $k-\omega$ 模型和 RNG $k-\varepsilon$ 模型模拟结果与理论值完全吻合。因此，SST $k-\omega$ 模型和 RNG $k-\varepsilon$ 模型对拉瓦尔喷管内流场的模拟具有较高的准确性。

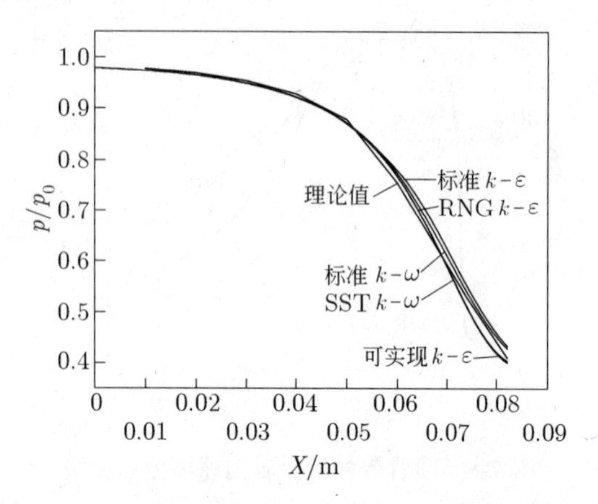

图 7-9　喷管外射流沿轴向气体压力比分布曲线

d　喷管内径向速度的对比

喷管根据气体动力学原理设计为收敛–扩张管，其收缩段内气流马赫数小于 1。随着喷管截面积的减小，气流马赫数不断增大，在喉口段达到声速，然后扩张段内射流速度随着喷管面积的增大而增大。图 7-10 所示为喷管内马赫数分布示意图。由于喉口段射流速度为声速，比较特殊，因而对不同模型下喷管喉口段某截面上射流的径向速度进行对比，结果如图 7-11 所示，其中横轴为喷管内部距喷管轴线的纵向距离，纵轴为气流马赫数。

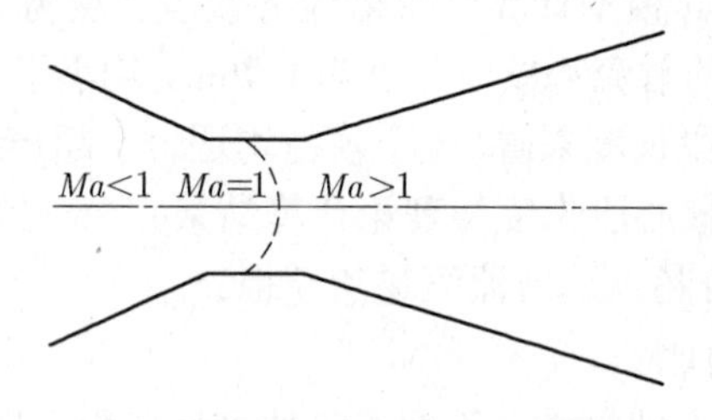

图 7-10　喷管内马赫数分布示意图

总体来看，5 种湍流模型的计算结果，其射流径向速度分布趋势基本一致，均是随着距喷管轴线的纵向距离的增加而增大，然后以较大的速度梯度减小。这与图 7-7 所示的结果一致，射流从喷管中心轴线开始沿径向方向不断增大，在声速线达到声速，然后在近壁面的速度边界层内迅速减小，在壁面处射流速度为零。比较这 5 种湍流模型，标准 $k-\omega$ 模型和标准 $k-\varepsilon$ 模型计算得到喷管内射流最大马赫数小于 1，还没有达到声速，不符合该拉瓦尔喷管马赫数 1.2 的设计要求；其余 3 种模型，包括 SST $k-\omega$ 模型、RNG $k-\varepsilon$ 模型和可实现 $k-\varepsilon$ 模型的计算结果曲线基本重合，射流最大马赫数为 1，符合拉瓦尔喷管的设计要求。因此，SST $k-\omega$ 模型、RNG $k-\varepsilon$ 模型和可实现 $k-\varepsilon$ 模型对超声速喷管的数值模拟表现出更好的准确性。

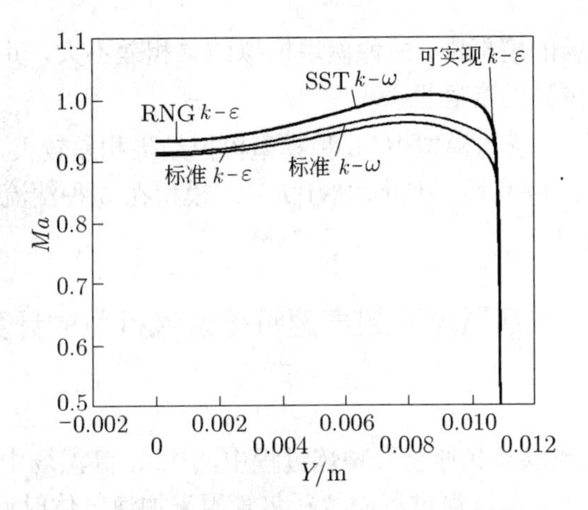

图 7-11 喷管喉口处径向速度分布曲线

e 喷管内径向速度的对比

喷管外射流沿轴向速度分布曲线如图 7-12 所示，横轴为喷管外部距喷管出口 0.5 m 处轴截面上的径向长度距离，纵轴为距喷管出口不同距离处的射流速度。

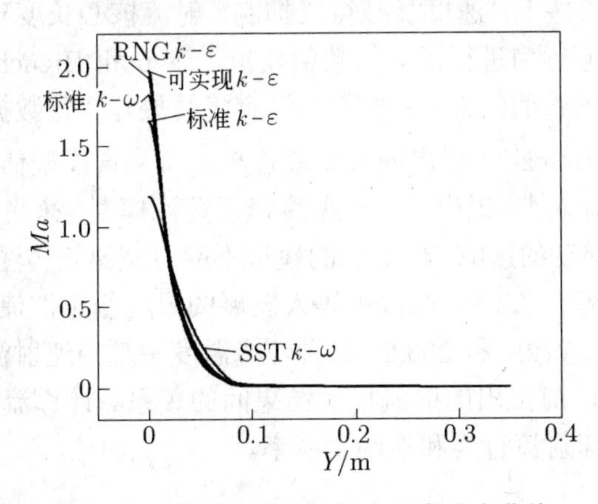

图 7-12 喷管外射流沿轴向速度分布曲线

图 7-12 所示为距喷管出口 0.5 m 处，射流速度沿径向的分布曲线。从总体来看，不同模型计算的射流速度沿径向衰减的趋势一致，SST $k-\omega$ 模型计算结果与其他模型计算结果相比，射流速度衰减稍慢，但差别不大。另外，各模型速度衰减的起点不同，这是由于在距喷管出口 0.5m 处，各模型计算得到的速度是不同的，可实现 $k-\varepsilon$ 模型和 RNG $k-\varepsilon$ 模型计算得到的射流速度最大，SST $k-\omega$ 模型计算的速度最小，与图 7-8 中显示在 $x=0.5$m 处模型计算结果吻合。

D 结论

本小节首先从理论上分析了常用的 5 种湍流模型之间的不同及其适用范围；其次，采用 5 种湍流模型，分别对 5 种不同马赫数下超声速射流流场进行了数值模拟，研究了不同马赫数下不同湍流模型的数值模拟结果，并与理论值进行对比分析，可得到以下结论：

(1) 与其他模型相比，SST $k-\omega$ 模型通过对输运方程的修正，在近壁面使用 $k-\omega$ 模型，在远场使用 $k-\varepsilon$ 模型，其在计算射流流场时具有较高的准确性。

(2) 在喷管内部流场的模拟中，5 种模型模拟结果相差不大，并与理论值基本一致，但 SST $k-\omega$ 模型表现出更高的准确性。

(3) 在喷管外部射流流场的模拟中，5 种模型模拟结果相差较大，SST $k-\omega$ 模型的计算结果与理论值具有较高的吻合性。因此，SST $k-\omega$ 模型在 5 种湍流模型中最适合于超声速射流流场的数值模拟研究。

7.4.3 应用实例三：炼钢温度下超声速氧枪射流行为的计算流体动力学模拟

7.4.3.1 研究背景

超声速氧枪用于炼钢以及其他金属精炼过程中，因此，高温场中超声速氧枪射流的行为对了解这些过程十分重要。在炼钢过程中拉瓦尔管用来加速气体射流形成超声速。超声速气体射流与铁水相撞形成液滴，引起飞溅。液滴增加了接触面积，提高了精炼率。但可能引起耐火材料的磨损以及管道和氧枪口的黏结，导致生产损失。因此，有必要了解高温环境下超声速射流的行为，来确定最佳工艺条件。

Sumi 等人[35] 对三种环境温度 (285K、772K、1002 K) 下超声速氧枪的行为进行了实验研究。结果表明，高温条件下，速度衰减得以抑制，射流核心长度延长。Allemand 等人[36] 对高温下超声速氧气射流行为进行了大量数值模拟，Tago 和 Higuchi[37]，Katanoda 等人[38] 也得到了射流核心长度增长的结果，但他们并没有将结果与实验数据进行比较。

本案例中，考虑由 Heinz[39] 提出的可压缩性校正 $k-\varepsilon$ 模型估计了高温环境下射流核心长度。Abdol-Hamid 等人[40] 提出了一个温度修正湍流模型，来考虑高温超声速射流注入低温环境中，较大温度梯度的影响。但他们的模型不能对室温气体注入高温环境中的模拟给出合理的结论。因此，基于 Abdol-Hamid 等人发展的温度修正湍流模型，提出了一个简单的 $k-\varepsilon$ 模型。对 285K、772K 和 1002K 三种环境温度中超声速射流的行为进行数值模拟，并验证其与实验数据和以前提出的射流模型结果间的关系。计算流体动力学模型用于研究 1800K 炼钢温度下超声速射流行为和液滴生成率。

7.4.3.2 研究过程

A 控制方程

质量守恒方程：

$$\frac{\partial \rho}{\partial t}+\frac{\partial \rho u_i}{\partial x_i}=0 \tag{7-94}$$

式中 ρ —— 流体密度；

u_i —— 第 i 方向的平均速度分量。

动量守恒方程：

$$\frac{\partial \rho u_i}{\partial t}+\frac{\partial(\rho u_i u_j)}{\partial x_j}=-\frac{\partial p}{\partial x_i}+\frac{\partial\left(\tau_{ij}-\rho\overline{u_i u_j}\right)}{\partial x_j}$$

$$\tau_{ij}=\mu\left(\frac{\partial u_i}{\partial x_j}+\frac{\partial u_j}{\partial x_i}-\frac{2}{3}\frac{\partial u_k}{\partial x_k}\delta_{ij}\right) \tag{7-95}$$

式中 p —— 流体压力；

τ_{ij} —— 黏性应力；

u_i，u_j —— 分别为第 i 和 j 方向上的脉动速度分量；

μ —— 分子黏度；

$-\rho\overline{u_iu_j}$ —— 雷诺应力，模拟 Boussinesq 近似得来：

$$-\rho\overline{u_iu_j}=\mu_t\left(\frac{\partial u_i}{\partial x_j}+\frac{\partial u_j}{\partial x_i}\right)-\frac{2}{3}\left(\rho k+\mu_t\frac{\partial u_k}{\partial x_k}\right)\delta_{ij} \tag{7-96}$$

μ_t —— 湍流黏度；

k —— 湍动能。

能量守恒方程：

$$\frac{\partial\rho E}{\partial t}+\frac{\partial\left(\rho Eu_i+pu_i\right)}{\partial x_i}=-\frac{\partial}{\partial x_i}\left(q_i+c_p\rho\overline{u_it'}\right)+\frac{\partial}{\partial x_i}\left(\tau_{ij}u_j-\rho\overline{u_iu_j}u_j\right) \tag{7-97}$$

式中 E —— 总能量；

c_p —— 等压比热；

t' —— 温度波动部分。

热量传输 q_i 表示如下：

$$q_i=K\frac{\partial T}{\partial x_i} \tag{7-98}$$

式中 K —— 流体的热导率。

$\rho\overline{u_it'}$ —— 湍流热通量，如下：

$$\rho\overline{u_it'}=\frac{\mu_t}{Pr_t}\frac{\partial T}{\partial x_i} \tag{7-99}$$

式中 Pr_t —— 湍流普朗特数一般为 0.9，但为了解决自由剪切流动和高传热的问题，取 $Pr_t=0.5$。

B 湍流模拟

使用双方程 $k-\varepsilon$ 湍流模型计算 RANS 方程，湍动能 k 和耗散率 ε 通过下面传输方程获得：

$$\frac{\partial\rho k}{\partial t}+\frac{\partial\rho u_jk}{\partial x_j}=-\rho\overline{u_iu_j}\frac{\partial u_i}{\partial x_j}+\frac{\partial}{\partial x_j}\left(\mu+\frac{\mu_t}{\sigma_k}\frac{\partial k}{\partial x_j}\right)-\rho\varepsilon \tag{7-100}$$

$$\frac{\partial\rho\varepsilon}{\partial t}+\frac{\partial\rho u_j\varepsilon}{\partial x_j}=-C_{\varepsilon1}\rho\overline{u_iu_j}\frac{\partial u_i\varepsilon}{\partial x_jK}+\frac{\partial}{\partial x_j}\left(\mu+\frac{\mu_t}{\sigma_\varepsilon}\frac{\partial k}{\partial x_j}\right)-C_{\varepsilon2}\rho\frac{\varepsilon^2}{k} \tag{7-101}$$

对于 $k-\varepsilon$ 模型，C_{ε_1}、C_{ε_2}、σ_k 和 σ_ε 是常数，它们的值分别为 1.44、1.92、1.0 和 1.3。

湍流黏度 μ_t 定义为：

$$\mu_t=C_\mu\rho\frac{k^2}{\varepsilon}$$

在标准 $k-\varepsilon$ 湍流模型中，取 $C_\mu=0.09$。为考虑压缩性的影响，Heinze 修正了 C_μ 的值，定义为：

$$C_\mu = 0.07\exp\left(-0.4M_{\mathrm{g}}\right) \tag{7-102}$$

$$M_{\mathrm{g}} = \frac{|s|\,l}{a} \tag{7-103}$$

式中 $|s|$ —— 平均剪切率；

l —— 湍流尺度；

a —— 声速。

为考虑大的温度梯度的影响，Abdol-Hamid 等人根据下式修正了 C_μ 的值：

$$C_\mu = 0.09C_T \tag{7-104}$$

$$C_T = \left[1 + \frac{C_1 T_{\mathrm{g}}^m}{1 + C_2 f\left(M_\tau\right)}\right] \tag{7-105}$$

式中 T_{g}—— 湍流长度标准化的总温度梯度的函数：

$$T_{\mathrm{g}} = \frac{\left|\nabla T_t\right|\left(k^{3/2}/\varepsilon\right)}{T_t} \tag{7-106}$$

为了模拟高速流动，修正了马赫数 Ma：

$$Ma = \sqrt{\frac{2k}{a}} \tag{7-107}$$

$$f\left(Ma\right) = \left(Ma^2 - Ma_0^2\right) H\left(Ma - Ma_0\right) \tag{7-108}$$

式中 a —— 声速；

Ma_0 —— 马赫数，取为 0.1。

本案例中，修正先前的模型来准确地模拟低温超声速射流进入高温环境的情况。与以往的模型不同，C_μ 的值为标准值 (0.09) 除以变量 C_T，来实现降低剪切层湍流黏度的需要，反过来减小混合区的增长率。变量 C_T 通过使用与 $C_T = \left[1 + \frac{C_1 T_{\mathrm{g}}^m}{1 + C_2 f\left(Ma\right)}\right]$ 类似的关系确定。

为了能够准确符合 Sumi 等人对于不同环境温度超声速中心轴方向上的试验速度分布，C_μ 和 C_T 定义分别为：

$$C_\mu = \frac{0.09}{C_T} \tag{7-109}$$

$$C_T = \left[1 + \frac{1.2T_{\mathrm{g}}^{0.6}}{1 + f\left(Ma\right)}\right] \tag{7-110}$$

由于特别修正的 $k-\varepsilon$ 模型的功能很强大，因此使用他研究高温环境条件下超声速射流的行为，进而模拟超声速氧气射流在钢包中撞击钢液的情况。

C 计算域

用于研究的 CFD 模拟计算网格如图 7-13 所示。计算网格是轴对称的楔形，在圆周方向只有一个网格。拉瓦尔管内的流体不在模拟之中。喷嘴出口直径为 9.2mm，计算域为：由下游到喷嘴出口为 100 个喷嘴出口直径，到射流中心线为 30 个喷嘴出口直径。一共 7760 个网格单元。

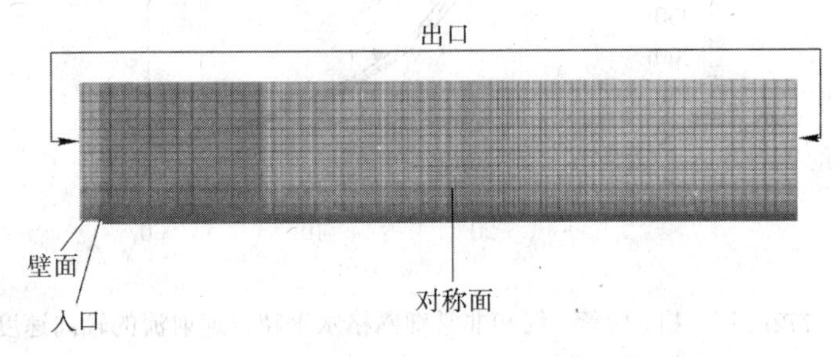

图 7-13 含边界条件的 CFD 模拟计算网格

D 边界层条件

在计算域入口处 (喷嘴出口) 应用一个停滞压力边界条件，设定入口的马赫数和温度。出口采用静压力边界条件。对称面采用对称边界条件。壁面处，零热通量被用于壁面边界条件。边界层条件的值见表 7-6。

表 7-6 边界条件的值

边界层条件		数 值
入口	停滞压力/Pa	497695
	马赫数	1.72
	静态温度/K	190
出口	静压/Pa	100000
	温度/K	285
		772
		1002
		1800

E 计算程序

对于不稳定、可压缩连续、动量和动能方程，使用一个隐式方法的分离求解器来计算压力、速度、温度和密度。对于动量和连续性方程，网格表面的变量值用 AVL SMART 法计算。对于能量和湍流方程，使用一阶上游差分法。用 SIMPLE 法进行压力–速度校正。为了及时解决该问题，应用一阶欧拉方程。因为流体速度非常高，不稳定计算中使用的时间步长是 1×10^{-5}s。模拟足够长的时间，直到在流场中观察不到变化结果。基于体积控制方法，使用商业 CFD 软件 AVL FIRE 2008.2 进行模拟。

F 网格独立性测试

为了研究解决方案的网格敏感性，使用 4 种不同等级的网格对 772 K 环境温度下进行计算 —— 粗网格 (4716 单元)，中网格 (7760 单元)、细网格 (10116 单元) 和非常细网格 (19660 单元)。772K 时，所有网格水平超声速射流轴向速度分布如图 7-14 所示。中等网格、细网格和非常细网格计算的轴向速度分布的变化差异在 5 %以内，所以方案对网格划分不敏感。非常细网格的计算时间比中等网格的长很多。因此，在案例中分析和讨论中等网格获得结果。

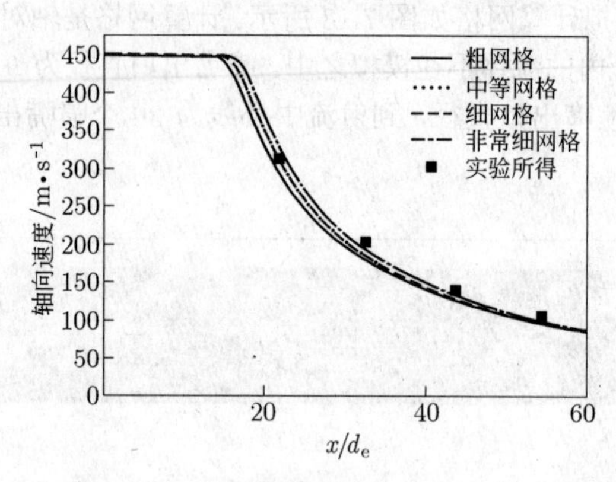

图 7-14　772K 时，粗、中等、细和非常细网格水平超声速射流的轴向速度分布

7.4.3.3　结果

A　速度分布

图 7-15 为使用 Heinz 修正的标准 $k-\varepsilon$ 模型计算的射流轴向方向的速度分布与实验数据。如图 7-15 所示，射流核心长度在高温环境下增加。环境温度为 285K 时，CFD 计算结果和实验结果相符。但在较高温度的环境中，不能准确预测速度分布。模型估计了射流在高温环境中的射流核心长度，温度越高，偏差百分比越大。772K、1002K 时，实验数据与计算速度差值的平均百分比分别为 13 %和 22%。炼钢炉内的温度大约为 1800K，在如此高的温度下差值会更大。产生高差值是由于湍流模型没有充分地考虑大温度梯度的影响。

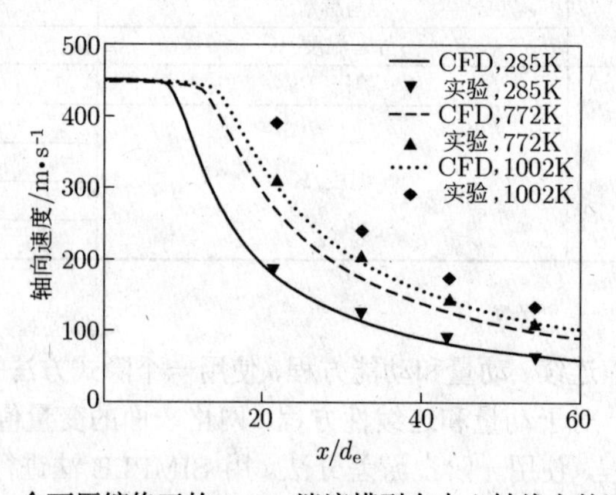

图 7-15　含可压缩修正的 $k-\varepsilon$ 湍流模型在中心轴线上的速度分布

如图 7-16 为本案例提出的考虑高温度梯度影响的修正 $k-\varepsilon$ 湍流模型在中心轴线上的速度分布。修正后的模型可以更准确预测低温和高温环境下中心轴线上的速度分布。当环境温度为 772 K 时，计算值与实验值间的差异小于 7 %。环境温度为 1002 K 的情况下，计算速度与实验数据间的差距平均小于 9 %。1800 K 时只有 CFD 计算结果，因为 1800K 时无法测得实验结果。图 7-16 还显示了虽然超声速射流的核心长度在高温时较长，但当 x/d_e 超过 30 时，不同环境温度下速度的相对差异减小。

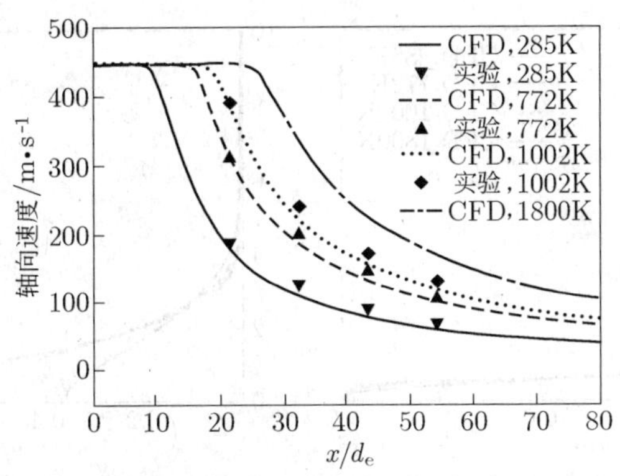

图 7-16 本案例提出的考虑高温度梯度影响的修正 $k-\varepsilon$ 湍流模型在中心轴线上的速度分布

图 7-17 所示为本案例提出的修正模型的射流中心轴线上的动态压力的分布。和预期一样，与认为射流静态压力受环境温度影响很小的 Tago 和 Higuchi 得到的 CFD 结果相比，高温环境中动态压力更高。造成差异的原因是他们在实验中没有加入任何温度校正项。本案例中，随着离开喷嘴出口距离的增加，估计了实验动态压力分布。285K、772K、1002K 时，CFD 计算结果与实验数据的差值平均变化分别为 20%、17%、20%，这是因为动态压力与速度的平方成正比。因此，速度中的误差以相同的比例增加。此外，动态压力与气体密度成正比。实验在密闭容器中进行，在实验中可以增加压力和气体密度。实验研究中，密度的增加会导致动态压力增加。

图 7-17 中的数据同样表明，随着离开喷嘴出口距离的增加，不同环境温度中超声速射流动态压力的相对差距减少。如果熔融液体与喷嘴出口的距离多于 60 个喷嘴出口直径的距离，这时高温环境的作用可以忽略，这是因为冲击射流对熔融液体的动态压力与周围环境一样。

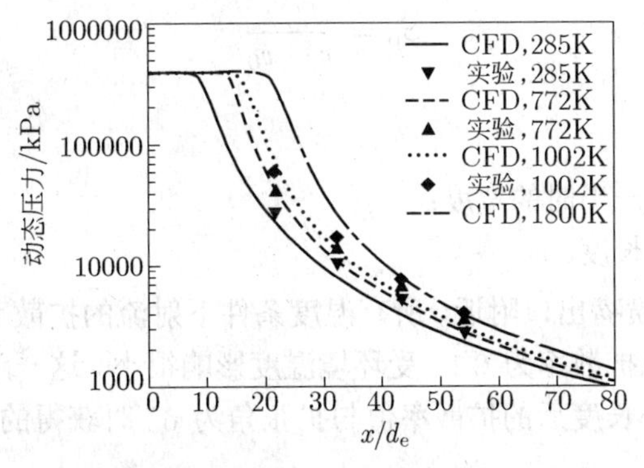

图 7-17 本案例提出的修正模型射流中心轴线上的动态压力分布

图 7-18 所示为 x/d_e 为 5、22.5、50 时，不同环境温度下超声速射流的径向速度分布。当与喷嘴出口的距离增加时，射流扩散和轴向速度下降。但由于夹带流体周围的介质密度很低、质量很低，使得在高温环境中，射流轴向速度的减小比低温中缓慢。图 7-18(b) 表明，x/d_e 为 22.5，1800 K 时超声速射流仍然保持着一定的射流核心长度，但室温下射流轴向速度不及出口速度的一半。图 7-18 表明，虽然高温增加了射流核心长度，但射流的宽度受环境温度影响很小。

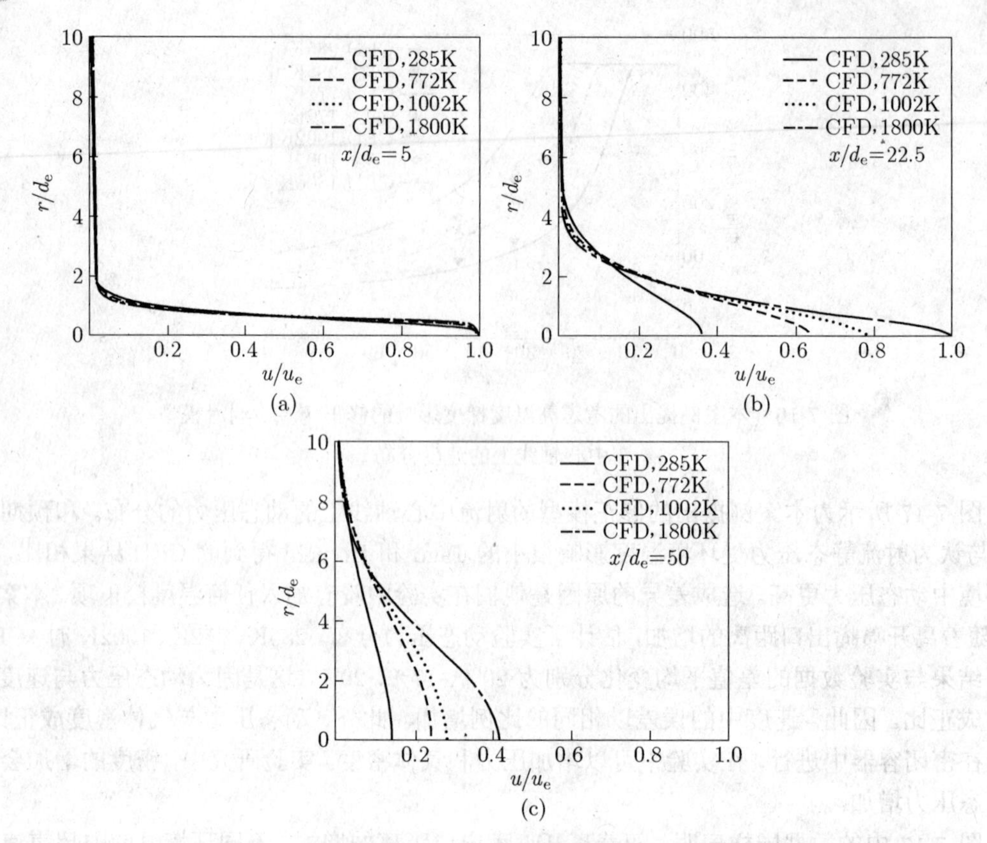

图 7-18　不同环境温度下超声速射流的径向速度分布

图 7-19 所示为不同环境温度下超声速射流的扩散率。

扩散率定义为：

$$S_{\mathrm{p}}=\frac{r_{1/2}}{x-x_0} \tag{7-111}$$

式中　S_{p} —— 扩散率；

$r_{1/2}$ —— 轴向速度一半时的宽度；

x_0 —— 射流核心长度。

如图 7-19 所示，在喷嘴出口附近，所有温度条件下射流的扩散率仅为 0.025。在离开出口达到一定距离时，射流扩散率为 0.1，受环境温度影响很小。这一距离就是射流核心长度，在高温中较长。射流核心长度后的扩散率值与扩张角为 6° 时获得的实验结果一致。

B　温度分布

图 7-20 所示为计算所得 285K、772K、1002K 和 1800K 时射流中心轴线上的温度分布。图 7-20 表明，在离开喷嘴出口后气体射流的温度逐渐增加，并向环境温度靠近。计算 285K 和 772K 时所到的射流温度与实验数据相符，对于 1002K 时也表现出合理的趋势。285K 和 772K 时所到的计算值与实验数据的差值低于 2%。1002K 时差值的平均百分比为 7%(除了点 $x/d_{\mathrm{e}}=21$ 外)。在本模型中，湍流传输热由 $\rho\overline{u_i t'}=\dfrac{\mu_t}{Pr_t}\dfrac{\partial T}{\partial x_i}$ 计算，所有情况中均采用常数 Pr_t=0.5。但不同温度梯度时应采取不同的 Pr_t 值。如果温度梯度很大，湍流热传输速率

将很大。减小 Pr_t 会提高流体中的热扩散能力。不同温度梯度下 Pr_t 的变化趋势是需要进一步研究的内容。

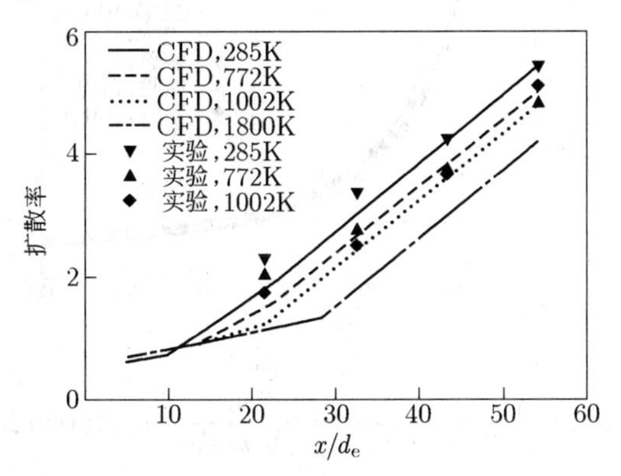

图 7-19 不同环境温度下超声速射流的扩散率

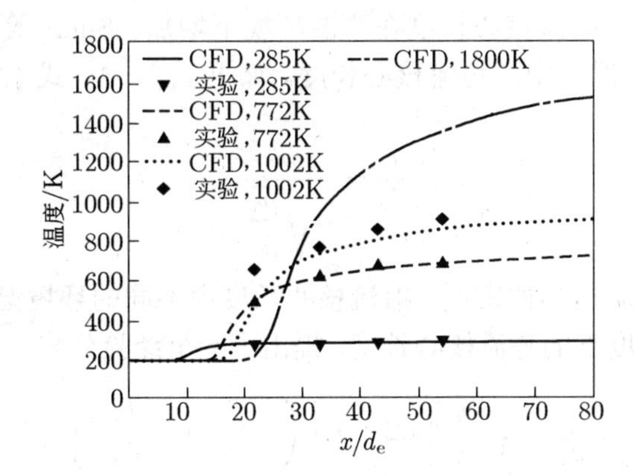

图 7-20 案例提出的修正模型中心轴线上的温度分布

C 射流模型的比较

对本模型所获得的数值模拟结果与 Ito 和 Muchi[41] 提出的经验模型应用式进行比较，如下：

$$-\frac{1}{2\ln(1-u_{\mathrm{m}})}=\alpha\sqrt{\frac{\rho_{\mathrm{a}}}{\rho_{\mathrm{e}}}}\frac{x}{d_{\mathrm{e}}}-\beta \tag{7-112}$$

$$u_{\mathrm{m}}=\frac{u}{u_{\mathrm{e}}} \tag{7-113}$$

式中 u_{e} —— 喷嘴出口速度；

ρ_{e} —— 喷嘴出口处密度；

ρ_{a} —— 环境密度。

由 Sumi 等人的实验计算所得常数 α=0.0841、β=0.06035。

图 7-21 所示为不同环境温度目前 CFD 模型通过函数 $\sqrt{\frac{\rho_{\mathrm{a}}}{\rho_{\mathrm{e}}}}\frac{x}{d_{\mathrm{e}}}$ 获得的速度比。图 7-21 同样显示了由式 (7-112) 和实验研究获得的速度比。无论高温还是低温环境下，CFD 模型和实验数据都很相符，差异最高为 10 %。1800 K 时没有实验数据用来研究射流行为，但 1800K 时的速度比与经验射流模型相匹配。

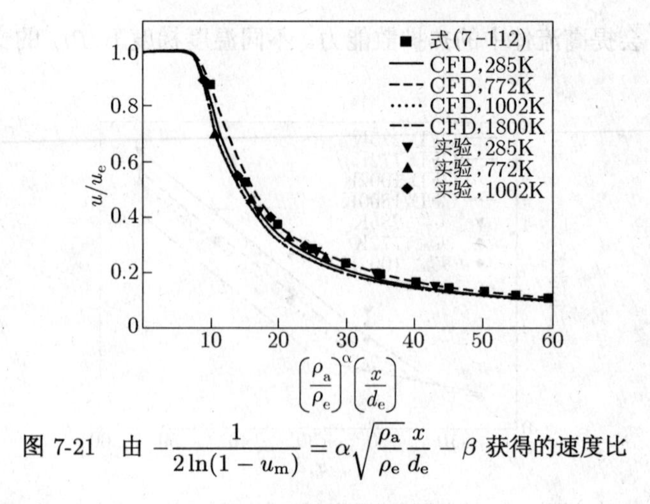

图 7-21 由 $-\dfrac{1}{2\ln(1-u_m)}=\alpha\sqrt{\dfrac{\rho_a}{\rho_e}}\dfrac{x}{d_e}-\beta$ 获得的速度比

D 射流核心长度

由前面的部分可知，射流核心长度在高温环境下增加。Sumi 等人通过式 (7-112)，取 $u_m=1$ 计算了不同环境温度中的势流核心长度。如果 $u_m=1$，式 (7-112) 左边变为零，式 (7-112) 变为如下形式：

$$\frac{x}{d_e}=\frac{\beta}{\alpha\sqrt{\dfrac{\rho_a}{\rho_e}}} \tag{7-114}$$

应用以前的常数值和适当的密度，射流核心长度由不同的环境温度确定。Allemand 等人为了计算不同环境温度下的势流核心长度，提出了一个经验公式：

$$\frac{x}{d_e}=\sqrt{\frac{\rho_a}{\rho_e}}\left[4.2+1.1\left(M_e^2+1-\frac{T_e}{T_a}\right)\right] \tag{7-115}$$

它是 Lau 等人[42] 提出的原始方程的一个修正形式。图 7-22 所示为通过式 (7-114)、式 (7-115) 和当前模型计算的不同环境温度下的超声速射流核心长度。式 (7-114) 所计算的射流核心长度与当前 CFD 模型获得的结果具有很大的相关性。在炼钢温度 (1800K) 下，超声速射流的射流核心长度是室温 (285K) 时的 2.5 倍。通过式 (7-115) 所计算的射流核心长度在任何温度下比其他两种都高。高温下的射流核心长度没有可用的实验数据。因此，这一经验公式准确与否无法得知。

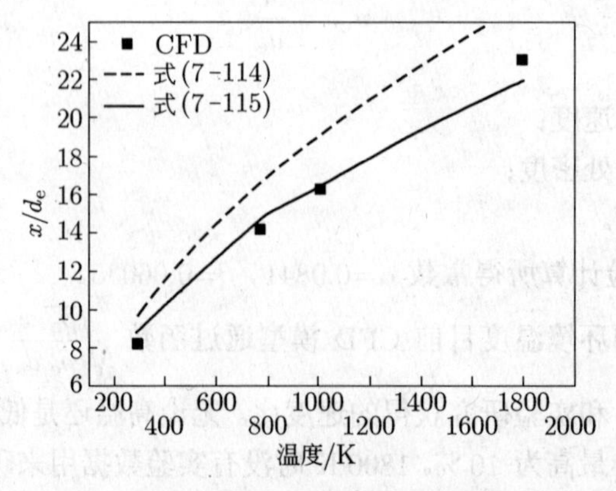

图 7-22 不同环境温度超声速射流的核心长度

E 液滴生成

为了量化高温环境对液滴生成的影响，计算不同温度超声速射流的吹散数 (N_{B})。吹散数是由 Subagyo 等人[43] 提出的无量纲数，表示如下:

$$N_{\mathrm{B}}=\frac{\rho_{\mathrm{g}}u_{\mathrm{g}}^{2}}{2\sqrt{\sigma_{\mathrm{g}}\rho_{\mathrm{l}}}} \tag{7-116}$$

式中 ρ_{g} —— 气体密度;

u_{g} —— 熔融液体表面的气体速度;

σ_{g} —— 钢液的表面张力;

ρ_{l} —— 钢液密度。

应用吹散数，单位体积喷出气流的液滴生成率由式 (7-117) 计算:

$$\frac{R}{F}=\frac{{N_{\mathrm{B}}}^{3.2}}{\left[2.6\times10^{6}+2.0\times10^{-4}\left(N_{\mathrm{B}}\right)^{12}\right]^{0.2}} \tag{7-117}$$

式中 R —— 生成液滴，kg/s;

F —— 吹入气流体积，m^3/s。

图 7-23 所示为不同温度到喷嘴出口距离 (可以假设为由喷嘴出口到熔融液体的距离) 与吹散数变化的关系。熔融液体表面张力取 1.9 N/m，不考虑表面张力随温度和成分的变化，熔融液体的密度取 7030 $\mathrm{kg/m^3}$，由图 7-23 可以看出，高温环境下的吹散数更高。当喷嘴出口到熔池间的距离约 $50d_{\mathrm{e}}$ 时，1800K 时 N_{B}=15，285K 时 N_{B}=8。图 7-24 为不同吹散数的液滴生成率。N_{B}=15 的液滴生成率是 N_{B}=8 的两倍。因此，环境温度对液滴生成率的影响需要特别考虑优化的过程。

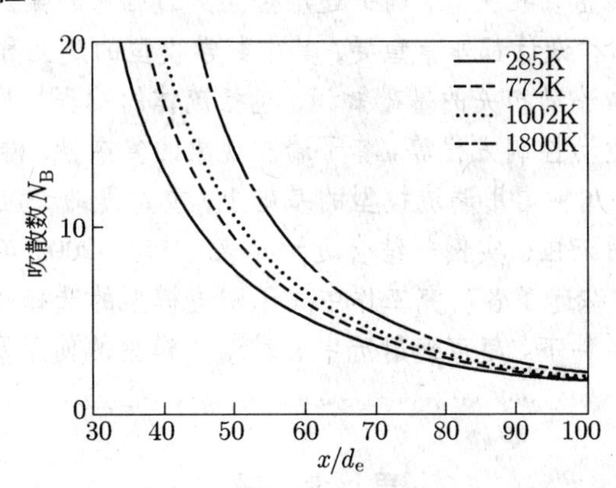

图 7-23 不同温度吹散数随喷嘴到熔池距离的变化

7.4.3.4 结论

(1) 在高温下，进行可压缩修正的标准 $k-\varepsilon$ 模型估计了超声速射流的核心长度。

(2) 提出了标准 $k-\varepsilon$ 模型的修正。通过对比 CFD 模型与实验数据的速度和温度分布，证实了这个模型的有效性。

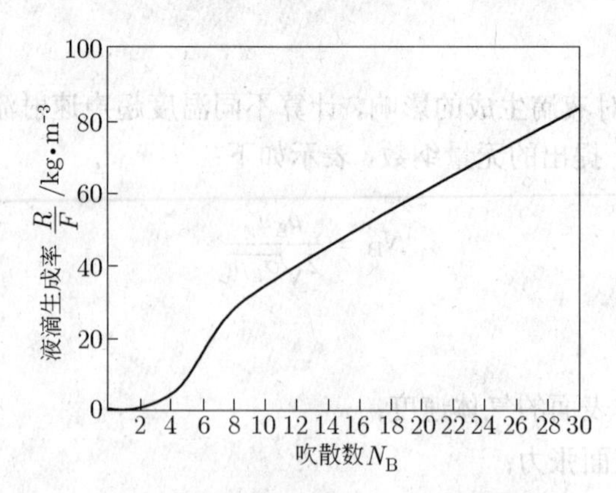

图 7-24 吹散数对液滴生成率的影响

(3) 炼钢温度 (1800K) 下，超声速氧气射流的核心长度是室温条件下的 2.5 倍。射流的动态压力在高温下较高，但是随着到喷嘴出口距离的增加，不同温度间动态压力的相对差异减小，环境温度的影响同样减小。

(4) 超声速射流核心长度之后，射流的扩散率不受环境温度影响。

(5) 环境温度影响液滴生成率。超声速射流高温环境下的吹散数高于室温，因此液滴生成率较高。

然而，这一模型不适合模拟高温射流流入低温环境的情况。虽然本案例中应用实验和误差的方法来修正湍流模型，应该采取更严格的方法。但是，本研究对发展理论的湍流模型提供了重要的信息，包括环境温度梯度的影响，并且有助于了解高温环境中的射流行为。

本章小结

冶金过程与流体流动密切相关。准确描述冶金生产过程中或某反应器内的流体流动，对过程控制、反应器的优化和设计都非常重要，其中数学模型的建立和选择更是关键所在。本章首先介绍了与描述流体流动相关的基础知识，包括流体的物理性质、基本物理定律、流体运动的基本方程及流体运动控制方程等。鉴于湍流现象的复杂性，湍流模型的选择显得尤为重要。本章在简单介绍了几种常用湍流模型的基础上，重点借助于应用实例使读者了解各种湍流模型的特点及其适用范围。实例一结合近十年来 (1999~2009 年) 连铸中间包内钢液流动的数值模拟研究工作，综述了各研究工作中关于湍流模型的选择和使用状况；实例二和实例三描述的是高马赫数条件下、超声速射流中各种湍流模型的使用及对比情况。

思 考 题

7-1 简述流体运动中的质量守恒定律，试推导其三维方程式。

7-2 简述流体运动中的牛顿第二定律及其表达式。

7-3 简述流体运动中的热力学第一定律，并推导其能量变化方程。

7-4 流体运动的基本方程有哪些？定义式如何？并通过 N-S 方程推导出欧拉方程。

7-5 简述流体运动的数学描述，这一描述可否用于湍流流动？为什么？

7-6 简述零方程模型、单方程模型和常见双方程模型，以及各自特点与区别。

参考文献

[1] Lopez-Ramirez S, J. de J. Barreto, Vite-Martinez P, Serrano, Romero J A, Duran-Valencia C. Metall. Mater. Trans. B, 2004, 35B(5): 957.

[2] Vargas-Zamora A, Morales R D, Diaz-Cruz M, Palafox-Ramos J, Garcia D L. Int. J. Heat Mass Transfer, 2003, 46: 3029.

[3] Craig K J, De Kock D J, Makgata K W, De Wet G J. ISIJ Int., 2001, 41(10): 1194.

[4] Solhed H, Jonsson L, Jonsson P. Metall. Mater. Trans. B., 2002, 33B(2): 173.

[5] Solhed H, Jonsson L. Scand. J. Metall., 2003, 32(1): 15.

[6] Launder B E, Splading D B. Lectures in Mathematical Models of Turbulence, Academic Press, NY, 1972.

[7] Schwarze R, Obermeier F, Hantusch J, Franke A, Janke D. Steel Res., 2001, 72(5, 6): 215.

[8] Schwarze R, Obermeier F, Janke D. Modelling and Simulation in Material Science and Engineering, 2001, 9: 279.

[9] Hou Q, Zou Z. ISIJ Int., 2005, 45(3): 325.

[10] Jha P K, Ranjan R, Mondal S S, Dash S K. Int. J. Numer. Methods Heat Fluid Flow, 2003, 13(8): 964.

[11] Odenthal H J, Bolling R, Pfeifer H. Steel Res. Int., 2003, 74(1): 44.

[12] Odenthal H J, Bolling R, Pfeifer H, Holzhauser J F, Wahlers F J. Steel Res., 2001, 72(11~12): 466.

[13] Odenthal H J, Pfeifer H, Klaas M. Steel Res., 2000, 71(6, 7): 210.

[14] Shih T H, Liou W W, Shabbir A, Yang Z, Zhu J. A New k–ε eddy viscosity model for high reynolds number turbulent flows—model development and validation, NASA TM 106721, 1994.

[15] Ilegbusi O J. ISIJ Int., 1994, 34(9): 732.

[16] Jha P K, Dash S K. Int. J. Numer. Methods Heat Fluid Flow, 2002, 12(5): 560.

[17] Robert A, Mazumdar D. Steel Res., 2001, 72(3): 97.

[18] Solorio-Diaz G, Morales R D, Ramos-Banderas A. Int. J. Heat Mass Transfer, 2005, 48(17): 3574.

[19] Kuklev A V et al. Metallurgist, 2004, 48(3, 4): 4000.

[20] Odenthal H J, Pfeifer H, Klaas M. Steel Res., 2000, 71(6, 7): 210.

[21] Kumar A, Koria S C, Mazumdar D. ISIJ Int., 2004, 44(8): 1334.

[22] Solorio-Diaz G, Morales R D, Ramos-Banderas A. Int. J. Heat Mass Transfer, 2005, 48(17): 3574.

[23] Solorio-Diaz G, Morales R D, Palafox-Ramos, J, Ramos-Banderas A. ISIJ Int., 2005, 45(8): 1129.

[24] 王英. 炼钢聚合射流氧枪流场的数值模拟研究 [D]. 沈阳：东北大学, 2003.

[25] 杨春. 聚合射流氧枪射流特性的数值模拟 [D]. 鞍山：辽宁科技大学, 2008.

[26] Hunter C A. Experimental theoretical and computational investigation of separated nozzle flows [J]. AIAA Journal, 2004.

[27] Balabel A, Hegab A M, Nasr M, Samy M E. Assessment of turbulence modeling for gas flow in two-dimensional convergent–divergent rocket nozzle. Applied Mathematical Modelling, 2011: 3408.

[28] Launder B E, Spalding D B. lectures in mathematical models of turbulence. Academic Press, London, England, 1972.

[29] Choudhury D. introduction to the renormalization group method and turbulence modeling. Fluent Inc. Technical Memorandum TM-107, 1993.

[30] Shih T H, LiouW W, Shabbir A, Yang Z, Zhu J. A new k-eddy-viscosity model for high reynolds number turbulent flows-model development and validation. Computers Fluids, 1995, 24(3): 227~238.

[31] Wilcox D C. Turbulence modeling for CFD. DCW Industries, Inc., La Canada, California, 1998.

[32] Menter F R. Two-equation eddy-viscosity turbulence models for engineering applications. AIAA Journal. 1994, 32(8):1598.

[33] 沈颐身, 李保卫. 冶金传输原理基础 [M]. 北京: 冶金工业出版社, 2003: 48.

[34] 袁章福. 炼钢氧枪技术 [M]. 北京: 冶金工业出版社, 2007: 314.

[35] Sumi I, Kishimoto Y, Kikichi Y, IgarashiH. ISIJ Int., 2006, 46: 1312.

[36] Allemend B, Bruchet P, Champinot C, Melen S, Porzucek F. Rev. Metall., 2001, 98: 571.

[37] Tago Y, Higuchi Y. ISIJ Int., 2003, 43: 209.

[38] Katanoda H, Miyazato Y, Masuda M, Matsu K. The 10th Int. Symp. on Flow Visualization, Kyoto, Japan, 2002.

[39] Heinz S. Phys. Fluids, 2003, 15: 3580.

[40] Abdol-Hamid K S, Pao S P, Massey S J, Elmiligui A. ASME J. Fluids Eng., 2004, 126: 844.

[41] Ito S, Muchi I. Tetsu-To-Hagane, 1969, 55: 1152.

[42] Lau J C, Morris P J, Fisher M J J. Fluid Mech., 1979, 93: 1.

[43] Subagyo, Brooks G A, Coley K S, Irons G A. ISIJ Int., 2003, 43:983.